普通高等教育计算机基础教育系列教材

Visual Basic 程序设计教程

肖 峰 张燕妮 主编

科学出版社

北 京

内容简介

本书是以 Visual Basic 6.0 中文版为编程环境编写的高等学校计算机课程教材，主要介绍了 VB 的基本概念、常用对象的属性、事件和方法、数据类型与表达式、程序的基本控制结构、数组、过程、用户界面设计、键盘、鼠标事件与绘图、文件和数据库应用等知识。本书内容由浅入深、循序渐进、注重基本知识与实际案例相结合，有助于学生对知识点的理解和实际应用能力的提高。

本书可作为高等院校非计算机专业学习 VB 程序设计的教材，也可作为计算机等级考试二级 VB 程序设计考试人员的培训教材，还可作为其他各类学校及自学者学习 VB 程序设计的参考书。

图书在版编目（CIP）数据

Visual Basic 程序设计教程/肖峰，张燕妮主编. —北京：科学出版社，2013
（普通高等教育计算机基础教育系列教材）
ISBN 978-7-03-036568-2

Ⅰ. ①V… Ⅱ. ①肖… ②张… Ⅲ. ①BASIC 语言-程序设计-高等学校-教材 Ⅳ. ①TP312

中国版本图书馆 CIP 数据核字（2013）第 018416 号

责任编辑：陈晓萍　宋　丽／责任校对：耿　耘
责任印制：吕春珉／封面设计：北大彩印

科学出版社 出版
北京东黄城根北街 16 号
邮政编码：100717
http://www.sciencep.com

北京鑫丰华彩印有限公司印刷
科学出版社发行　各地新华书店经销
*
2013 年 2 月第　一　版　开本：787×1092　1/16
2022 年 12 月第十七次印刷　印张：19 1/4
字数：453 000

定价：49.00 元

（如有印装质量问题，我社负责调换〈鑫丰华〉）
销售部电话 010-62142126　编辑部电话 010-62138978-2009

本书编写人员

主　编　肖　峰　张燕妮

副主编　王宏伟　季晓玉　匡宝平

参　编　刘素丽　肇恒宇　刘　芳　张特来

　　　　王忠宽　高长玉　刘　昆

前　言

教育是国之大计、党之大计。教育、科技、人才是全面建设社会主义现代化国家的基础性、战略性支撑。全面建设社会主义现代化国家，必须坚持科技是第一生产力、人才是第一资源、创新是第一动力，深入实施科教兴国战略、人才强国战略、创新驱动发展战略。高等教育人才培养要树立质量意识、抓好质量建设、全面提高人才自主培养质量。

Visual Basic（以下简称 VB）由于具有简单易学、操作方便、功能强大等特点，已经成为高等院校学生学习程序设计的首选课程。本书是根据教育部高等学校计算机基础课程教学指导委员会的教学基本要求，参照全国计算机等级考试大纲，由几所高等院校具有多年教学经验和国家计算机二级考试辅导经验的一线教师共同编写的。

本书共分 11 章，主要内容包括：VB 6.0 概述，窗体和基本控件，VB 语言基础，VB 的基本控制结构，数组，常用控件，过程，用户界面设计，鼠标、键盘与绘图，文件，数据库应用程序设计。本书注重基础知识和实际应用能力相结合，由浅入深、循序渐进，内容精简，重点突出。

本书建议的教学时数为 64～72 学时。与之相配套的《Visual Basic 程序设计实践教程》按照本书章节的教学内容安排了相应的上机实践内容及习题，为学生上机实践提供指导和对学习效果进行自我检验。

本书由肖峰、张燕妮任主编，王宏伟、季晓玉、匡宝平任副主编。具体编写分工是：第 1 章由匡宝平编写，第 2 章由肖峰、刘昆编写，第 3 章由季晓玉、刘昆编写，第 4 章由刘素丽、刘昆编写，第 5 章由王宏伟编写，第 6 章由张特来编写，第 7 章由张燕妮编写，第 8 章由肇恒宇编写，第 9 章由刘芳编写，第 10 章由王忠宽编写，第 11 章由高长玉编写。

本书在编写和出版过程中，得到了学校各相关部门、兄弟院校的同仁的大力支持，在此一并表示感谢。

由于作者水平有限，书中如有疏漏及不妥之处，敬请读者批评指正。

肖　峰

2014 年 8 月

目　　录

第 1 章　VB 6.0 概述

本章要点

- Visual Basic（以下简称 VB）6.0 的发展及其特点。
- VB 6.0 的集成开发环境。
- VB 6.0 应用程序开发过程。
- 面向对象程序设计的基本概念。

1.1　VB 简介

1.1.1　VB 的发展

VB 是 Microsoft 公司于 1991 年推出的一种 Windows 应用程序开发工具，它采用可视化的图形用户界面，以结构化 BASIC 语言为基础，以事件驱动为运行机制。“Visual”指的就是采用可视化的开发图形用户界面（Graphical User Interface，GUI）的方法，一般不需要编写大量代码去描述界面元素的外观和位置，只要把需要的控件拖放到界面相应位置即可。BASIC 语言诞生于 20 世纪 60 年代，英文全名是 Beginner’s All-purpose Symbolic Instruction Code，含意就是“适用于初学者的多功能符号指令码”。BASIC 语言简单易学，很快就流行起来。

Microsoft 公司于 1991～1998 年陆续推出 VB 1.0 至 VB 6.0 版本。发展到 VB 6.0 时，VB 已经是能够提供强大的数据库管理功能，支持 ActiveX 技术以及网络应用开发功能的完善程序开发工具。目前功能最为全面的是 VB.NET。

VB 提供了学习版、专业版和企业版，用以满足不同的开发需要。学习版使编程人员很容易地开发 Windows 和 Windows NT 的应用程序；专业版为专业编程人员提供了功能完备的开发工具；企业版允许专业人员以小组的形式来创建分布式应用程序。

1.1.2　VB 的特点

VB 是使用很广泛的编程语言之一，它也被公认为是编程效率很高的一种编程方法。无论是开发功能强大、性能可靠的商务软件，还是编写能处理实际问题的实用小程序，VB 都是最快速、最简便的选择。VB 具有以下特点。

1. 可视化的编程

在 VB 中，系统提供大量的可视化控件，程序员在设计时只需根据界面设计的要求，直接在屏幕上“画”出各种图形对象，并为每个控件设置属性。程序员的编程工作仅编写针对控件要完成的事件过程的代码，因而程序设计的效率提高了许多。

2. 面向对象的程序设计

VB 提供的可视化控件，就是“对象”。VB 应用面向对象的程序设计方法（Object-Oriented Programming，OOP），把程序和数据封装成一个整体，作为一个对象，不同的对象赋予不同的功能。VB 自动产生这些图形对象的代码并封装起来。

3. 事件驱动的编程机制

VB 通过事件来执行对象的操作。事件可以由用户操作触发，也可以由来自操作系统或其他应用程序的消息触发，甚至由应用程序本身的消息触发。这些事件的顺序决定了代码执行的顺序，因此应用程序每次运行时所经过的代码的路径都是不同的。

4. 结构化程序设计语言

VB 具有丰富的数据类型、众多的内部函数，采用模块化、结构化的程序设计机制，结构清晰，简单易学。

5. 强大的数据库访问能力

VB 提供了强大的数据库管理和存取操作的能力。利用数据控件和数据库管理窗口，能直接编辑和访问多种数据库。VB 提供了功能强大的 ADO（Active Database Object）技术，对本地数据库和大型网络数据库都可方便地操作。

此外，VB 还支持动态数据交换，支持对象链接与嵌入，支持 ActiveX 技术，同时还提供强大的网络功能，并具备完备的联机帮助功能，为用户学习提供了多种途径。

1.2 VB 的安装与应用

1.2.1 VB 的安装

1. 安装要求

硬件要求：586 以上 CPU，16MB 以上内存，100MB 以上硬盘空间等。
软件要求：Windows 95/98 以及更高版本的 Windows 系统。
目前使用的计算机设备与系统软件已经远远超过上述要求了。

2. 安装

从 CD 盘上安装 VB 系统，请按照以下步骤执行。
（1）在 CD-ROM 驱动器中插入 CD 盘。
（2）安装程序将自动加载 Setup.exe 程序。
（3）选取“安装 Visual Basic”。
（4）依照屏幕上的安装提示，逐一回答问题，如接受协议、输入序列号等即可完成安装。

另外，VB 6.0 的联机帮助文件使用 MSDN（Microsoft Developer Network Library）

文档的帮助方式，与 VB 6.0 系统不在同一 CD 盘上，而与 Visual Studio 6.0 产品的帮助集合在两张 CD 盘上，在安装过程中系统会提示插入 MSDN 盘。

1.2.2　VB 6.0 的应用

1. VB 6.0 的启动

VB 6.0 通常有以下三种启动方式。

（1）通过“开始”菜单。单击桌面上的“开始”菜单，选择“程序”选项，然后打开“Microsoft Visual Studio 6.0 中文版”子菜单中的“Microsoft Visual Basic 6.0 中文版”程序，即可启动 VB 6.0。

（2）利用快捷方式。若桌面上有 VB 6.0 的快捷图标，双击快捷图标也可启动 VB 6.0。

（3）利用运行命令。可以在“开始”菜单的“运行”对话框中输入“C:\Program Files\Microsoft Visual Studio\VB 98\VB6.exe”命令来启动 VB 6.0。

2. VB 的退出

退出 VB 有以下几种方式。

（1）利用文件菜单。选择“文件”菜单中的“退出”选项，即可退出 VB 环境。

（2）利用快捷方式。按快捷键 Alt+F4，即可退出 VB 环境。

（3）利用标题栏。用鼠标右击标题栏，选择“关闭”选项，即可退出 VB 环境。

（4）利用“关闭”按钮。单击窗口右上方“关闭”按钮，即可退出 VB 环境。

注意：用户如果没有保存文件，退出 VB 环境时，系统会提示用户保存文件。

1.3　集成开发环境

1.3.1　主窗口

启动 VB 6.0 后，显示如图 1.1 所示的“新建工程”对话框，该对话框中有三个选项卡，即“新建”、“现存”和“最新”。

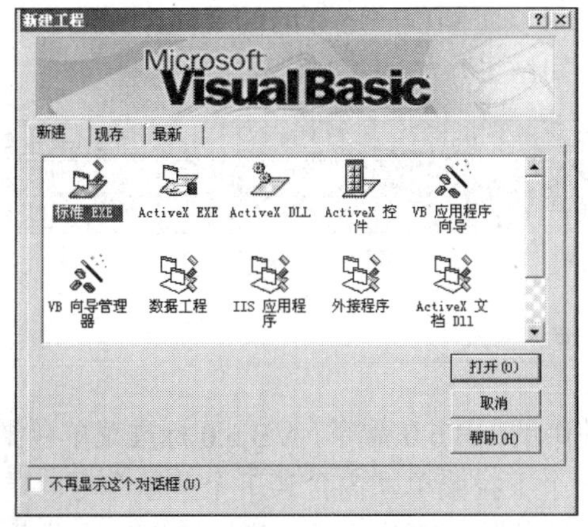

图 1.1　“新建工程”对话框

“新建”选项卡中列出了 13 种工程类型供选择，如图 1.1 所示，可以根据用户的需要选择工程类型，默认的是“标准 EXE”工程。

“现存”选项卡中列出了可以选择和打开的现有工程。

“最新”选项卡列出了最近使用过的工程。

在“新建”选项卡中选择新建一个“标准 EXE”工程，就可以进入 VB 6.0 的主界面，如图 1.2 所示，在集成开发环境中可以进行程序设计、编辑、编译和调试等工作，该界面内有多个独立的小窗口，这些小窗口的大小和位置都可根据需要自行调节，这些子窗口也可以被打开或关闭。

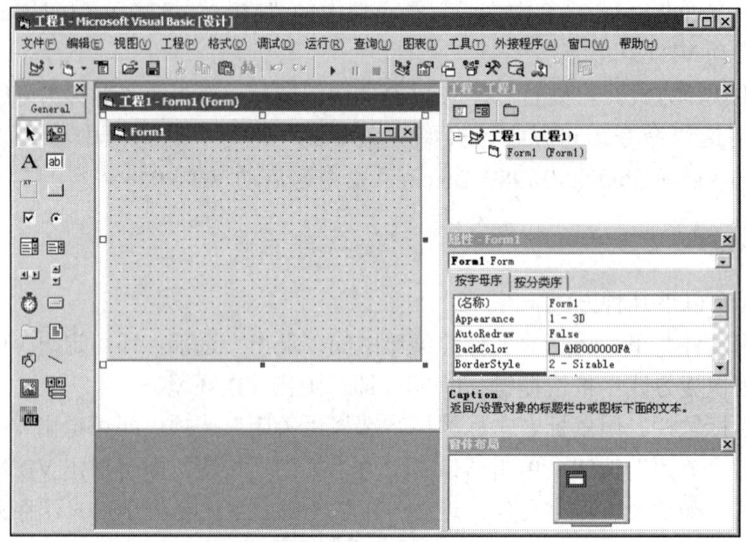

图 1.2　VB 6.0 的主界面

VB 6.0 集成开发环境（Integrated Developing Environment，IDE）由以下元素组成。

1. 标题栏

标题栏用于显示正在开发或调试的工程名和系统的工作状态（设计态、运行态、中止态），位于最上方。当标题栏显示“设计”状态时，可以进行程序的设计；当标题栏显示“运行”状态时，用户可以看到程序运行的结果；当标题栏显示“中止”状态时，用户可以查看程序运行的中间结果，如图 1.3 所示。

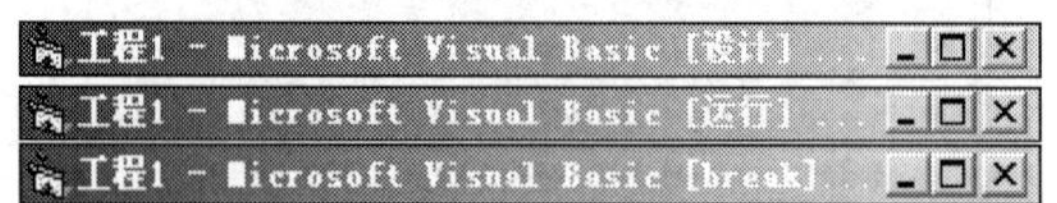

图 1.3　标题栏

2. 菜单栏

菜单栏用于显示所使用的 VB 6.0 命令。VB 6.0 标准菜单包括 13 个菜单项，如图 1.4 所示。每个菜单项都有一个下拉菜单，内含若干个菜单命令，单击某个菜单项，即可打开该菜单，单击某个菜单中的某一菜单选项，就执行相应的命令。

文件(F)　编辑(E)　视图(V)　工程(P)　格式(O)　调试(D)　运行(R)　查询(U)　图表(I)　工具(T)　外接程序(A)　窗口(W)　帮助(H)

图 1.4　菜单栏

（1）文件：包含项目的打开、保存以及生成 EXE 文件等命令。

（2）编辑：包含复制、粘贴、撤销等命令。

（3）视图：包含关闭、打开各种窗口、工具条命令。

（4）窗口：包含窗口布局命令。

（5）帮助：包含帮助信息。

（6）工程：在项目中加入窗体、模块以及 Windows 对象和工具。

（7）格式：包含调整窗体中控件位置等命令。

（8）调试：各种与程序调试有关的命令。

（9）运行：启动、中断等命令。

（10）查询、图表：与数据库查询、图表有关的命令。

（11）工具：包含菜单编辑器、选项对话框、添加过程等命令。

（12）外接程序：包含可视数据管理器（打开数据库管理系统）、外接程序管理器（多种向导和设计器）。

3. 工具栏

VB 提供了编辑、标准、窗体编辑器和调试四种工具栏，用于快速访问常用命令。VB 集成开发环境中的默认工具栏是“标准”工具栏，如图 1.5 所示。将鼠标指针在工具按钮上停几秒钟，屏幕上将显示所指工具按钮的功能说明，如表 1.1 所示。

图 1.5　“标准”工具栏

表 1.1　“标准”工具栏中的常用工具按钮

按钮名称	功　能
添加 Standard EXE 工程	添加一个新工程，相当于“文件”菜单中的“添加工程”命令
添加窗体	在工程中添加一个新窗体，相当于“工程”菜单中的“添加窗体”命令
菜单编辑器	打开菜单编辑对话框，相当于“工具”菜单中的“菜单编辑器”命令
打开工程、保存工程	打开一个已有的工程或保存一个工程
剪切、复制、粘贴	将选定内容剪切、复制到剪贴板及把剪贴板内容粘贴到当前插入位置
启动、中断、结束	运行、暂停、结束一个应用程序的运行
工程资源管理器	打开或切换至工程资源管理器窗口
属性	打开或切换至“属性”窗口
窗体布局	打开或切换至“窗体布局”窗口
工具箱	打开或切换至“工具箱”窗口，相当于“视图”菜单中的“工具箱”命令

要显示或隐藏某个工具栏，可以选择“视图”菜单下的“工具栏”命令。要打开、关闭各种工具条，同样在“视图”菜单上的“工具栏”的子菜单中选择。选择“自定义”命令，可打开“自定义”对话框，内有以下三个选项卡。

（1）“工具栏”选项卡：用来指定显示哪个工具条；更名、删除或生成新的工具条。

（2）“命令”选项卡：包含主菜单选项和一列已选中选项的命令。

（3）“选项”选项卡：可以指定所有工具条的常规选项。

1.3.2 窗体设计器

窗体设计器用来设计应用程序的界面。启动 VB 后，窗体设计器中自动出现一个名为 Form1 的空白窗体，可以在该窗体中添加控件、图形和图片等来创建所希望的外观，窗体的外观设计好后，从菜单中选择“文件”菜单上的“保存窗体”子菜单，在“保存”对话框中给出合适的文件名（注意扩展名），并选择所需的保存位置，单击“确定”按钮。需要再设计另一个窗体时，单击工具栏上的“添加窗体”按钮即可。

一个工程可包含若干个窗体，每一个窗体必须有一个窗体名字即其 Name（中文版中的“名称”）属性。建立窗体时默认名字为 Form1、Form2 等。在窗口中可添加各种对象并可直接观察程序运行时的界面，体现出了 VB 的可视化编程思想。

1.3.3 工具箱

工具箱是由一组控件按钮组成的，用于设计时在窗体中放置控件。工具箱中的工具分为标准控件和 ActiveX 控件。启动 VB 后，工具箱中只有标准控件。需要 ActiveX 控件时，选择“工程”菜单中的“部件”命令，弹出“部件”对话框，然后在该对话框中选择要添加的控件将其添加到工具箱。或者在工具箱的空白处右击，在弹出的快捷菜单中选择“部件”命令，同样可以弹出“部件”对话框。

当设计图形界面时，比如需要用户输入文字的文本框、允许用户进行选择的单选按钮或复选框，就用到了这些控件。除了默认的工具箱布局之外，还可以通过在工具箱上右击，在弹出的快捷菜单中选择“添加选项卡”命令，并在“结果”选项卡中添加控件来创建自定义布局。工具箱上有 20 个标准控件图标，如图 1.6 所示，将这些控件放在窗体上，生成应用程序的用户接口，用以实现人机对话。如果工具箱窗口关闭了，可以使用工具栏按钮或“视图”菜单中的“工具箱”命令来打开。

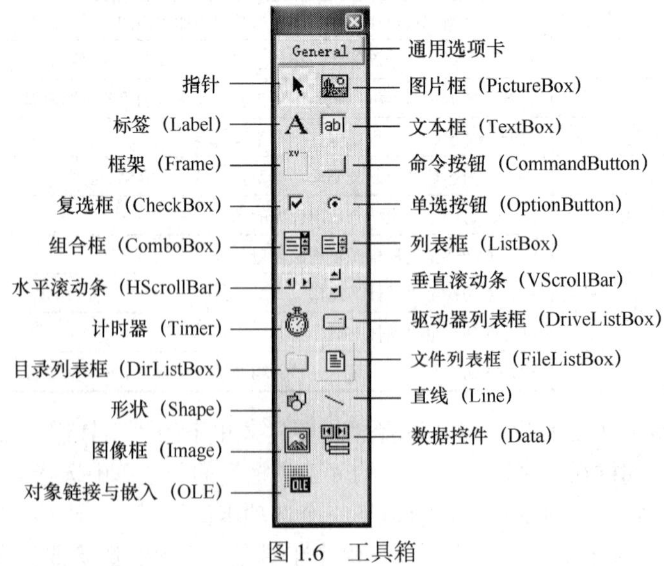

图 1.6　工具箱

1.3.4　“属性”窗口

“属性”窗口中列出了选定的窗体或其他控件的属性名称和属性值，如图 1.7 所示。VB 中通过改变属性来改变对象的特征，如大小、标题或颜色等。

图 1.7　“属性”窗口

“属性”窗口由以下几部分组成。

（1）标题栏：显示“属性”窗口名称、正在设置属性的对象名称及关闭按钮。

（2）对象列表框：在下拉列表中列出了当前窗体和当前窗体中各控件的名称及类型，可查看并选择某一对象。

（3）属性排列方式：提供了“按字母序”和“按分类序”两种属性名称的显示方式。

（4）属性列表框：显示选中对象的属性，左边为属性名，右边为属性值。

（5）属性含义说明框：显示选中属性的功能说明。

打开“属性”窗口的方法如下。

（1）按下 F4 键。

（2）单击“工具栏”中的“属性窗口”按钮。

（3）选中“视图”菜单中的“属性窗口”命令。

（4）右击对象，在弹出的快捷菜单中选择“属性窗口”选项。

1.3.5　工程资源管理器窗口

工程资源管理器窗口用于浏览工程中所包含的窗体和模块，如图 1.8 所示。在该窗口的标题栏下方从左至右有以下三个按钮。

（1）查看代码按钮：可以切换到“代码窗口”，查看和编辑代码。

（2）查看对象按钮：可以切换到“窗体窗口”，查看和编辑对象。

（3）文件夹切换按钮：折叠或展开对象文件夹中的项目列表。

VB 把一个应用程序称为一个工程（Project），而一个工程又是各种类型的文件的集合，这些文件可以包括工程文件（.vbp）、窗体文件（.frm）、标准模块文件（.bas）、类模块文件（.cls）、资源文件（.res）、ActiveX 文档（.dob）、ActiveX 控件（.ocx）、用户控件文件（.ctl）、属性页文件（.pag）。在创建一个工程时不需要将上述文件都包括进去，但至少要包含两个文件，即工程文件和窗体文件。

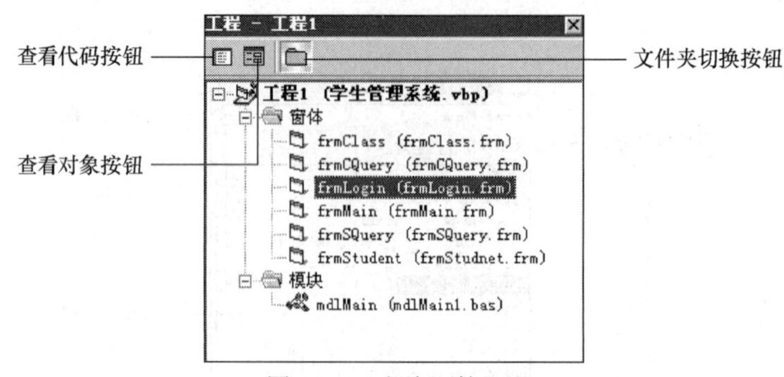

图 1.8　工程资源管理器

打开工程资源管理器的方法如下。

（1）按 Ctrl+R 组合键。

（2）选择“视图”菜单中的“工程资源管理器”命令。

（3）在“工具栏”中单击“工程资源管理器”按钮。

1.3.6　代码编辑窗口

显示和编辑代码的窗口，应用程序中的每一个窗体或标准模块都有一个对应的代码编辑窗口。如果想进入代码编辑窗口，有如下几种方法。

（1）单击窗体中的对象，在工程管理器中单击“查看代码”按钮。

（2）双击窗体或窗体上的控件。

（3）右击窗体，在弹出的快捷菜单中选择“查看代码”命令。

（4）选择“视图”菜单中的“代码窗口”选项。

代码编辑窗口如图 1.9 所示，其中包含如下对象。

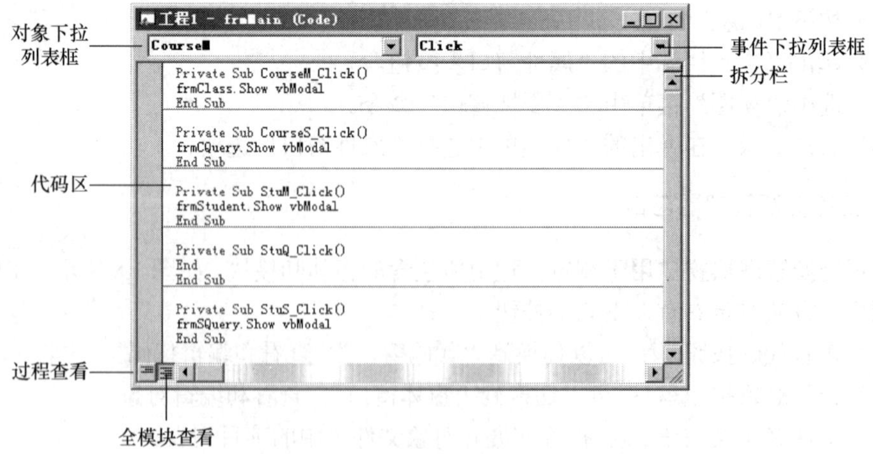

图 1.9　代码编辑窗口

（1）对象下拉列表框。在这里列出当前窗体及其上的所有控件的名字。其中“通用”表示该模块中的通用代码，在此声明模块级变量或用户编写的自定义过程。

（2）事件下拉列表框。列出选中的对象的所有事件过程。其中，“声明”表示声明模块级变量。

（3）代码区。在这里编写程序代码。在对象下拉列表框中选好一个对象，又在事件下拉列表框中选好一个事件过程名之后，在代码区就自动生成一个事件过程模板（过程的开头和结尾语句），在头尾语句之间输入代码即可。

（4）拆分栏。拖动拆分栏即可把代码区分为上下两部分，可以同时对代码的不同部分进行修改，对照检查。

（5）“过程查看”按钮。选中该按钮，代码区中仅显示当前过程的代码。

（6）“全模块查看”按钮。选中该按钮，代码区中显示当前模块中所有过程代码。

1.3.7　“窗体布局”窗口

通过“窗体布局”窗口中调整各个窗体相对于屏幕的位置来决定程序运行时窗体显示的实际位置和几个窗体间的相对位置，图 1.10 所示为“窗体布局”窗口。允许使用表示屏幕的小图像来布置应用程序中各窗体的位置。

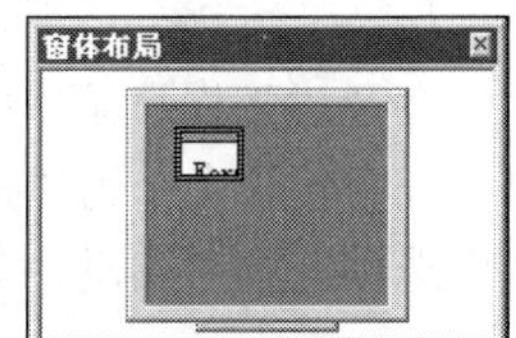

图 1.10　“窗体布局”窗口

1.3.8　立即、本地和监视窗口

立即、本地和监视窗口作为附加窗口是为调试应用程序提供的，它们只在 IDE 之中运行应用程序时才有效。

1.3.9　VB 6.0 工程管理

1. VB 工程的构成

VB 是以工程为单位管理用户的应用程序。用户每建立一个应用程序，VB 系统就根据应用程序的功能为此应用程序建立一系列的文件，并将这些文件的有关信息保存在工程文件中，每次保存工程时，这些信息都要被更新。

一个 VB 工程可以包括七种类型的文件。其中，最常用的是窗体文件、标准模块文件、类模块文件。

（1）工程文件（.vbp）和工程组文件（.vbg）：每个工程对应一个工程文件。对于一个较复杂的应用程序，可以含有两个以上的工程文件，这些工程文件组成一个工程组。选择“文件”菜单下的“添加工程”命令可以添加一个工程。

（2）窗体文件（.frm）：每个窗体对应一个窗体文件。一个窗体文件由两部分组成，一部分是作为用户界面的窗体；另一部分是窗体和窗体中的对象执行的代码。选择“工程”菜单下的“添加窗体”命令可以添加一个窗体。

（3）窗体的二进制数据文件（.frx）：若一个窗体中包括图片或图标等二进制信息，则保存窗体文件.frm 的同时，会产生一个与该窗体文件具有相同文件名的.frx 文件。

（4）标准模块文件（.bas）：又称程序模块文件，完全由代码组成。在标准模块的代码中，可以声明全局变量，可以定义函数过程和子程序过程。标准模块中的全局变量可以被工程中的其他模块调用；而公共的过程可以被窗体模块的任何事件调用。选择“工程”菜单下“添加模块”命令可以添加一个标准模块。

（5）类模块文件（.cls）：VB 提供了大量预定义的类，同时也允许用户根据需要定义自己的类。类模块文件中既包含代码又包含数据，每个类模块定义了一个类，可以在窗体模块中定义类的对象，调用类模块中的过程。

（6）资源文件（.res）：是一种可以同时存放文本、图片、声音等多种资源的纯文本文件，可以使用简单的文本编辑器进行编辑。

（7）ActiveX 控件文件（.ocx）：可以添加到工具箱，并在窗体中使用。

2. 工程属性的设置

打开“工程”菜单中“工程属性”对话框，在此对话框中可以设置工程的属性。如果工程中包含多个窗体，则可以指定启动对象。启动对象是工程运行时的入口点。在“通用”选项卡的“启动对象”列表框中指定运行时显示的第一个窗体，单击“确定”按钮即可。

1.3.10　VB 6.0 工程环境设置

1. 定制个性开发环境

VB 6.0 在设计上更加人性化与灵活，用户可以根据个人的习惯设置自己的工作环境。设置个性化的环境的步骤为：选择 “工具”菜单下的“选项”命令，打开“选项”对话框，如图 1.11 所示。

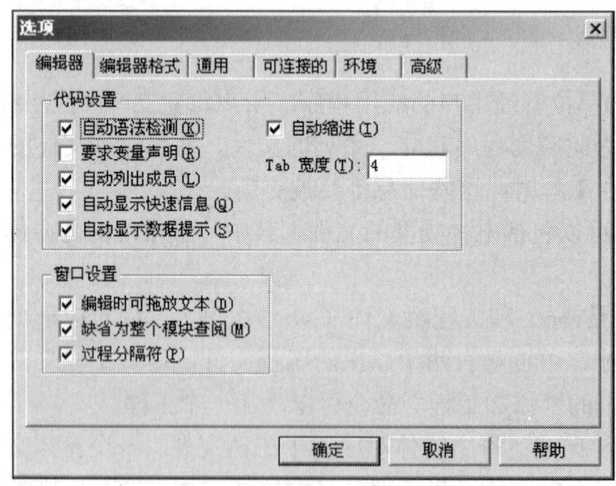

图 1.11　“选项”对话框

在此对话框中，有六个选项卡，用户可根据自己的需要对各选项进行设置。

1）“编辑器”选项卡

“编辑器”选项卡可用于设置代码窗口和工程窗口的一些特殊功能。在“编辑器”选项卡中可以进行如下设置。

（1）自动语法检测。若选中该复选项，用户在代码窗口编程时，每输入一条命令并按 Enter 键后，系统立即自动对该行代码进行语法检查。系统一旦检测到语法错误，就会弹出一个警告信息窗口，提示编译错误。若不选中此项，系统将不弹出警告信息窗口，仅以红色显示错误代码行。

（2）要求变量声明。尽管 VB 允许使用没有声明的变量，但其他语言一般都遵循先声明变量、再使用变量的原则。建议用户选中该复选项，养成先声明后使用变量的良好习惯。若选中该复选项，系统将在新建程序的模块文件顶部的通用声明段，自动加入变量强制声明语句 Option Explicit。一旦在程序中使用未经声明的变量，程序运行时系统将自动报错。

（3）自动列出成员。如果用户选中该复选项，当用户在程序输入过程中输入控件名和句点后，系统将自动列出该控件可用的属性和方法。用户只要在列表框选中所需的内容，按空格键或用鼠标双击该内容，则选中的内容将自动输入到光标的当前位置，这将减少用户的输入量，并大大增加了准确率。

（4）自动显示快速信息。若选中该复选项，当用户输入程序时，如要调用函数或过程名时，系统将自动列出该函数或过程的参数信息，以提示用户正确输入。

2）“编辑器格式”选项卡

“编辑器格式”选项卡可以设置编辑器上代码的字体、大小、颜色等参数。

3）“通用”选项卡

“通用”选项卡为当前的 VB 工程设置窗体网格信息、错误处理方式以及编译方式。

4）“可连接的”选项卡

“可连接的”选项卡用于设置是否连接各种窗口，如立即窗口、本地窗口等。

5）“环境”选项卡

“环境”选项卡用于设置 VB 启动时的环境，如是否提示创建工程、是否显示模板等。

6）“高级”选项卡

“高级”选项卡用于对 VB 环境进行一些高级设置。

2. 为开发环境提供鼠标滚轮

默认安装的 VB 6.0 不支持鼠标滚轮。可以到微软网站下载动态链接库来支持鼠标滚轮操作。需要添加的动态链接库文件名称为 VB6IDEMouseWheelAddin.dll，将该文件复制到 C:\WINDOWS\system32\目录下。

在“开始”菜单的“运行”对话框中输入如下命令：

```
regsvr32 VB6IDEMouseWheelAddin.dll
```

单击“确定”按钮进行注册。当弹出注册成功的对话框时，说明注册成功。启动 VB 6.0，单击“外接程序”菜单中的“外接程序管理”命令，在弹出的对话框中选择 MouseWheel Fix 选项，再选中“在启动中加载”和“加载/卸载”复选项，单击“确定”按钮完成设置，如图 1.12 所示。

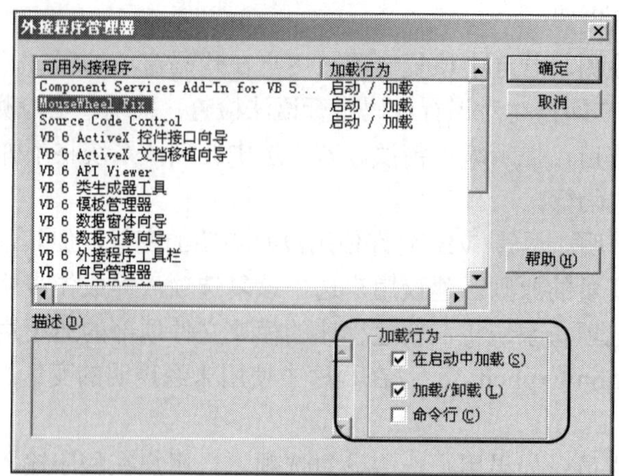

图 1.12 “外接程序管理器”对话框

1.4 VB 应用程序开发过程

1.4.1 简单的应用程序开发实例

下面用一个简单的例子逐步介绍使用VB集成开发环境设计编写VB应用程序的步骤和方法。

【例 1.1】 制作一个简单的可以进行加、减、乘、除算术运算的小型计算器，其界面如图 1.13 所示。要求在前两个空框（文本框）中输入两个数值，单击“加”、“减”、“乘”、“除”按钮中的一个，则第三个空框（文本框）中显示运算的结果；单击“清除”按钮，则清除文本框中的内容；单击“结束”按钮，则结束程序的运行。

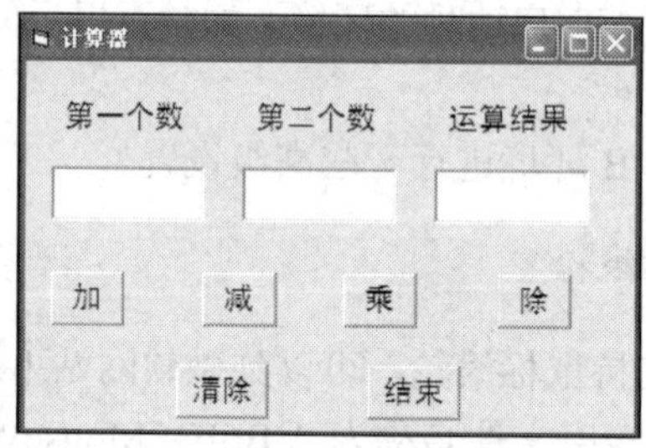

图 1.13 计算器运行界面

步骤：

（1）设计用户界面。

① 启动 VB 环境，选择“标准 EXE”选项，单击“打开”命令，进入 VB 主窗口。

② 单击窗口左边工具箱中的“标签按钮”，分别在窗体上方添加三个标签：Label1、Label2、Label3。

③ 单击窗口左边工具箱中的“文本框”按钮[abl]，分别在窗体上添加三个文本框：Text1、Text2、Text3。

④ 单击窗口左边工具箱中的“命令按钮”，分别在窗体上添加六个命令按钮，即

Command1～Command6。

⑤ 单击某个控件，对控件的位置和大小进行适当调整。

（2）设置各控件的属性。依次选中各个控件，在窗口右部的“属性”窗口中设置各控件的属性，如表 1.2 所示。

表 1.2　各相关控件的属性设置

控件名称	属性名	属性值	说明
Label1	Caption	第一个数	标签的标题
Label2	Caption	第二个数	标签的标题
Label3	Caption	运算结果	标签的标题
Text1	Text	空	
Text2	Text	空	
Text3	Text	空	
Command1	Caption	加	按钮的标题
Command2	Caption	减	按钮的标题
Command3	Caption	乘	按钮的标题
Command4	Caption	除	按钮的标题
Command5	Caption	清除	按钮的标题
Command6	Caption	结束	按钮的标题
Form1	Caption	计算器	窗体的标题

（3）在代码窗口书写程序代码。双击 Command1，打开代码书写窗口，编写程序代码，如图 1.14 所示。

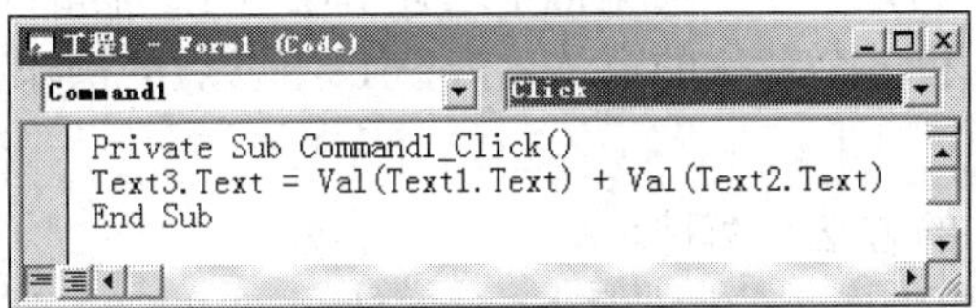

图 1.14　编写 Command1 的代码

对于其他按钮，也按照上述步骤操作，编写程序代码如下：

```
Private Sub Command1_Click()
    Text3.Text = Val(Text1.Text)+ Val(Text2.Text)
End Sub

Private Sub Command2_Click()
    Text3.Text = Val(Text1.Text)- Val(Text2.Text)
End Sub

Private Sub Command3_Click()
    Text3.Text = Val(Text1.Text)* Val(Text2.Text)
End Sub

Private Sub Command4_Click()
    Text3.Text = Val(Text1.Text)/ Val(Text2.Text)
```

```
    End Sub

    Private Sub Command5_Click()
        Text1.Text = ""
        Text2.Text = ""
        Text3.Text = ""
    End Sub

    Private Sub Command6_Click()
        End
    End Sub
```

（4）保存工程。选择“文件”菜单中的“保存工程”命令，第一次弹出的对话框是保存窗体，默认窗体文件名称为Form1.frm，选择好保存路径，确定保存窗体。接着弹出的对话框是保存工程，默认的工程文件名称为“工程 1.vbp”，将工程文件与窗体文件保存在同一路径下。

（5）运行工程。按 F5 键或选择“运行”菜单下的“启动”命令或单击“运行”按钮 ▶，运行程序，即可得到如图 1.13 所示的运行结果，在文本框中输入数据，单击某个按钮可产生相应的计算结果。

1.4.2 应用程序开发过程

根据例 1.1 可知，VB 应用程序的开发步骤一般如下。

1. 创建用户界面

1）新建工程和窗体

启动 VB 6.0，在“新建工程”对话框中选择新建一个“标准 EXE”工程。此时系统会自动创建“工程 1”和一个默认的窗体“Form1”，以后的操作都在 Form1 上完成。

2）添加控件

在窗体上添加控件的方法有两种。

方法 1：双击工具箱中所需的控件图标，在窗体上即出现一个默认大小的对象框，用户可在窗体中拖动鼠标对其进行缩放及移动操作。

方法 2：单击工具箱中相应的控件图标，将鼠标移到窗体上，此时鼠标光标变为“+”号，将“+”号移到窗体适当位置，按下鼠标左键向右下方拖动至所需大小后松开鼠标，此时在窗体上生成一个指定大小的对象框。

3）调整对齐控件

窗体中的多个控件常需要进行对齐和调整，如多个控件的对齐、控件的间距调整、统一大小、前后顺序的调整等。

调整对齐控件的操作方法：先选定多个待调整的控件，然后使用“格式”菜单中的相应命令；或者选择“视图”菜单中的“工具栏”选项，选择“窗体编辑器”选项，打开窗体编辑工具栏，使用其中的工具对控件进行调整操作。

同时选定多个对象的方法有两种。

方法 1：单击选中第一个控件，然后按住 Shift 键或 Ctrl 键，分别单击其他控件。

方法 2：与 Windows 下选定多个连续文件或文件夹相似，在窗体空白处按下鼠标左键拖动光标，将欲选定的对象包围在一虚框中然后释放鼠标左键即可。

一旦成组选择控件，被选择的控件就可以像单个控件一样进行移动、复制、删除，还可以同时设置相同属性等。

2. 设置界面上各个对象的属性

窗体及控件创建好以后，并没有显示出要求的程序界面，如命令按钮上的文字、标签显示的内容等，都需要通过修改属性才能实现。设置控件对象属性要先选中一个或多个控件，然后修改相应属性值。

VB 中设置或改变对象的属性有两种方法。

方法 1：在界面设计阶段，可通过“属性”窗口的属性框直接设置对象的属性。

方法 2：在编码阶段，可通过语句来实现属性的改变，语句格式为：

对象.属性名=属性值

3. 编写对象响应事件的程序代码

VB 采用事件驱动机制，完成用户界面建立，并为各个对象设置了相应的属性后，则要根据程序需要，为了完成特定的功能，为控件的某些事件编写代码。

每个窗体有自己的代码窗口，专门用于显示和编辑应用程序源代码。打开代码窗口后，选择控件以及该控件要响应的事件，进行代码编写。

4. 调试并运行应用程序，排除错误

在 VB 中，可以用两种方式运行程序，即编译运行模式和解释运行模式。

（1）编译运行模式。选择“文件”菜单下的“生成工程 1.exe”命令后，系统将读取程序中全部代码，将其转换编译为机器代码，并保存在扩展名为.exe 的可执行文件中，以后可脱离 VB 环境独立执行。

（2）解释运行模式。选择“运行”菜单下的“启动”命令，或按 F5 键，或单击工具栏上的“启动”按钮 ▶，系统读取事件激发的那段事件过程代码，将其转换为机器代码，边解释边执行该机器代码。由于转换后的机器代码不保存，如需再次运行该程序，必须再解释一次，运行速度比编译运行模式慢。此方式一般在开发阶段调试程序时使用。

5. 保存工程

单击工具栏中“保存工程”按钮，或选择“文件”菜单下的“保存工程”命令，将先后弹出两个保存对话框，第一个为“文件另存为”对话框，用来保存窗体文件；第二个为“工程另存为”对话框，用来保存工程文件。

在对话框中，“保存在”下拉列表框中显示的是文件的保存路径，默认的文件保存路径为 C:\Program Files\Microsoft Visual Studio\VB 98，如果想保存在新的路径下，则应打开“保存在”下拉列表框，选择新的保存路径。

选择好保存路径后，还要分别设置“文件名”和“保存类型”，如果不想使用默认文

件名，可以键入新的文件名。但是，文件的保存类型通常使用默认保存类型，不可任意修改，如“窗体文件（*.frm)”、“工程文件（*.vbp)”等。

需要注意的是，如果对已保存的程序进行了修改（包括界面和代码），需要再次保存程序，可以单击工具栏中“保存工程”按钮，但是此时将不会弹出保存对话框，而是直接在原有文件上进行更新。如果要为程序保存副本，需要选择“文件”菜单下的“工程另存为”和“XXX.frm 另存为”命令，分别对工程和窗体文件进行另存为操作。

6. 生成可执行文件

保存工程和窗体文件后，在 VB 6.0 的集成环境中可以执行该程序，但一旦脱离该集成环境，程序就不能再执行了，这就需要生成可执行文件。在 Windows 环境下无需任何编程环境，只需双击该程序的 EXE 文件就可执行。要对该程序进行可执行文件生成，选择“文件”菜单中的“生成工程 1.exe”选项，弹出“生成工程”对话框，在默认情况下，该可执行文件的名称与工程名同名，可根据用户的需求对名称作出相应更改，最后将该 EXE 文件存储在硬盘的合适位置，单击“确定”按钮就生成了该程序的可执行文件。这样，用户只需双击计算机中的 EXE 文件就可运行该程序了，或将该可执行文件复制到其他安装有 Windows 操作系统的计算机中，也能直接执行。

1.5 面向对象程序设计的基本概念

面向对象程序设计方法不同于标准的过程化程序设计。程序设计人员在进行面向对象的程序设计时，不再是从代码的第一行一直编到最后一行，而是考虑如何创建对象，利用对象来简化程序设计，提高代码的可重用性。对象之间的相互作用通过消息来实现。在 VB 6.0 集成环境中窗体、控件等都是对象，对象可以由控件来创建。

1.5.1 基本术语

1. 对象和类

对象是具有特殊性质（属性）和行为方式（方法）的实体，在现实生活中到处可以见到，如一辆汽车可看做一个对象，汽车的型号、价格、外观等特性称为“属性”，汽车的启动、加速、减速等是汽车行为，称为“方法”。对象的概念是相对的，根据观察者的角度可将对象分解和综合，如汽车还可分解为车头、车尾，也可分解为发动机、车轮等对象，分解后的对象又都分别具有不同的属性和行为。

类是具有共同抽象对象的集合，在面向对象的程序设计中，类是创建对象实例的模板，它包含所创建对象的共同属性描述和共同行为特征的定义，即对象是类的实例。例如，各种各样的汽车可以看做一个汽车类，具体到某一辆特定的汽车则称为汽车类的一个实例，即一个对象。

VB 中的类可分为两种：一种是由系统设计好，可以直接使用的类；另一种是由用户定义的类，本书中重点介绍第一种。工具箱中的标准控件均为 VB 系统设计好的标准控件类，开发者在窗体上“画”一个控件的过程即为该控件类的实例化，将控件类转换成了一个控件对象，以后简称为控件。除了用户大量使用的窗体和控件对象外，VB 还提供了一些系统对象，如打印机（Printer）、剪贴板（Clipboard）、屏幕（Screen）等，在后面的章节中将涉及系统对象的使用。

在面向对象程序设计中，“对象”是系统中基本的运行实体。建立一个对象后，其操作是通过与该对象有关的属性、事件和方法来描述的。属性、事件和方法也称为对象的三要素。

1）对象的属性

属性是对象中的数据，是用来描述和反映对象特征的参数，所有对象都有自己的属性。例如，控件名称（Name）、标题（Caption）、颜色（Color）、字体（FontName）等属性决定了对象展现给用户的界面具有什么样的外观及功能。

属性设置有两种方法。

方法 1：通过“属性”窗口设置对象的属性。

设置属性时，先在左侧栏中找到相应的属性名称，然后修改右侧的属性值。

方法 2：在程序中用程序语句设置。

格式：对象名.属性名＝属性值

例如：

```
Label1.Caption= "欢迎来到 VB 世界！"
```

则将标签 Label1 的标题属性值设置为“欢迎来到 VB 世界！”。

这两种方法都可以实现属性的修改，但是又有区别。大多数属性在“属性”窗口中修改以后，可以在窗体中立刻看到控件状态的变化。而如果使用方法 2 在程序代码中用语句实现，则需要运行程序时属性设置才能生效。

在一个程序中应该使用哪种方法设置属性需要根据实际情况考虑。但是需要注意的是，有些属性仅允许在“属性”窗口中设置，如 Name 属性。而有些属性必须在程序代码中利用语句进行设置，如文本框的 SelStart、SelLength 和 SelText 属性等。

2）对象的事件

事件（Event）是 VB 预先设置好的、能被对象识别的动作，即发生在对象上的事情。例如：按钮的单击 Click 事件、键盘按下 KeyPress 事件等。

在 VB 中事件的调用格式是：

    Private Sub 对象名_事件名
        (事件内容)
    End Sub

例如：

```
Private Sub  Command1_Click()
   Command1.FontSize=20    '设置命令按钮的字体大小为 20
End Sub
```

3）对象的方法

方法（Method）指的是控制对象动作行为的方式。它是对象本身内含的函数或过程。对象具有一些自己特定的方法。在 VB 里方法的调用格式是：

[对象.]方法[参数列表]

例如，在 VB 中，提供了一个名为 Print 的方法，当把它用于不同的对象时，可以在不同的对象上输出信息，下面的语句可以实现在对象名为 Form1 的窗体上显示字符串“Visual Basic 程序语言设计”。

```
Form1.Print "Visual Basic 程序语言设计"
```

如果语句改为：

```
Printer.Print "Visual Basic 程序语言设计"
```

执行时，将在对象名为“Printer”的打印机上打印字符串“Visual Basic 程序语言设计”。

在调用方法时，可以省略对象名。在这种情况下，VB 所调用的方法作为当前对象的方法，一般把当前窗体（Me）作为当前对象。下面的三条语句，执行时都将在当前窗体上显示字符串“Visual Basic 程序语言设计”。

```
Print "Visual Basic 程序语言设计"
Me.Print "Visual Basic 程序语言设计"
Form1.Print "Visual Basic 程序语言设计"
```

2. 控件

VB 为用户预先定义好的，在程序中能够直接使用的对象，称之为控件。常见的控件有以下两种。

1）标准控件

启动 VB 后，标准控件（也称为内部控件）就出现在工具箱中，既不能添加，也不能删除。

2）ActiveX 控件

这类控件保存在.ocx 类型的文件中，用于完成特定的动作。

控件的命名：在一般情况下，窗体和控件都有默认值，如 Form1、Command1、Text1 等。在应用程序中使用约定的前缀，可以提高程序的可读性。

例如，窗体对象前缀（frm）、命令按钮对象前缀（cmd）、文本框对象前缀（txt）等。

控件的值：为了使用方便，VB 为每个控件规定了一个默认属性，在设置这样的属性时，不必给出属性名，通常把该属性称为控件的值。例如：

```
text1.text="default attributes"
text1="default attributes"
```

上述两个语句的作用是相同的。

1.5.2 属性、方法和事件之间的关系

VB 对象具有属性、方法和事件。属性是描述对象的数据；方法告诉对象应做的事情；事件是对象所发生的事情，事件发生时可以编写代码进行处理。

VB 的窗体和控件都具有自己的属性、方法和事件的对象。可以把属性看做一个对象

的性质，把方法看做对象的动作，把事件看做对象的响应。

在 VB 程序设计中，基本的设计机制就是：改变对象的属性、使用对象的方法、为对象事件编写事件过程。程序设计时要做的工作就是决定应更改哪些属性、调用哪些方法、对哪些事件作出响应，从而得到希望的外观和行为。

1.5.3 事件驱动模型

在“过程化”的应用程序中，应用程序自身控制了执行哪一部分代码和按何种顺序执行代码。从第一行代码执行程序并按应用程序中预定的路径执行，必要时调用过程。

在事件驱动的应用程序中，代码不是按照预定的路径执行，而是在响应不同的事件时执行不同的代码片段。事件可以由用户操作触发、也可以由来自操作系统或其他应用程序的消息触发，甚至由应用程序本身的消息触发。这些事件的发生顺序决定了代码执行的顺序，因此应用程序每次运行时所经过的代码的路径可能都是不同的。

因为事件发生的顺序是无法预测的，所以在代码中必须对执行时的“各种状态”作一定的假设。当作出某些假设时（例如，在处理某一输入字段的过程之前，该输入字段必须包含确定的值），应该组织好应用程序的结构，以确保该假设始终有效。在执行中代码也可以触发事件。例如，在程序中改变文本框中的文本将引发文本框的 Change 事件。如果 Change 事件中包含有代码，则该代码将会执行。

本 章 小 结

本章介绍了 VB 开发集成环境，通过学习初步建立起面向对象程序设计的概念，然后通过简单的程序实例，介绍了 VB 应用程序的建立过程及窗体、标签和文本框等基本控件的使用。

第 2 章　窗体和基本控件

本章要点

- 窗体及其常用属性、事件和方法。
- 标签、文本框和命令按钮的使用。
- 焦点的概念。

2.1　控件的常用属性

VB 中的对象都有自己的属性，其中有一部分属性是大多数控件所共同具有的，如名称属性（Name）、是否可见属性（Visible）等。下面介绍一些控件的常用属性。

1. Name 属性

Name（名称）属性是所有对象都具有的属性，它是所创建对象的名称，为字符串型。所有的对象在创建时都会由 VB 自动提供一个默认名称，如 Form1、Label1、Text2 等。Name 属性在“属性”窗口的第一行，即“名称”框中进行修改。Name 属性的值将作为对象的标识在程序中被引用。

需要注意的是，Name 属性只能设计时在“属性”窗口里设置，在程序运行时是只读的，不可以用赋值语句更改。例如，Form1.Name = "NewName" 是错误代码。

2. Caption 属性

Caption（标题）属性的值为字符串型，表示所属对象的标题，将显示在对象上。在默认情况下，对象的 Caption 属性值与 Name 属性值相同，但 Caption 属性值可以在程序中用赋值语句重新设置。例如：

```
Form1.Caption = "我的窗体"
```

3. Height 和 Width 属性

Height 和 Width（高度和宽度）属性用来设置和返回控件对象的高度和宽度，属性值均为数值型，它们决定了控件对象的大小，如图 2.1 所示。

在窗体上设计控件时，VB 自动提供了默认坐标系统，窗体的上边框为坐标横轴，左边框为坐标纵轴，窗体左上角顶点为坐标原点(0,0)，单位为 twip。1twip=1/20 点=1/1440in=1/567cm。

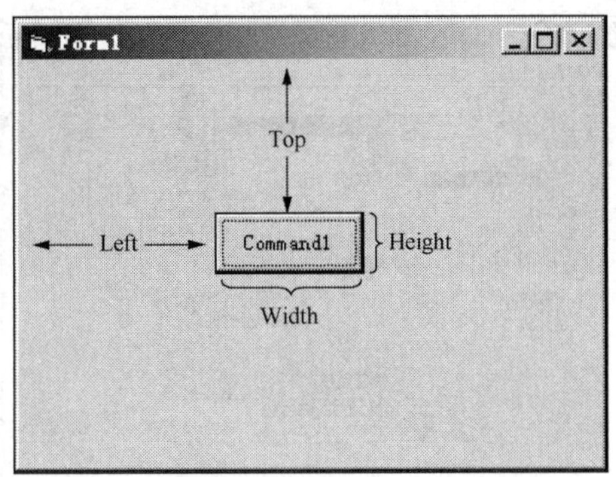

图 2.1　控件位置属性

4. Top 和 Left 属性

Top 和 Left（上边距和左边距）属性决定了控件对象在其父对象中的位置，属性值为数值型。例如，当一个命令按钮控件放置到窗体上时，Top 表示按钮到窗体顶端的距离，Left 表示按钮到窗体左端的距离，如图 2.1 所示。对于窗体，Top 表示窗体到屏幕顶端的距离，Left 表示窗体到屏幕左端的距离，此时屏幕是窗体的父对象。

5. Enabled 属性

Enabled（可用）属性用来设置控件是否有效。属性值为逻辑型，默认值为 True。

True：允许用户操作，并对操作作出响应。

False：禁止用户操作，呈暗淡色。例如：

```
Text1. Enabled= False      '使文本框 Text1 不可用
```

6. Visible 属性

Visible（可见）属性用来设置控件是否可见。属性值为逻辑型，默认值为 True。

True：程序运行时控件可见。

False：程序运行时控件隐藏。

7. Font 属性

Font（字体）属性用来设置文本的外观，可以在程序中设置，也可以在“属性”窗口中设置，其属性对话框如图 2.2 所示，默认情况下为宋体、小五号字。

FontName：设置字体类型，属性值为字符串型，如“宋体”、“隶书”。

FontSize：设置字的大小，属性值为整型，如 28、32。

FontBold：设置字形是否粗体，属性值为逻辑型。

FontItalic：设置字形是否斜体，属性值为逻辑型。

FontStrikethru：设置文本是否加删除线，属性值为逻辑型。

FontUnderline：设置文本是否加下划线，属性值为逻辑型。

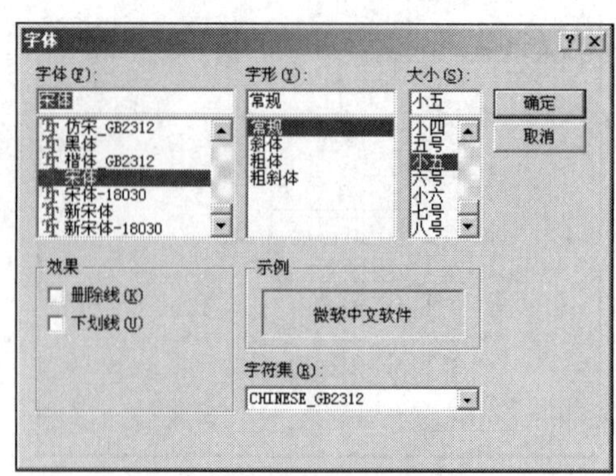

图 2.2 “字体”对话框

8. BackColor 属性

BackColor（背景色）属性用来设置对象的背景色，颜色值是一个十六进制常量，每种颜色都用一个常量来表示。在“属性”窗口列表中选择 BackColor，单击右边的按钮，将弹出一个列表，用户可以通过选择“调色板”或“系统”内的颜色完成属性设置，也可以直接键入颜色值，或使用 VB 颜色常量。例如：

```
Form1.BackColor=&HFF00AA          '将窗体背景色设置为紫色
Form1.BackColor=VBWhite           '将窗体背景色设置为白色
```

9. ForeColor 属性

ForeColor（前景色）属性用来设置对象的前景色（即正文颜色），其值是一个十六进制常数，设置方法与 BackColor 属性的设置方法相同。

10. BackStyle 属性

BackStyle（背景样式）属性用来设置对象的背景样式，属性值为数值型。

0–Transparent：透明，即不显示控件背景色。

1–Opaque：不透明，此时可为控件设置背景颜色。

11. BorderStyle 属性

BorderStyle（边框样式）属性用来返回和设置控件边框样式，属性值为数值型。

0–None：控件周围没有边框。

1–Fixed Single：控件带有单边框。

12. Alignment 属性

Alignment（对齐样式）属性用来设置正文在控件上的对齐方式，属性值为数值型。

0–Left Justify：正文左对齐。

1–Right Justify：正文右对齐。

2–Center：正文居中对齐。

13. AutoSize 属性

AutoSize（自动调整）属性用来设置控件是否可以根据正文自动调整大小，属性值为逻辑型。

True：可以自动调整大小。

False：保持原设置时的大小，正文若太长将自动裁剪。

14. TabIndex 属性

TabIndex 属性值决定了对象的 Tab 顺序，即按 Tab 键时焦点在各个控件间轮换的顺序。该属性值为数值型。

焦点是指对象接收用户鼠标或键盘输入的能力，当对象具有焦点时，可接收用户的输入，否则将不能接收用户的输入。当向窗体上添加多个控件时，系统会自动为它们分配一个 Tab 顺序。在默认情况下，其 Tab 顺序与控件建立的顺序相同，即第 1 个建立的控件的 TabIndex 属性值为 0，第 2 个为 1，以此类推。若要改变控件的 Tab 顺序，可以通过设置 TabIndex 属性来实现，TabIndex 属性值可在“属性”窗口中或在应用程序中进行设置。

15. 控件默认属性

每个控件对象有且只有一个属性可以直接由控件名来代表。例如，对文本框的 Text 属性赋值，可以用 Text1 代表 Text1.Text。例如：

```
Text1.Text="Visual Basic"
```

可以简写为：

```
Text1="Visual Basic"
```

VB 中把这个特殊的属性叫做控件的默认属性。一般控件的默认属性是该控件最重要的属性。控件的默认属性如表 2.1 所示。

表 2.1　常用控件的默认属性

控　　件	默 认 属 性	控　　件	默 认 属 性
文本框	Text	标签	Caption
命令按钮	Value	图片框、图像框	Picture
单选钮	Value	复选框	Value
滚动条	Value	列表框、组合框	Text

2.2　窗　　体

窗体（Form）位于 VB 集成开发环境的窗体设计器窗口（或对象窗口）中，它既是一个控件，又是其他控件的容器。设计 VB 应用程序的第一步就是创建用户界面，窗体就相当于用户界面的一块“画布”，将应用程序中需要的控件画在窗体上，并摆放在适当位置，就完成了应用程序设计的第一步。新建工程时 VB 系统自动创建一个窗体，默认名称为 Form1，在保存工程时，窗体也要作为文件保存在磁盘上，其扩展名为.frm。

与 Windows 环境下的应用程序窗口一样，VB 中的窗体也具有控制菜单、标题栏、最大化/还原按钮、最小化按钮、关闭按钮、边框及窗口区，如图 2.3 所示。

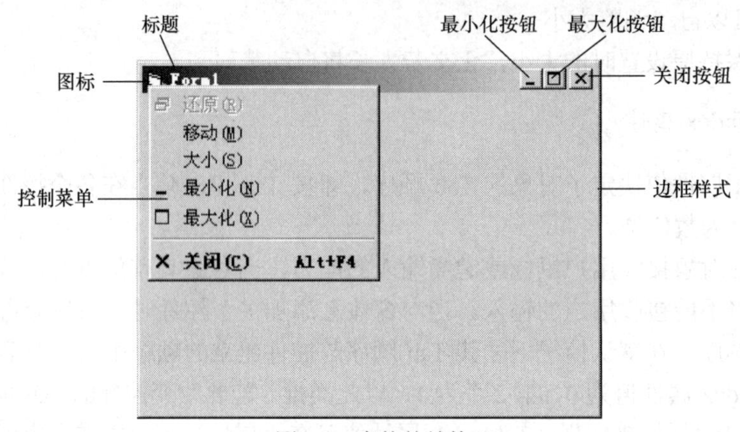

图 2.3 窗体的结构

2.2.1 窗体的基本属性

通过修改窗体的属性可以改变窗体的结构特征，控制窗体的外观。窗体的大部分属性可用两种方法来设置：通过“属性”窗口设置和通过程序代码设置。有少量的属性不能在程序代码中设置。

在 VB 中，窗体的属性有几十种之多，在“属性”窗口可以查阅和设置所有属性，下面就程序设计中常用的属性进行简单介绍。

1. Name 属性

在 VB 工程中添加一个窗体，就是创建一个窗体对象，Name（名称）属性用来标识它的名称，必须以字母开头，由字母、数字和下划线组成，长度不超过 40 个字符。该属性值不允许与其他对象重名，也不允许使用 VB 的保留关键字和对象名。窗体默认的 Name 属性为 FormX（X=1，2，3…），新建工程时，窗体的名称默认为 Form1；添加第二个窗体，其名称默认为 Form2，以此类推。

2. Caption 属性

Caption（标题）属性用于设置或获得窗体的标题，可以是任意字符串。该属性既可以在“属性”窗口中设定，也可以在代码中修改。例如：

```
Me.Caption="第一个 Visual Basic 程序"
```

上述语句用于对当前窗体标题进行设置，Me 指当前窗体。

如果想获得当前窗体的标题，可以用以下语句完成：

```
x=Me.Caption        '将当前窗体的标题赋给变量 x
```

3. Height、Width 属性

Height、Width 属性用于指定窗体的高度和宽度，单位为 Twip。如果不指定高度和宽度，则窗口的大小与用户设置界面时大小相同。除了可以在“属性”窗口中设置这些属性之外，还可以通过拖动鼠标的方法来改变窗体的大小。

若通过程序代码来设置，其格式为：

对象.Height[=数值]

对象.Width[=数值]

4. Left、Top 属性

Left、Top 属性用于设置窗体左边框距屏幕左边界的距离和窗体顶边距屏幕顶端的距离，单位为 Twip。可以使用 VB 的“窗体布局”窗口改变窗体的位置，它位于 VB 环境的右下角，其外观如一个显示器模样，将鼠标指针移到此“小显示器”内的窗体上，光标立即变成一个十字形，此时按住鼠标左键拖动，即可改变窗体的位置。

该属性也可以通过程序代码来设置，其格式为：

对象.Left[=数值]

对象.Top[=数值]

5. Font 属性

Font 属性用来改变文本的字体类型、大小及其修饰。

6. BackColor 和 ForeColor 属性

Backcolor 属性：用于返回或设置对象的背景颜色。

ForeColor 属性：用于返回或设置在对象里显示图片和文本的前景颜色。

注意：窗体的前景色是指在窗体上输出（由 Print 方法输出）的文本及绘制的图形的颜色，对于其中的标签、命令按钮等控件没有影响。

7. ControlBox 属性

ControlBox（控制菜单框）属性用来设置窗口控制菜单框的状态。设置为 True，表示有控制菜单；设置为 False，表示无控制菜单，同时窗体也无最大化按钮和最小化按钮。

8. MaxButton 和 MinButton 属性

MaxButton 和 MinButton 属性用于设置窗体的标题栏是否具有最大化和最小化按钮。MaxButton 属性为 True 时，表示窗体有最大化按钮；为 False 时，表示窗体没有最大化按钮。MinButton 属性为 True 时，表示窗体有最小化按钮；为 False 时，表示窗体没有最小化按钮。ControlBox、MaxButton 和 MinButton 属性如图 2.4 所示。

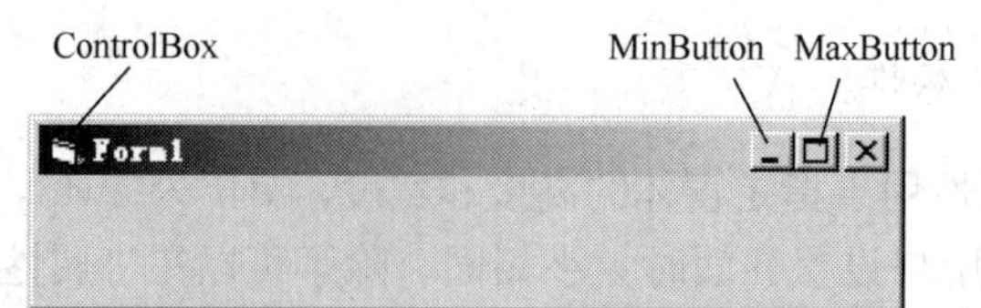

图 2.4　窗体的 ControlBox、MinButton 和 MaxButton 属性

9. BorderStyle 属性

BorderStyle（边框类型）属性用来设置窗体边框的类型。其属性值在运行时不能修改，只能在设计模式下，通过“属性”窗口修改。该属性取值范围为 0～5，共六种类型。通过改变 BorderStyle 属性，可以控制窗体大小的调整。各设置值含义如表 2.2 所示。

表 2.2　BorderStyle 属性取值

属　性	说　明
0-None	无边框。无标题栏，不能改变窗体大小，运行时任务栏上无对应按钮
1-FixedSingle	固定单边框。无最大、最小化按钮，不能改变窗体大小
2-Sizable	可调整的边框（默认值）。有最大、最小化按钮，可以改变窗体大小
3-FixedDialog	固定对话框。有标题栏，但无最大、最小化按钮，不能改变窗体大小，运行时任务栏无该窗体按钮
4-FixedToolWindow	固定工具窗口。窗体大小不能改变，只显示关闭按钮，标题栏字体缩小
5-SizableToolWindow	可变大小工具窗口。窗体大小可以改变，只显示关闭按钮，标题栏字体缩小

注意：当设置为 0（窗体无边框）时，ControlBox（控制框）属性、MaxButton（最大化按钮）和 MinButton（最小化按钮）属性的设置将不起作用。

10. WindowState 属性

WindowState（窗口状态）属性用于设置程序启动后窗体的初始状态，有三种形式可供选择，如表 2.3 所示。

表 2.3　WindowState 属性表

属　性	说　明
0-vbNormal	正常状态，窗口有边界。启动程序时窗体的大小为设置的大小，其位置也为设置的位置
1-vbMinimized	最小化状态，启动时窗体缩小为任务栏里的一个图标（Icon 属性值）
2-vbMaximized	最大化状态，无边界。启动时窗体布满整个屏幕

11. Enabled 属性

Enabled 属性用于设置窗体以及其内部的控件是否可以被操作，其值为逻辑型。当取值为 True 时，允许用户进行操作；取值为 False 时，不允许用户操作。

12. Movable 属性

Movable 属性值为 True 或 False，设置是否可以移动窗体。

13. Visible 属性

Visible 属性用来设置窗体是否可见，其值为逻辑型。当取值 True 时，表示运行时窗体可见（默认值）；设置为 False 时，表示运行时控件隐藏，用户看不到，但控件本身是存在的。

14. Icon 属性

Icon（图标）属性为返回或设置窗体左上角显示或最小化显示时的图标，常用的图标文件格式为 Ico、Cur 等。此属性必须在 ControlBox 属性设置为 True 时才有效。

注意：在 VB 安装目录的 common\graphics 下有系统自带的各种图片和图标。

15. Picture 属性

Picture（图片）属性用于设置窗体的背景图片。该属性可以显示多种格式的图形文件，如位图文件（.bmp）、图形交换格式文件（.gif）、JPEG 压缩文件（.jpg）、图元文件（.wmf）、图标文件（.ico）。

Picture 属性可以在“属性”窗口中进行设置，只需要单击“属性”窗口中的 Picture 设置框右边的“…”按钮，打开“加载图片”对话框，选择一个图形文件即可。该属性也可以在程序代码中进行设置。在代码中进行设置的格式为：

对象名.Picture=LoadPicture("图片文件名")

例如：

```
Form1.Picture=LoadPicture("c:\abc\xyz.jpg")
```

上述语句作用是为 Form1 窗体加载名为 xyz.jpg 的图片。

说明：

（1）LoadPicture()是一个加载图片的函数。

（2）图片文件名必须包括扩展名，如果文件不在当前文件夹下，还必须包含图片文件的路径。

（3）若要清除背景图片，只要将 LoadPicture()函数括号里面的内容设为空即可。例如：

```
Form1. Picture=LoadPicture()     '删除图片
```

16. AutoRedraw 属性

AutoRedraw 属性决定窗体被隐藏或被另一个窗口覆盖之后重新显示，是否重新还原该窗体被隐藏或覆盖以前的画面，即是否重画如 Circle、Line、PSet 和 Print 等方法的输出。当值为 True 时，重新还原该窗体以前的画面；当值为 False 时，则不重画。

2.2.2　窗体的常用事件

窗体的事件是由 VB 预先定义好的、能够被窗体对象所识别的动作。在代码窗口中可以查阅到与窗体有关的所有事件，这里只介绍一些最常用的事件。

1. 鼠标事件

当在窗体上进行鼠标移动（MouseMove）、按下鼠标键（MouseDown）、释放鼠标键（MouseUp）、单击（Click）、双击（DblClick）等操作时，会发生相应的鼠标事件。

1）Click 事件

在程序运行过程中，单击一个窗体的空白区域，则会触发窗体的单击事件，此时系统会自动调用窗体事件过程 Form_Click()。

【例 2.1】 设计一个应用程序，当单击窗体时，窗体标题变为“VB 应用程序”，并在窗体上用 Print 方法输出“欢迎使用 Visual Basic 6.0”。

步骤：

（1）创建一个新的工程，窗体名默认为 Form1，标题默认也是 Form1。

（2）双击窗体，打开代码输入窗口，默认事件是窗体的 Load 事件。在代码窗口的右上角事件列表框中选中 Click 事件，如图 2.5 所示。

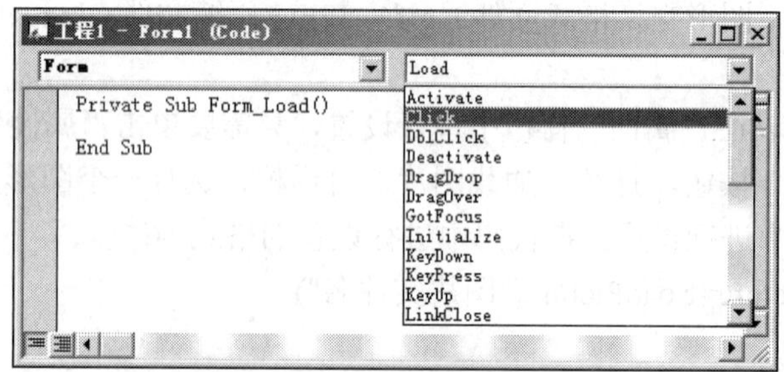

图 2.5 事件列表框中选择事件

（3）在窗体的 Click 事件过程中输入代码，如图 2.6 所示。

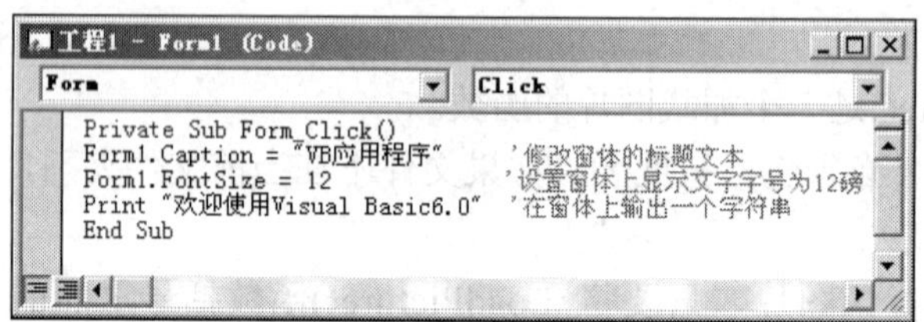

图 2.6 代码窗口

（4）运行应用程序，结果如图 2.7 所示。

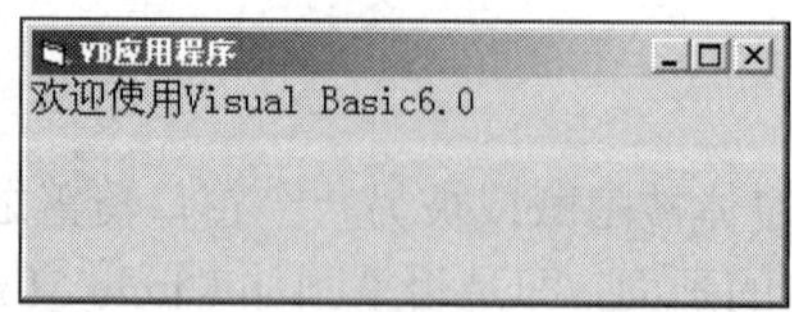

图 2.7 程序运行结果

2）DblClick 事件

当在程序运行过程中，双击一个窗体的空白区域，则会触发窗体的双击事件，此时系统会自动调用执行窗体事件过程 Form_DblClick()。

3）MouseDown 事件

当按下鼠标键时，就会触发 MouseDown 事件。例如：

```
Private Sub Form_MouseDown(Button As Integer, Shift As Integer, _
X As Single, Y As Single)
    Print "这就是 MouseDown 事件"
End Sub
```

运行程序后，在窗体上按下鼠标左键或右键，则会在窗体上显示“这就是 MouseDown 事件”。

2. 其他事件

1）Load 事件

Load 事件是窗体被装入内存工作区时触发的事件。当应用程序只有一个窗体时，应用程序一启动就会自动执行该事件中的代码，除非专门调用，此事件中的代码只被执行一次。通常用于启动程序时，对属性和变量进行初始化以及装载数据等。

如果在 Form_Load 事件内显示信息，必须使用 Show 方法或者把 AutoRedraw 属性设置为 True，否则程序运行时什么都不显示。

【例 2.2】　利用代码设置窗体的属性。

创建一个窗体，双击窗体，打开代码窗口，输入如下语句：

```
Private Sub Form_Load()
    Me.Height = 1800                          'Me 代表当前窗体，设置窗体高度
    Me.Width = 3000                           '设置窗体宽度
    Me.Top = 3000                             '设置窗体到屏幕的上边距
    Me.Left = 1500                            '设置窗体到屏幕的左边距
    Me.Caption = "窗体示例"                    '设置窗体的标题
    Me.BackColor = RGB(255, 255, 255)         '设置窗体的背景颜色为白色
    Me.AutoRedraw = True
End Sub
```

2）Unload（卸载）事件

Unload 事件是在一个窗体被卸载时产生。当单击窗体右上角的“关闭”按钮 ☒ 或执行 Unload 语句时，就可以触发 Unload 事件。

3）Activate（活动）和 Deactivate（非活动）事件

在程序运行过程中，一个窗体变为活动窗体时，则触发 Activate 事件，系统会自动执行 Form_Activate 事件过程。当取消该活动窗体，激活另一个窗体时该窗体发生 Deactivate 事件，系统执行 Form_DeActivate 事件过程。

4）Paint（绘图）事件

在应用程序运行时，若出现下列情况就会自动触发 Paint 事件。

（1）窗体窗口被最小化成图标，然后又恢复正常显示状态。

（2）原本遮挡着该窗体的窗体被移开并使该窗体全部或部分显露出来。

（3）该窗体因其他窗体的移动而被全部或部分遮挡。

（4）窗体的大小改变或移动。

（5）使用 Refresh 方法。

触发 Paint 事件后，可以进行窗体的重绘。将 AutoRedraw 属性值设置为 True，也可以自动完成窗体的重绘。如果窗体的 ClipControls 属性设置为 False 时，则重绘窗体刚刚显露的部分，否则重绘整个窗体。

5）Resize 事件

当用户交互或是通过代码调整窗体的大小时，都会触发一个 Resize 事件，当窗体尺寸变化时，允许在窗体上进行移动控件或调整控件大小等操作。

【例 2.3】 设计一个应用程序，在窗体上显示制定的字符串，单击鼠标结束执行。

步骤：

（1）创建一个新的工程。

（2）双击窗体，打开代码窗口，在默认的 Load 事件中设置窗体属性，输入如下代码：

```
Private Sub Form_Load()                    '窗体加载事件，窗体属性初始化
    Me.Caption = "VB 应用程序示例"
    Me.Top = 1000
    Me.Left = 2000
    Me.Height = 1500
    Me.Width = 4000
End Sub
```

（3）在窗体的 Activate 事件中输入代码：

```
Private Sub Form_Activate()                          '窗体激活事件
    Me.BackColor = QBColor(15)                       '窗体背景为白色
    Me.FontName = "黑体"
    Me.FontSize = 12                                 '字号 12 磅，1 磅=1/72 英寸
    Me.ForeColor = QBColor(9)                        '字体颜色为浅蓝色
    Print
    Print Spc(2); "窗体的属性、事件和方法举例"       '显示字符串
End Sub
```

（4）在 Click 事件中输入代码：

```
Private Sub Form_Click()
    End                 '结束程序
End Sub
```

（5）程序运行结果如图 2.8 所示。

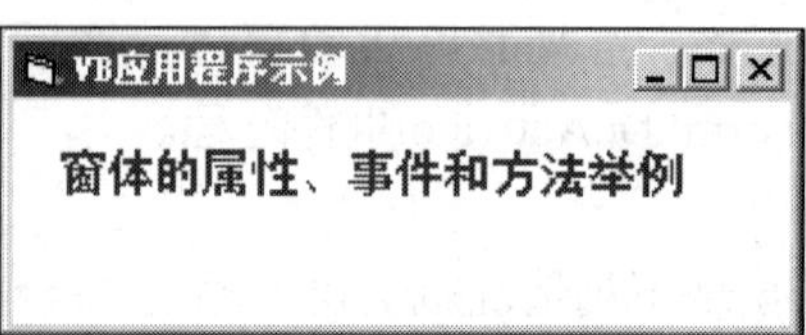

图 2.8 窗体属性举例

2.2.3　窗体的常用方法

窗体对象可以执行的方法有很多种，要查阅窗体所有方法，可在代码窗口中输入窗体名后加小数点，则该窗体对象的所有属性和方法立即在一个列表框中显示出来，如图 2.9 所示。

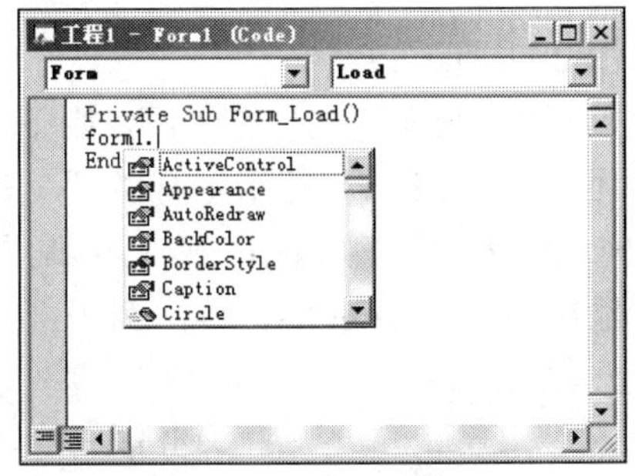

图 2.9　窗体的所有方法和属性

1. Print 方法

Print 方法可以在窗体上显示文本字符串和表达式的值，也可以在其他图形对象或打印机上输出信息。其语法格式为：

[对象名.] Print [表达式列表]

说明：

（1）对象名：可以是 Form（窗体）、Debug（立即窗口）、Picture（图片框）、Printer（打印机）。省略此项，表示在当前窗体上输出。例如：

```
Print "12*2="; 12*2                    '在当前窗体上输出 12*2=24
Picture1.Print "Good"                  '在图片框 Picture1 上输出 Good
Printer.Print "Morning"                '在打印机上输出 Morning
```

（2）表达式列表：可以是一个或多个表达式。如果是数值表达式，则输出数值表达式运算后的结果，输出数值的前面有一个符号位，后面有一个空格；如果是字符串表达式，则原样输出，输出字符串的前后都没有空格；如果省略“表达式列表”，则输出一个空行。例如：

```
Private Sub Form_Click()
    x = 10
    Print x                            '输出变量 x 的值
    Print                              '输出一个空行
    Print 2 + 3                        '输出数值表达式 2+3 的值
    Print "2+3"                        '输出字符串"2+3"
End Sub
```

单击窗体，运行结果如图 2.10 所示。

多个表达式之间要用分号或逗号隔开。如果用分号隔开，则以紧凑格式输出数据；如果用逗号隔开，则以标准格式输出数据，即每个输出项占 14 个字符位。当输出的某一数据项宽度超过 13 个字符时，将为该数据项自动增加 14 个字符位置。例如：

```
Private Sub Form_Click()
    Print "3"; "5"; "8"              '用分号隔开,以紧凑格式输出数据
    Print "1", "2", "3"              '用逗号隔开,每个输出项占 14 个字符位
    Print "123", "123", "123"
End Sub
```

单击窗体，运行结果如图 2.11 所示。

（3）如果在 Print 方法中最后一个表达式后有“;”，则下一个 Print 输出的内容，将紧跟在当前 Print 输出内容后面；如果在语句行末尾有“,”，则下一个 Print 输出的内容，将在当前 Print 输出内容的下一区段输出；如果在语句行末尾无分隔符，则输出完本语句内容后换行，即在新的一行输出下一个 Print 的内容。例如：

```
Private Sub Form_Click()
    Print " 25+35 ";                 '分号连接的紧凑格式
    Print " = ";
    Print 25 + 35
    Print " 25+35 ",                 '逗号连接的标准格式
    Print " = ",
    Print 25 + 35
End Sub
```

单击窗体，输出的结果如图 2.12 所示。

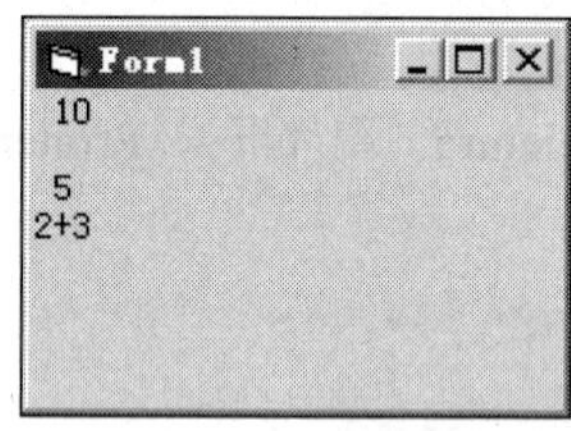

图 2.10 运行结果

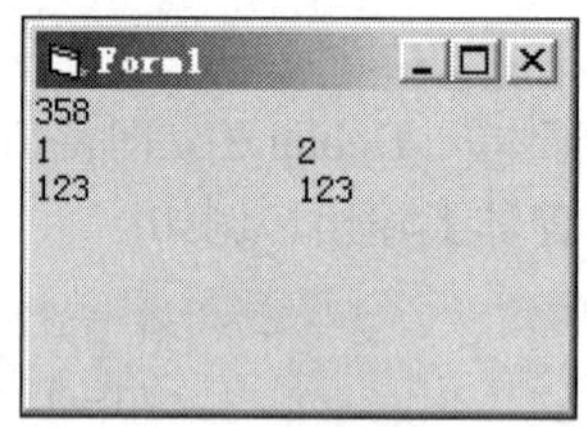

图 2.11 运行结果

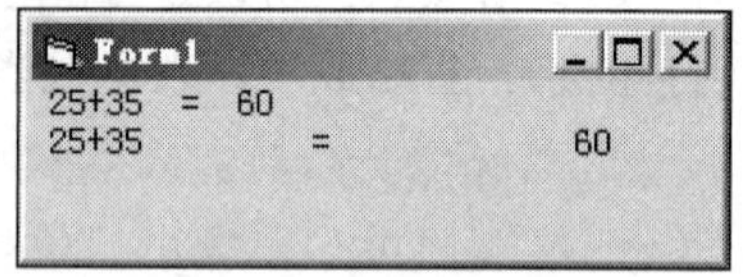

图 2.12 运行结果

（4）可以用“?”代替关键字 Print，VB 会自动将它转换成 Print。

（5）与 Print 方法有关的函数。VB 提供了一些与 Print 方法结合使用的函数，包括 Tab()、Spc()、Space()和 Format()等，利用这些函数可以指定输出内容的位置及格式。

① Tab()函数。

格式：Print Tab(n);输出内容

功能：与 Print 方法结合使用，从第 n 列开始输出内容，n 为整数。

说明：如果一个 Print 语句中使用多个 Tab()函数，则每个 Tab()函数对应一个输出项，各输出项之间用分号隔开。

② Spc()函数。

格式：Print Spc(n);输出内容

功能：与 Print 方法结合使用，从当前位置跳过 n 列后再输出内容，n 为整数。

说明：如果一个 Print 语句中使用多个 Spc()函数，则每个 Spc()函数对应一个输出项，各输出项之间用分号隔开。

注意：Spc()函数与 Tab()函数功能相似，但应注意 Tab()函数是从对象左端开始计数，而 Spc()函数是从前一输出项结束位置开始计数，表示两个输出项之间的间隔。

③ Space()函数。

格式：Space(n)

功能：返回由 n 个空格组成的字符串。

注意：Space()函数与 Spc()函数功能相似，但应注意 Space()函数和输出内容之间可以用字符串运算符进行连接，而 Spc()函数和输出内容之间只能用分号进行连接。

例如，用如下代码验证上述函数的使用。

```
Private Sub Form_Click()
    Print "123456789012345678901234567890"
    Print Tab(10); "abc"              '从第 10 列开始输出字符串"abc"
    Print Tab(5); "中国"; Tab(10); "辽宁"; Tab(20); "沈阳"
    Print Spc(10); "abc"              '跳过 10 列后再输出字符串"abc"
    Print "中国"; Spc(5); "辽宁"; Spc(5); "沈阳"
    Print "中国" + Space(5) + "辽宁" + Space(5) + "沈阳"
End Sub
```

单击窗体，运行结果如图 2.13 所示。

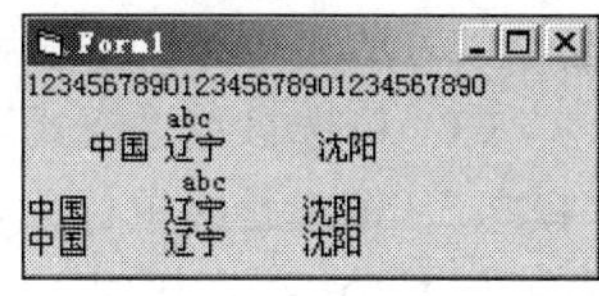

图 2.13　运行结果

2. Cls 方法

Cls 方法用于清除使用 Print 等方法输出到窗体或图片框中的内容。其语法格式是：

[窗体名].Cls

例如，Form1 是一个窗体对象名，有以下语句：

```
Form1.Cls
```

则该语句运行完毕后，窗体上输出的文字和图形就会全部被清除掉。

说明：

（1）Cls 将清除图形和打印语句在运行时所产生的文本和图形，而设计时在 Form 中使用 Picture 属性设置的背景位图和放置的控件不受 Cls 影响。如果激活 Cls 之前 AutoRedraw 属性设置为 False，调用时该属性设置为 True，则放置在 Form 或 PictureBox 中的图形和文本也不受影响。这就是说，通过对正在处理的对象的 AutoRedraw 属性进行操作，可以保持 Form 或 PictureBox 中的图形和文本。

（2）调用 Cls 之后，对象的 CurrentX 和 CurrentY 属性复位为 0。

3. Hide 方法

Hide 方法可以隐藏 Form 对象，但不能使其卸载。其语法格式为：

[窗体名].Hide

例如：

```
Form1.Hide     '隐藏窗体 Form1
```

如果省略窗体名，则默认为当前窗体（带焦点的窗体）。

说明：

（1）隐藏窗体时，它就从屏幕上被删除，并将其 Visible 属性设置为 False。用户将无法访问隐藏窗体上的控件，但是对于运行中的 VB 应用程序，或对于 Timer 控件的事件，隐藏窗体的控件仍然是可用的。

（2）窗体被隐藏时，用户只有等到被隐藏窗体的事件过程的全部代码执行完后才能够与该应用程序交互。

（3）若调用 Hide 方法时窗体还没有加载，则 Hide 方法将加载该窗体但不显示它。

4. Show 方法

Show 方法用以快速地显示一个窗体，并将该窗体设置为当前活动窗体。其语法格式为：

窗体名.Show[模式]

说明：

（1）如果调用 Show 方法时指定的窗体没有装载，VB 将自动装载该窗体。

（2）应用程序的启动窗体在其 Load 事件调用后会自动出现。

（3）可选参数“模式”，用来确定被显示窗体的状态：值等于 1 时，表示窗体状态为“模态”（模态是指鼠标只在当前窗体内起作用，只有关闭当前窗口后才能对其他窗口进行操作）；值等于 0 时，表示窗体状态为“非模态”（非模态是指不必关闭当前窗口就可以对其他窗口进行操作）。

5. Move 方法

Move 方法可以移动窗体或控件，并可改变其大小。其语法格式为：

[对象名].Move left[,top[,width[,height]]]

说明：

（1）Move 方法中“对象”是可选的。如果省略“对象”，则当前窗体默认为对象。

（2）参数 left 是必需的，指示对象左边的水平坐标（x 轴）；参数 top 是可选的，指示“对象”顶边的垂直坐标（y 轴）；参数 Width 也是可选的，指示“对象”新的宽度；参数 height 同样是可选的，指示“对象”新的高度。

（3）要指定任何其他的参数，必须先指定出现在语法中该参数前面的全部参数。例如，如果不先指定 left 和 top 参数，则无法指定 width 参数。任何没有指定的尾部参数保持不变。

例如，使用窗体 Move 方法。

```
Form1.Move 0,0                '将窗体移动到屏幕的左上角
Form1.Move Form1.Left+500     '将窗体在原来位置的基础上向右移动 500 缇
Form1.Move 2000,4000          '将窗体移动到新位置(2000,4000)，大小没有改变
```

2.3 标　　签

标签（Label）是 VB 中最简单的控件，用于显示不需要用户修改的文本内容。通常用标签来标注本身不具有 Caption 属性的控件。例如，可用标签为文本框、列表框、组合框等控件添加描述性的文字。

2.3.1 标签的常用属性

1. Caption 属性

Caption 属性用来设置在标签上要显示的文本信息。该属性既可以在创建界面时设置，也可以在程序中改变文本信息。如果要在程序中修改标题属性，代码如下：

```
标签名.Caption="我的第一个标签"
```

2. BorderStyle 属性

BorderStyle 属性用来设置标签的边框类型，其有两种可选值：默认值为 0，表示标签无边框；设置为 1 时，表示标签有立体边框。

3. Font 属性

Font 属性用来设置标签显示的字体、字形、下划线等，既可以在创建界面时设定，也可以在程序中改变。例如，在程序中改变 Font 属性，代码如下：

```
Label1.FontName="宋体"                    '设置标签字体为宋体
Label1.FontSize=9                         '设置字号为 9 号
```

粗体（FontBold）、斜体（FontItalic）、下划线（FontUnderline）、删除线（FontStrikethru）属性的设置值是 True 或者 False。例如：

```
Label1.FontBold=True                      '标签字体加粗
Label1.FontItalic=True                    '标签字体倾斜
```

4. AutoSize 属性

AutoSize 属性用于设置标签是否能够自动调整大小以显示所有的内容。取值为 True 时，表示能够自动调整大小；取值为 False 时，表示不能自动调整大小。

5. Alignment 属性

Alignment 属性用来设置标签中内容的对齐方式，其值有以下三种。

0-Left Justify（默认值）：表示文本左对齐。

1-Right Justify：表示文本右对齐。

2-Center：表示文本居中。例如：

```
Label1.Alignment=2                         '标签文字居中对齐
```

6. BackStyle 属性

BackStyle 属性用于设置标签的背景样式。其值可以为：0–Transparent 或 1–Opaque（默认值），分别表示透明和不透明。

7. WordWrap 属性

WordWrap 属性用来设置标签的文本在显示时是否能够自动换行。取值为 True 时表示具有自动换行功能，取值为 False（默认值）时，表示没有自动换行功能。

2.3.2 标签的常用方法

一般很少使用标签事件，常用的标签方法有 Move，用于移动标签的位置并可在移动位置时改变标签的大小。

2.4 文 本 框

文本框（TextBox）在窗体中为用户提供一个既能显示文本又能编辑文本的区域。在文本框内，用户可以对文字进行输入、删除、选择、复制及粘贴等各种操作。

2.4.1 文本框的主要属性

1. Text 属性

Text 属性用于设置文本框中显示的文本。这是文本框的默认属性，也是最重要的属性，可以在设计阶段进行设置，也可以在程序中设置，还可以在程序中使用这一属性取得当前文本框的文本。

2. Locked 属性

Locked 属性用来设置在运行时输入文本框的文本能否被编辑。其默认值为 False，表示在运行时可以编辑输入文本框的文本；反之，当其取值为 True 时，表示输入文本框不可被编辑，而只能被浏览或高亮度显示。

注意：Locked 属性一般只是在运行时发挥作用，当其取值为 True 时，可以通过程序代码设置文本框的 Text 属性，从而改变显示在文本框中的内容。

3. MaxLength 属性

MaxLength 属性用于设定文本框中最多允许输入的字符数。当设置为 0 时（默认值），表示可容纳任意多个字符。若将其设置为正整数值，即为可容纳的最多字符数。

4. MultiLine 属性

MultiLine 属性用于设置文本框是否允许显示和输入多行文本。取值为 True 时，表示允许显示和输入多行文本，当要显示或输入的文本超过文本框的右边界时，文本会自动换行，在输入时也可以按 Enter 键强行换行。取值为 False 时，表示不允许显示和输入多行文本，当要显示或输入的文本超过文本框的边界时，将只显示一部分文本，并且在输入时也不会对 Enter 键作换行的反应。

5. PasswordChar 属性

PasswordChar 属性用于设定文本框输入口令类文本。当把这一属性设定为一个非空字符时（如常用的“*”），运行程序时用户输入的文本就会只显示这一非空字符，但系统接收的却是用户输入的文本。系统默认为空字符，在运行时，用户输入的文本将直接显示在文本框中。

6. ScrollBars 属性

ScrollBars 属性用于设置文本框中是否带有滚动条，有四个可选值：None 表示不带有滚动条；Horizontal 表示带有水平滚动条；Vertical 表示带有垂直滚动条；Both 表示带有水平和垂直滚动条。

注意：要使文本框具有滚动条，必须将 Multiline 属性设置为 True，否则 ScrollBars 属性将无效。文本框具有滚动条后，自动换行功能将失效。

7. SelStart 属性

SelStart 属性用于返回或设置文本在文本框中的插入点。其取值为整数类型，默认值为 0，表示插入点位于文本框的最左边。

8. SelLength 属性

SelLength 属性用于返回或设置文本框中默认选中的字符个数。其取值为整数类型，默认设置为 0，表示不选中任何字符。当其取值大于 0 时，表示从插入点位置开始选中并高亮度显示与 SelLength 属性相对应个数的字符。

9. SelText 属性

SelText 属性用于返回或设定文本框中当前被选中的文本，其取值为字符串类型。在程序运行时，如果 SelText 属性被赋予新的文本，则选中的文本将被替换成新的文本；反之，如果没有被赋予新的文本，则 SelText 属性将从当前插入点位置开始插入文本。

注意：通常情况下，文本框的 SelStart、SelLength 和 SelText 三个属性共同作用，用来控制文本框的插入点和文本选择行为，并且只能在运行时通过程序代码对其进行设置。

【例 2.4】　复制文本框中所选内容。

设计程序，使得单击窗体时，程序会自动将第 1 个文本框的前 12 个字符选定并显示在第 2 个文本框中。程序运行结果如图 2.14 所示。

步骤：

（1）创建界面。在窗体上添加两个文本框 Text1、Text2。其中，Text1 的 Text 属性设置为："文本框（TextBox）在窗体中为用户提供一个既能显示文本又能编辑文本的区域。在文本框内，用户可以用鼠标、键盘按常用的方法对文字进行编辑，例如进行输入、删除、选择、复制及粘贴等操作。"

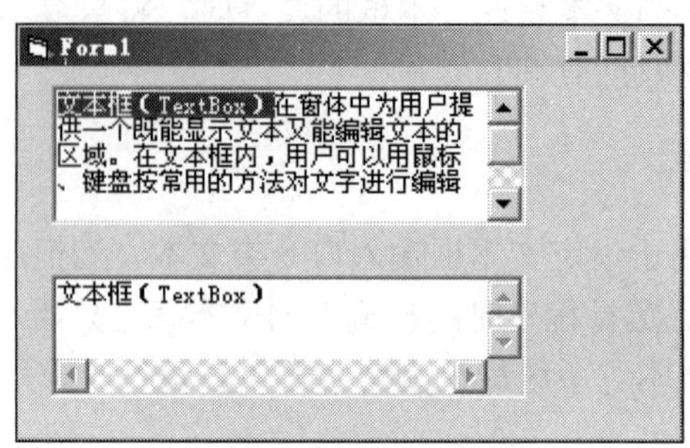

图 2.14 程序运行结果

（2）设置属性。属性设置如表 2.4 所示。

表 2.4 文本框属性设置

对 象 名	属 性 名	属 性 值	说 明
Text1	MultiLine	True	允许多行显示
	ScrollBars	2-Vertical	只有垂直滚动条
Text2	MultiLine	True	允许多行显示
	ScrollBars	3-Both	同时加水平和垂直滚动条

（3）编写代码。

```
Private Sub Form_Click()
    Text1.SelStart = 0             '将 Text1 中的第 1 字符设为要选择文本的起点
    Text1.SelLength = 12           '将选择文本的长度定为 12 个字符
    Text2.Text = Text1.SelText     '将被选择的字符串存入 Text2 中
End Sub
```

2.4.2 文本框的常用事件

文本框除支持 Click、DblClick 事件，常用的还有 Change、GotFocus、LostFocus 事件。

1. Change 事件

当用户输入新内容，或程序对文本框的 Text 属性重新赋值，从而改变文本框的 Text 属性时触发该事件。例如，有两个文本框，当用户在第一个文本框中输入字符时，若要在第二个文本框中显示相同的字符，则只需编写如下代码：

```
Private Sub Text1_Change()
    Text2.Text = Text1.Text
End Sub
```

2. GotFocus 事件

当光标转移到文本框中时，称为文本框取得焦点，触发 GotFocus 事件。可能触发该事件的情况包括：用户按 Tab 键，跳转到该文本框中；用户用鼠标单击文本框；用户在程序代码中用 SetFocus 方法激活了该文本框等。

3. LostFocus 事件

当用户按下 Tab 键时光标离开文本框，或用鼠标选择其他对象时触发该事件，称为“失去焦点”事件，它是和 GotFocus 相对应的一个事件。一般情况下，可能触发这一事件的情况包括：用户按 Tab 键，跳出该文本框；用户用鼠标单击其他控件等。

2.4.3　文本框的常用方法

文本框最常用的方法是 SetFocus，使用该方法可把光标移到指定的文本框中，使之获得焦点。当使用多个文本框时，用该方法可把光标移到所需要的文本框中。

例如，当单击窗体时，将光标置于文本框 Text1 中，需要添加如下代码：

```
Private Sub Form_Click()
   Text1.SetFocus                    '让文本框 Text1 获取焦点
End Sub
```

说明：该方法还适用于可以获得焦点的其他对象，如 CheckBox、CommandButton 和 ListBox 等控件。

2.5　命 令 按 钮

命令按钮（CommandButton）控件常常用来接受用户的操作信息，触发相应的事件过程。它是用户与程序进行交互的最简便的方法。

2.5.1　命令按钮的常用属性

1. Caption 属性

Caption 属性用来返回或设置命令按钮上显示的文本信息。可以通过代码设置，从而显示相应的信息。此外可以通过 Font 属性来设置命令按钮中显示文本的字体和大小等。

2. Cancel 属性

Cancel 属性是命令按钮的特有属性，用来指示窗体中命令按钮是否为取消按钮。属性值为逻辑型，默认值为 False。使用 Cancel 属性使得用户可以取消未提交的改变，并把窗体恢复到先前状态。

取值为 True 时，按 Esc 键相当于用鼠标单击了该命令按钮。在一个窗体中只能有一个命令按钮的 Cancel 属性值为 True，当某个命令按钮的 Cancel 属性值被设置为 True 后，该窗体中的其他所有按钮的 Cancel 属性将被自动设置为 False。

取值为 False 时，Esc 键无效。

3. Default 属性

Default 属性是命令按钮的特有属性，以确定命令按钮是否是窗体默认的命令按钮。属性值为逻辑型，默认值为 False。

取值为 True 时，Enter 键有效，按下 Enter 键相当于用鼠标单击了该命令按钮。在一个窗体中只能有一个命令按钮的 Default 属性值为 True。当某个命令按钮的 Default 属性值被设置为 True 后，该窗体中的其他所有命令按钮的 Default 属性值将被自动设置为 False。

取值为 False 时，Enter 键无效。

4. Enabled 属性

Enabled 属性用来决定命令按钮是否能够对用户产生的事件作出反应。值为 True 时，表示按钮可用；值为 False 时，表示按钮在程序运行时不可用。

5. Style 属性和 Picture 属性

命令按钮上除了可以显示文字外，还可以显示图形。若要显示图形，首先应将 Style 属性设置为 1，然后在 Picture 属性中设置要显示的图形文件。

6. Value 属性

Value 属性用来指示该按钮是否可选。值为 True 时，表示已选择该按钮；值为 False（默认）时，表示没有选择该按钮。该属性在设计时不可用，只能在程序运行期间引用或设置。

2.5.2 命令按钮的常用事件

命令按钮最常用的是 Click 事件。下面通过具体实例说明命令按钮的应用。

【例 2.5】 设计一个应用程序，在窗体上有“显示”、“清除”两个命令按钮，单击“显示”按钮，在窗体上显示“Visual Basic 6.0 程序设计”，同时，“显示”按钮不可用；单击“清除”按钮，清除窗体上显示的所有文字，同时“清除”按钮不可用，但“显示”按钮恢复为可用。

步骤：

（1）启动 VB，创建一个新的工程，在窗体上添加两个命令按钮 Command1、Command2。

（2）设置各控件属性值，如表 2.5 所示。

表 2.5　控件属性设置

对象名	属性名	属性值
Command1	Caption	显示
Command2	Caption	清除

（3）在 Command1_Click 事件中编写如下代码：

```
Private Sub Command1_Click()
    Print "Visual Basic 6.0 程序设计"
    Command1.Enabled = False
    Command2.Enabled = True
End Sub
```

在 Command2_Click 事件中编写如下代码：

```
Private Sub Command2_Click()
    Form1.Cls
    Command2.Enabled = False
    Command1.Enabled = True
End Sub
```

（4）程序调试和运行。单击“显示”按钮后，程序运行结果如图 2.15 所示。

【例 2.6】 编写设置密码程序，设定密码为“hello”。程序运行时，用户在左侧文本框中输入密码，然后单击“确定”命令按钮，程序将核对用户输入的密码与事先设定的密码是否一致。如果一致，则在右侧文本框中显示“密码正确，继续进行！”；若不一致，则显示“密码错，重新输入！”。程序运行结果如图 2.16 所示。

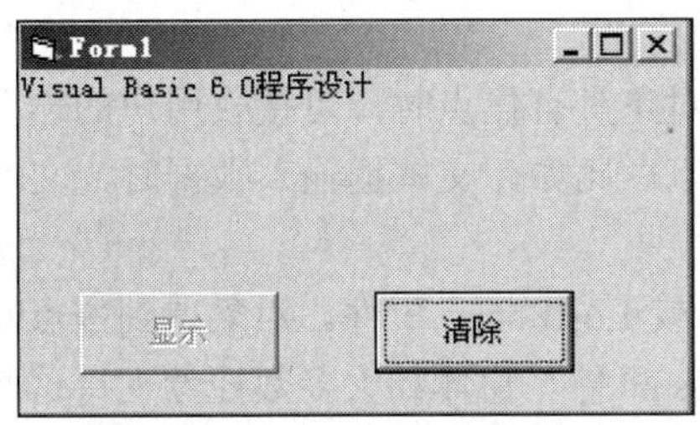

图 2.15　例 2.5 的程序运行结果

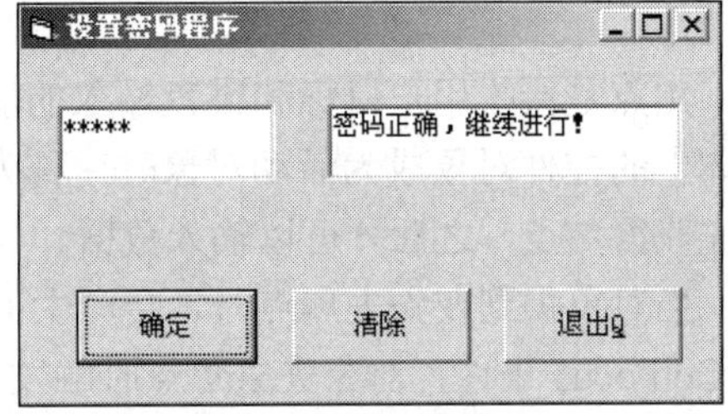

图 2.16　例 2.6 的程序运行结果

步骤：

（1）创建界面。在窗体 Form1 中添加三个命令按钮 Command1、Command2、Command3，两个文本框 Text1 和 Text2。

（2）设置属性。属性设置如表 2.6 所示（名称属性取默认值）。

表 2.6　控件属性设置

对 象 名	属 性 名	属 性 值
Form1	Caption	设置密码程序
Text1	Text	空
Text1	PasswordChar	*
Text2	Text	空
Command1	Caption	确定
Command2	Caption	清除
Command3	Caption	退出&Q

（3）编写代码。

```
Private sub Command1_Click()
    pass=Text1.Text
    If pass="hello" Then
        Text2.Text="密码正确，继续进行！"
    Else
        Text2.Text="密码错，重新输入！"
    End If
End Sub

Private Sub Command2_Click()
    Text1.Text = ""
    Text2.Text = ""
End Sub

Private Sub Command3_Click()
    End
End Sub
```

2.6 焦　　点

焦点是接收用户鼠标和键盘输入的能力。当对象具有焦点时，可接收用户的输入。窗体上的控件对象成为活动对象时，称为获得焦点。比如，文本框输入数据时，文本框首先获得焦点，之后才可以输入数据。

当对象得到或失去焦点时，会产生 GotFocus 或 LostFocus 事件。对象得到焦点时触发 GotFocus 事件；对象失去焦点时触发 LostFocus 事件。窗体和大多数控件支持这两个事件。

用户除了使用鼠标单击可以获得对象的焦点之外，还可以在代码中用 SetFocus 方法获得焦点。其语法格式是：

对象.SetFocus

只有在窗体成为活动窗体时，才能设置窗体上对象的焦点。所以，不能在窗体的 Load 事件过程中使用此方法，否则会出现程序运行错误。不能获得焦点的对象没有此方法，如 Frame 和 Label 等不需要输入操作的控件，因而也得不到焦点。另外，能否获得焦点还取决于对象的特性，主要是对象的 Enabled 属性和 Visible 属性。当 Enabled 属性值为 False 时，该对象不能获得焦点；当 Visible 属性值为 False 时，该对象不可见，也无法获得焦点。

【例 2.7】 单击“确定”按钮，Text2 获得焦点，Text1 失去焦点同时背景变成蓝色。

步骤：

（1）创建一个新的工程，在窗体上设置一个标签，两个文本框，一个命令按钮。

（2）将命令按钮的 Caption 设置为“确定”。

（3）编写如下事件过程：

```
Private Sub Command1_Click()
```

```
    Text2.SetFocus              '单击按钮时，Text1 失去焦点，Text2 获得焦点
End Sub

Private Sub Text1_LostFocus()
    Text1.BackColor = vbBlue                         'Text1 失去焦点后变成蓝色
    Label1.Caption = "Text1 在失去焦点时变成蓝色！"  '在 Label1 中显示文字
End Sub
```

（4）调试和运行程序，运行结果如图 2.17 所示。

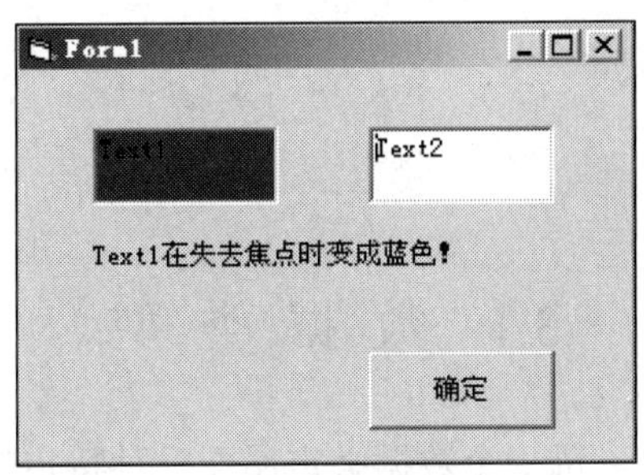

图 2.17　例 2.7 的程序运行结果

本 章 小 结

本章介绍了 VB 窗体、焦点的概念，阐述了窗体的常用属性、事件和方法，讲述了标签、文本框和命令按钮的常用属性、事件和方法。然后通过几个简单的程序实例，介绍了这些基本控件的使用。通过本章的学习，应该掌握窗体及标签、文本框、命令按钮的常用属性和事件，在界面设计时能够选择合适的控件，并进行相应属性的设置及代码编写。

第 3 章　VB 语言基础

本章要点

- 数据类型、常量和变量。
- 运算符、表达式。
- 常用内部函数。

3.1　数 据 类 型

数据是程序处理的对象，每一个数据必定属于一种特定的数据类型，不同类型数据的取值范围以及它们在计算机中的存储形式不同，对其操作也有很大区别。

VB 的数据类型可分为标准数据类型和用户自定义数据类型两大类。标准数据类型又称为基本数据类型，它是由 VB 直接提供给用户的数据类型，用户不用定义就可以直接使用；用户自定义数据类型是由用户在程序中以标准数据类型为基础，并按照一定的语法规则创建的数据类型，它必须先定义，然后才能在程序中使用。VB 数据类型如图 3.1 所示。

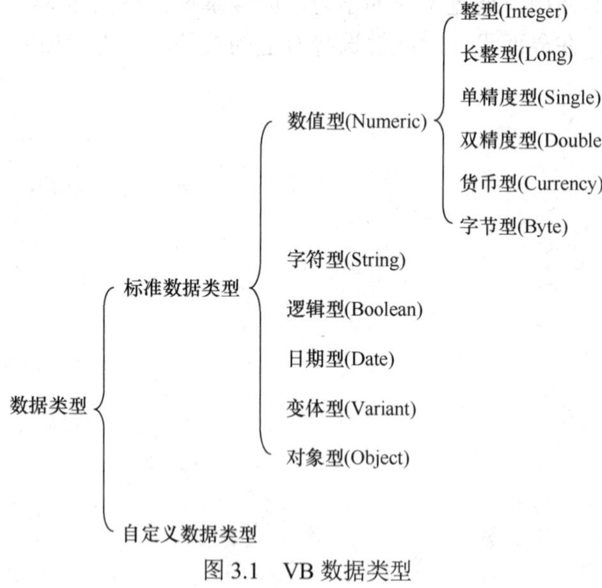

图 3.1　VB 数据类型

3.1.1　标准数据类型

标准数据类型是系统定义的数据类型。表 3.1 所示列出了 VB 提供的几种标准数据类型。

表 3.1　VB 的标准数据类型

数据类型	类型符	字节数	取 值 范 围
Byte（字节型）	无	1	0～255
Boolean（逻辑型）	无	2	True 和 False
Integer（整型）	%	2	-32 768～32 767，小数部分四舍五入
Long（长整型）	&	4	-2 147 483 648～2 147 483 647，小数部分四舍五入
Single（单精度型）	!	4	负数：-3.402 823E+38～-1.401 298E-45 正数：1.401 298E～453.402823E+38
Double（双精度型）	#	8	负数：-1.79769313486232D+308～-4.94065645841247D-324 正数：4.94065645841247D-324～1.79769313486232D+308
Currency（货币型）	@	8	-922 337 203 685 477.580 8～922 337 203 685 477.580 7
Date（日期型）	无	8	公元 100 年 1 月 1 日～9999 年 12 月 31 日
String*size（定长字符型）	$	字符串长度	1～65 535 字符（64KB）
String（变长字符型）	$	字符串长度	0～大约 20 亿个字符（2^{31}）
Variant（数值变体型）	无	16	任何数值，最大可达 Double 的范围
Variant（字符变体型）	无	字符串长度	与变长度字符串有相同的范围
Object（对象型）	无	4	可供任何对象引用

1. 数值型数据

在 VB 语言中，数值型数据是指能够进行加、减、乘、除、整除、乘方和取模（Mod）等运算的数据。它包括整数类型和实数类型两大类。

（1）整数类型：不带小数点和指数符号的数。整数类型又分为字节型、整型和长整型三种数据类型。

① Byte（字节型）：主要用于二进制文件的读写，在内存中占 1B，存储 0～255 之间的无符号整数，不能表示负数。

② Integer（整型）：在内存中占 2B。可以在数据后面加类型符“%”来表示整型数据。例如：321、78、65%。

③ Long（长整型）：在内存中占 4B。长整型数据中不可以有逗号分隔符，可以在数据后面加类型符“&”表示长整型数据。例如：45 223、-2 548、96&。

（2）实数类型：带有小数部分的数。实数类型又分为单精度实型、双精度实型和货币类型三种。

VB 中单精度实型和双精度实型数据都有两种表示方法：定点表示法和浮点表示法。

① 定点表示法：日常生活中普遍采用的计数方法。在这种表示方法中，小数点的位置是固定的，此方法书写简单，适合表示那些大小适中的数。

单精度实型（Single）数据在内存中占 4B，最多可表示 7 位有效数字，精确度为 6

位，可在数据后面加类型符“!”，如 5874!、12.56。

双精度实型（Double）数据在内存中占 8B，最多可表示 15 位有效数字，精确度为 14 位，可在数据的后面加类型符“#”，如 567.89#。

② 浮点表示法：当一个数特别大或者特别小时，可以采用科学计数法表示，如 1.234×10^{-4}、5.8765×10^{12}。由于在计算机中无法输入上标，所以 VB 用一个大写英文字母（单精度实型数用字母 E，双精度实型数用字母 D）表示底数 10。例如，上面两个数可以表示为 1.234E-4 和 5.8765D12。

可见，浮点数由三部分组成：尾数部分、字母 E 或 D、指数部分。尾数部分既可以是整数，也可以是小数，正号可省略；指数部分是包括正负号在内不超过 3 位数的整数，正号可省略。

在这种表示方法中小数点的位置是不固定的，但是在输入时，无论将小数点放在何处，VB 都会自动将它转化成尾数的整数部分为 1 位有效数字形式（即小数点在最高有效位的后面），这种形式的浮点数叫做规格化的浮点数。

③ 货币类型：在内存中占 8B，可以保存精度特别重要的数据，用于货币计算与定点计算。一个货币型数据整数部分最多有 15 位，没有指数形式，精确到小数点后 4 位，超过 4 位的数字将被四舍五入。可在数据后面加类型符“@”来表示货币类型数据，如 145.32@。

表示数值型数据时，要根据实际情况选用恰当的数据类型，才能加快运算速度，提高运算效率。例如，如果表示整数 265，就应当选择整型（Integer）；如果表示含小数的实数 12.27，就应当选择单精度浮点型（Single）。

2. 字符串型数据

字符串（String）是由一对双引号括起来的一个字符序列。双引号称为字符串的定界符。字符串中可以包含 ASCII 字符或中文汉字，一个汉字或一个英文字母都是一个字符，在内存中占 2B。例如，"2011ABCD"、"辽宁沈阳"。

注意：字符串中字母的大小写是有区别的，如"ABC"与"abc"是不相等的。

在 VB 中，字符串型数据可分为变长字符串和定长字符串两种。

（1）变长字符串：它的长度是可以变化的，在计算机中为其分配的存储空间也是随着字符串的实际长度的变化而变化的，变长字符串中最多可容纳大约 20 亿个字符（2^{31}）。

（2）定长字符串：它的长度固定不变，在计算机中为其分配的存储空间也是固定不变的，而不论字符串实际长度如何，定长字符串最多可容纳 64K 字符（2^{16}）。

注意：程序代码中的字符串需要加上定界符双引号，但输出一个字符串时并不显示双引号，运行程序时从键盘上输入一个字符串也不需要输入双引号，如图 3.2 所示。

图 3.2　字符串示例

3. 日期型数据

日期型（Date）数据可以表示日期和时间，表示的日期范围为 100 年 1 月 1 日～9999 年 12 月 31 日，表示的时间范围为 00:00:00～23:59:59。一个日期型数据在内存中占用 8B，以浮点数形式存储。

日期型数据的表示方法有一般表示法和序号表示法两种。

（1）一般表示法：它是用一对“#”将日期和时间前后括起来的表示方法。例如，#Sep2011#、#2011-09-12 10:2:40AM#、#9/20/2010 08:15:32PM#等。日期可以用“/”、“,”、“-”分隔开，可以是年、月、日，也可以是月、日、年的顺序。时间必须用“:”分隔，顺序是时、分、秒。在日期类型的数据中，不论年、月、日按照何种顺序排列，VB 会自动将其转换成 mm/dd/yy（月/日/年）的形式。如果日期型数据不包括时间，则 VB 会自动将该数据的时间部分设置为午夜 0 点；如果不包括日期，则 VB 会自动将该数据的日期部分设置为公元 1899 年 12 月 30 日。

（2）序号表示法：用来表示日期的序号是双精度实数，VB 会自动将其解释为日期和时间。其中，序号的整数部分表示日期，小数部分表示时间，午夜为 0，正午为 0.5。可以对日期型数据进行运算。通过加减一个整数来增加或减少天数，通过加减一个分数或小数来增加或减少时间。例如，加 16 就是加 16 天，而减掉 1/6 就是减去 4 小时。

4. 逻辑型数据

逻辑型（Boolean）数据用于表示逻辑判断的结果，只有 True 和 False 两个值，分别表示真和假，默认值为 False。一个逻辑型数据在内存中占 2B。

逻辑型数据常作为程序的转向条件，以控制程序的流程。逻辑型数据可以转换成整型数据，规则是：

True 转换为-1，False 转换为 0。

其他类型数据也可以转换成逻辑型数据，规则是：

非 0 数转换为 True，0 转换为 False。

5. 对象型数据

对象型（Object）数据用于保存应用程序中的对象，如文本框、窗体等。对象型数据用 4B 来存储。可以用 set 语句指定一个被声明为 Object 的变量，去调用应用程序所识别的任何实际对象。

【例 3.1】 编写程序，单击命令按钮，可将该按钮的显示文字“Command1”改为“欢迎”，且字体为黑体，字号为 16 号。

步骤：

（1）创建一个新的工程，窗体名默认为 Form1，标题默认也是 Form1。

（2）在窗体上添加一个 CommandButton 控件，标题默认为“Command1”。

（3）双击命令按钮，在代码窗口中编写如下代码：

```
Private Sub Command1_Click()
   Dim a As Object
```

```
    Set a = Command1
    a.Font = "黑体"
    a.FontSize = 16
    a.Caption = "欢迎"
End Sub
```

该程序运行初始状态如图 3.3 所示，单击命令按钮后，结果如图 3.4 所示。

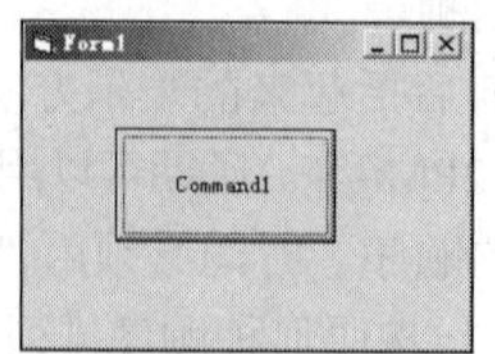

图 3.3　例 3.1 程序的初始状态

图 3.4　例 3.1 程序的运行结果

6. 变体型数据

变体型（Variant）数据是一种特殊的数据，用于存储一些不确定类型的数据。它可以存储除了固定长度字符串类型以及用户自定义类型以外的上述任何一种数据类型。在 VB 中所有未定义而直接使用的变量默认的数据类型为变体型。

通过 VarType( )或 Typename( )函数可以检测 Variant 型变量中保存的具体的数据类型。

Variant 数据类型包含三种特殊的数据：Empty、Error 和 Null。

Empty：未赋值的可变类型变量的值。

Error：表示在过程中出现错误时的特殊值。

Null：表示变量不含有效数据。

【例 3.2】　编写程序验证，在程序运行期间变体型变量的不同类型的赋值。

步骤：

（1）创建一个新的工程。

（2）双击窗体任意位置，打开代码窗口。编写 Form 的 Click 事件代码如下：

```
Private Sub Form_Click()
    Dim a                              'a 默认为 Variant 类型
    Form1.FontSize = 12
    a = "20"
    Print "a 的值是"; a, "变量 a 的类型为："; TypeName(a)
    a = a - 4
    Print "a 的值是"; a, "变量 a 的类型为："; TypeName(a)
    a = "A" & a
    Print "a 的值是"; a, "变量 a 的类型为："; TypeName(a)
End Sub
```

例 3.2 程序的运行结果如图 3.5 所示。

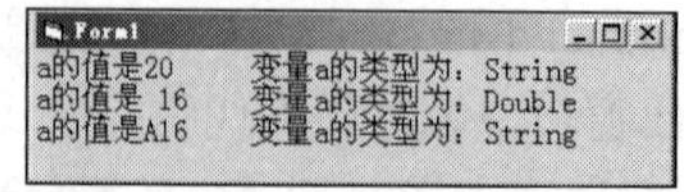

图 3.5　例 3.2 程序的运行结果

3.1.2　自定义数据类型

VB 允许用户在窗体模块或标准模块的声明部分使用 Type 语句定义自己的数据类型，又称为记录型。

格式：

```
[Public|Private] Type  数据类型名
    数据类型元素名  As 数据类型
    数据类型元素名  As 数据类型
    …
End Type
```

说明：

（1）如果使用关键字 Public，表示定义的数据类型在整个工程中都有效；如果使用关键字 Private，表示定义的数据类型只在声明的模块中有效。在标准模块中定义时，关键字 Public 或 Private 都可省略，默认为 Public；在窗体模块中定义时，必须加上关键字 Private。

（2）“数据类型名”是要定义的数据类型的名字，“数据类型元素名”是要定义的数据类型的组成元素的名字，它们都应遵循标识符的命名规则。

（3）“数据类型”是基本数据类型或已经存在的自定义类型。如果是字符串，必须是定长字符串。

（4）不要将自定义类型名和该类型中的变量名混淆，前者表示了如同 Integer、Single 等的类型名，后者 VB 根据元素的类型分配所需的内存空间，存储数据。

例如，定义一个学生基本信息的自定义类型：

```
Type StudentType
    strNo As String * 8                 '定义为 8 个字符的定长字符串
    strName As String * 20              '定义为 20 个字符的定长字符串
    intAge As Integer
    sngScore  As Single                 '课程成绩
End Type
```

此例定义了一个数据类型 StudentType，它包含四个元素：strNo、strName、intAge 和 sngScore。其中，strNo 和 strName 为定长字符串型，intAge 为整型，sngScore 是单精度型。

一旦定义好了类型，就可以在变量的定义时使用该类型。例如，可在某过程中定义 StudentType 类型的变量 student：

```
Dim student As StudentType
```

这样，就定义了一个 StudentType 类型的变量 student，要表示 student 变量的某个元素，使用如下形式：

变量名.元素名

如果要使用 student 变量的 strName 元素，应写成 student.strName。

```
'在窗体的通用声明部分，声明自定义类型 StudentType
```

```
Private Type StudentType
    strNo As String * 8              '定义为 8 个字符的定长字符串
    strName As String * 20           '定义为 20 个字符的定长字符串
    intAge As Integer
    sngScore As Single              '课程成绩
End Type

Private Sub Command1_Click()
    Dim student As StudentType
    student.strNo = "0901001"
    student.strName = "东东"
    student.intAge = 20
    student.sngScore = 80
    Print "学号: "; student.strNo
    Print "姓名: "; student.strName
    Print "年龄: "; student.intAge
    Print "成绩: "; student.sngScore
End Sub
```

3.1.3 枚举类型

当一个变量只有几种可能的取值时，可以定义为枚举类型，即将该变量的取值一一列举出来，该变量的取值只限于列举出来的值的范围。这种方法可以提高程序的阅读性并减少错误。枚举类型可以在窗体模块、标准模块或公用类模块的声明部分使用 Enum 语句来定义。

格式：

```
[Public|Private] Enum 枚举名称
    成员名 1 [=常数表达式]
    成员名 2 [=常数表达式]
    …
End Enum
```

说明：

（1）如果使用关键字 Public，表示定义的枚举类型在整个工程中都有效。如果使用关键字 Private，表示定义的枚举类型只在声明的模块中有效。关键字 Public 或 Private 都可省略，默认为 Public。

（2）“枚举名称”是要定义的枚举类型的名字，“成员名”是要定义的枚举类型的组成元素的名字，它们都应遵循标识符的命名规则。

（3）“常数表达式”是可选的，如果省略，在默认情况下，枚举中的第一个成员被初始化为 0，其后的成员则被初始化为比其前一个成员大 1 的数值。

例如：

```
Public Enum Workday
    Monday
    Tuesday
    Wednesday
    Thursday
```

```
        Friday
        Saturday
        Sunday
    End Enum
```

此例定义了一个枚举类型 Workday，它包含七个成员，值依次为 0、1、2、3、4、5、6。

（4）如果不省略“常数表达式”，可以用赋值语句给枚举中的成员赋值，所赋的值可以是任何长整型的数。

3.2　常量与变量

一个完整的程序要做三件事：获取数据、处理数据和输出数据。在程序执行过程中数据的存储及中转大多是通过变量来实现。可以将变量理解为一个容器，它有自己的名字（变量名）和容量（变量类型）。常量和变量类似，但其存储的值是不变的。

3.2.1　常量

常量是在程序运行过程中其值保持不变的量，例如，数值、字符串等。在 VB 中，常量可以分为一般常量和符号常量两种。

1. 一般常量

一般常量就是在程序中以直接明显的形式给出的数据。根据常量的数据类型，一般常量分为数值常量、字符型常量、逻辑型常量和日期型常量。

（1）数值常量。由正号、负号、数字和小数点组成，例如，123、2.34、9.5E−6（单精度型）、7.45D3（双精度型）等。

数值型常数除了可以用十进制数来描述，还可以用十六进制数或八进制数来表示。各种数值型常数表示方法如下：

① 十进制数。例如，231、−647、0、3.1415926。

② 八进制数。以&O 或&为引导，其数据范围为&0～&177777（整型数据）或&0～&37777777777&（长整型数据）。对于长整型数据还要以&结尾，例如，&O3424578&、&O745236541&。

③ 十六进制数。以&H 为引导，其后的数据位数为 1～4 位（整型数据）或 1～6 位（长整型数据），对于长整型数据也要以&结尾，例如，&H47CB、&H5F、&HFF55CC&等。

注意：在 VB 中，数值型数据均有取值范围，如果超出规定的范围，将提示“溢出”信息。

（2）字符型常量。由一对双引号括起来的字符串组成，例如，"AB"、"学习 VB"。

注意：

① 如果一对双引号中不包含任何字符，则称该字符串为空字符串；如果双引号中字符为空格时，则称该字符串为空格字符串。这两个字符串是有区别的，空字符串的长度为 0，空格字符串的长度为其空格个数。

② 双引号必须是西文中的引号。

（3）逻辑型常量。逻辑常量只有 False（假）和 True（真）两个值。

（4）日期型常量。由一对“#”号括起来的日期形式的字符组成，例如，#2011-10-8 7:45:21#、#Oct 1,2011#等。

2. 符号常量

符号常量是在程序中用符号表示的常数。在程序中经常要多次使用同一个常数。在VB中，符号常量有如下两种。

1）自定义符号常量

例如，在程序中经常要用到圆周率 π（3.1415926），但如果每次用到 π 时都重复录入 3.1415926 是不方便的。VB 允许用一个符号来代替永远不变的数值或字符串常量，称这个符号为符号常量，其定义格式如下：

Const 符号常量名[As 类型]=表达式

其中，符号常量名的命名规则与变量名命名规则相同；“类型”用来声明常量类型，可以是表 3.1 中的任一数据类型；“表达式”由数值常量、字符串等常量及运算符组成，可以包括前面定义过的常量。例如：

```
Const Pi!=3.1415926          '定义单精度符号常量 pi，值为 3.1415926
Const min As Integer=20      '定义整型符号常量 min，值为 20
Const num#=12.5              '定义双精度符号常量 num，值为 12.5
```

符号常量可以是具有一定含义、容易理解和记忆的字符。在程序中，凡出现该常量的地方，都用该符号常量代替，如果要想改变某一常量的值，则只需改变程序中声明该符号常量的一条语句即可。

2）系统符号常量

除了上述方法可以自定义符号常量外，VB 系统和控件还提供了大量可以直接使用的符号常量，称为系统符号常量，如 vbBlue、vbRed，这些常量为程序设计提供了方便。

例如，设置文本框（Text1）的背景颜色为蓝色时，可使用语句：

```
Text1.BackColor=vbBlue          'vbBlue 为 VB 提供的符号常量
```

系统符号常量可与对象、属性和方法一起在应用程序中使用。这些常量位于对象库中，在“对象浏览器”中的 Visual Basic（VB）、Visual Basic for Applications（VBA）等对象库中都列举了 VB 的常量。选择“视图”菜单中的“对象浏览器”命令，可调出“对象浏览器”窗口，如图 3.6 所示，在“对象浏览器”窗口中可以查看系统符号常量。

在“所有库”下拉列表框中选择 VB、VBA、“工程 1”等选项，即选择了相应的对象库，再在“类”列表框选择组名称，即可在其右边的“成员”列表框中列出相应的系统符号常量、属性和方法名称。选中一个名称后，在“对象浏览器”窗口底部的文本框中将显示该常量的功能。图 3.6 显示的是系统提供的颜色常量。

使用标准符号常量可以使程序变得易于阅读和编写。同时，标准符号常量值在 VB 更高的版本中可能还有改变，标准符号常量的使用也可使程序保持兼容性。例如，窗体对象的 WindowsState 属性可接受的标准符号常量有 vbNormal（正常）、vbMinimized（最小化）和 vbMaximized（最大化）。

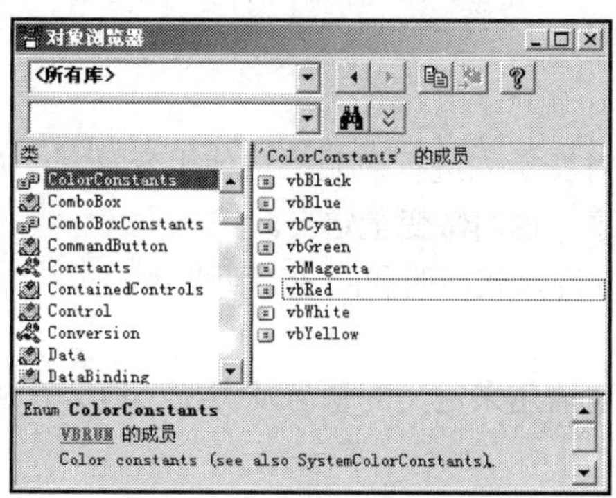

图 3.6　“对象浏览器”窗口

3.2.2　变量

变量是在程序运行中其值可以发生改变的量，实际上代表一些临时的内存单元，在这些内存单元中存储着数据，在应用程序的执行过程中，变量的内容因程序的运行而变化。变量具有名字和数据类型。在使用变量前先声明变量名和类型，系统为它分配存储单元（地址和大小）。

1. 变量的命名规则

变量名是代表数据的一个名称，通过变量名引用它所存储的值。变量的命名必须遵循以下规则。

（1）VB 变量名只能用字母（含汉字）、数字和下划线组成，第 1 个字符必须是字母或汉字。例如，sum、xyz、a123 均为合法的变量名，而 12Ab、$ABC 是不合法的。

（2）变量名的字符数不得超过 255 个字符。

（3）变量名不能与关键字同名。关键字是 VB 使用的词，是语言的组成部分，例如，不能用 Print 作为变量名。

（4）变量名不能与过程名或符号常量同名。

（5）变量名不区分大小写。例如，MystrING 和 mYstring 是同一个变量名。

（6）变量名在同一个范围内必须是唯一的。

注意：

① 变量命名时尽可能简单明了，见名知义，如用 sum 代表求和，average 代表求平均数。变量名不要过长，以免影响阅读和书写。

② 变量名不能包含小数点、空格或嵌入“!”、“#”、“@”、“%”、“&”等字符。

下面是命名错误的变量名。

```
123a        '变量名不允许以数字开头
X-y         '变量名不允许出现减号
Const       '变量名不允许出现 VB 关键字
Sin         '变量名不允许出现 VB 内部函数
张 三       '变量名不允许出现空格
```

2. 变量的声明

通常，在程序中必须对变量先进行声明，再使用变量。变量声明就是将变量名和数据类型事先通知给应用程序，也叫做变量定义。

在 VB 中变量的声明分为显式声明和隐式声明两种。

1）显式声明

显式声明是指使用声明语句来定义变量名及类型，通常有两种格式。

（1）第一种格式如下：

Dim 变量名[As 类型],变量名[As 类型]…

将指定的变量定义为由类型指明的变量类型。其中，类型可使用表 3.1 中所列出的数据类型或用户自定义的类型名。方括号“[]”内的部分表示可以省略。如果省略“As 类型”部分，则所创建的变量默认为变体类型。例如：

```
Dim A1 As Integer, A2 As Single      '声明 A1 为整型变量和 A2 为单精度变量
Dim C1 As Double                     '声明 C1 为双精度变量
Dim D1                               '声明 D1 为 Variant 类型
```

对于字符串变量，根据其存放的字符串长度是否固定而分为变长字符串变量和定长字符串变量两种。

声明变量为变长字符串的格式为：

Dim 变量名 As String

该类变量最多可存放约 20 亿个字符，例如：

```
Dim str1 As String             '声明 str1 为变长字符串变量
```

声明变量为定长字符串的格式为：

Dim 变量名 As String*字符数

该类型变量存放字符的个数由 String 后字符数确定，最多可以存放约 65 536 个字符。例如：

```
Dim str2 As String*10          '声明 str2 为定长字符串变量，可存放 10 个字符
```

对于变量 str2，若赋予的字符数少于 10 个，则右补空格；若赋予的字符超过 10 个，则多余部分被截去。

（2）第二种格式，使用类型符直接声明变量。用类型符直接声明变量的格式如下：

Dim 变量名类型符

例如：

```
Dim S1%, P!                    '声明 S1 为整型变量，P 为单精度变量
```

注意：定义变量时，变量名与类型符之间不能有空格，类型符如表 3.2 所示。

表 3.2 类型符

数据类型	整型	长整型	单精度	双精度	货币型	字符型
类型符	%	&	!	#	@	$

无论采用第一种格式还是第二种格式声明变量，都需要注意以下问题。

首先，一条 Dim 语句可以同时定义多个变量，但每个变量必须有自己的类型声明，类型声明不能共用。例如：

```
Dim S1%, P!   或  Dim S1 As Integer, P As Single
```

两种声明格式效果相同，声明 S1 为整型变量，P 为单精度变量。

若是下面的形式：

```
Dim P, S1%   或  Dim P, S1 As Integer
```

则定义了 S1 为整型变量，P 为变体类型变量。

其次，变量一旦被声明，VB 自动对各类变量进行初始化。数值型变量默认初始值为 0，字符型变量默认初始值为空串，Variant 变量默认初始值为 Empty，逻辑型变量默认初始值为 False，日期型变量默认初始值为 00:00:00。

2）隐式声明

隐式声明是指在程序中直接使用未声明的变量，所有隐式声明的变量都是 Variant 类型。例如，下面程序隐式声明了一个变量 a。

```
Private Sub Command1_Click()
    a=50
    Print a
End Sub
```

此时变量 a 没有事先声明就直接引用了，这就是隐式声明。虽然这种方法很方便，但不提倡这么做，因为一旦把变量名写错，系统也不会提示错误。

为了避免系统因为变量未声明而出现的错误，在 VB 中提供了强制显式声明的方法，即只要使用一个变量，就必须先进行变量的显式声明。遇到一个未经显式声明的变量名，VB 就会自动弹出“Variable not defined（变量未定义）”的警告信息。为实现强制显式声明，可在窗体的通用声明段或标准模块的声明段（代码窗口内最上边）中加上如下语句：

```
Option Explicit
```

强制声明语句也可以选择“工具”菜单中的“选项”命令，在弹出的“选项”对话框中选择“编辑器”选项卡，选中“要求变量声明”复选框，如图 3.7 所示。

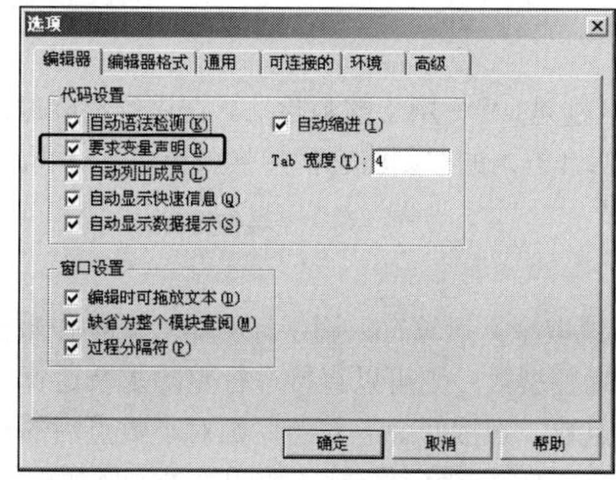

图 3.7　强制显式声明变量窗口

这样 VB 系统会在以后新建的类模块、窗体模块或标准模块的通用声明段内，自动插入 Option Explicit 语句。但这种方法不会在已经编写的模块中自动插入上面的语句。

3.3 运算符与表达式

运算是对数据进行加工的过程，描述各种不同运算的符号称为运算符，参与运算的数据称为操作数。需要两个操作数的运算符，称为双目运算符；只需要一个操作数的运算符，称为单目运算符。例如，“-”作为负号时只需要一个操作数，是单目运算符。

表达式用来表示某个求值规则，它由运算符和小括号将常量、变量和函数按照一定的语法规则连接而成。在 VB 中，有四种类型的表达式，分别为算术表达式、字符串表达式、关系表达式和逻辑表达式。关系表达式和逻辑表达式也称为条件表达式。

3.3.1 算术表达式

算术表达式也称数值表达式。它是用算术运算符和小括号将数值型数据连接起来的式子，算术表达式的运算结果为数值型。

1. 算术运算符

VB 算术运算符有以下八种，如表 3.3 所示。

表 3.3 VB 算术运算符

运 算 符	含 义	举 例
+	加	5 + 3.2=8.2
-	减	15-5.0=10.0
*	乘	2.5 * 3=7.5
/	除	1 / 2=0.5
\	整除	1 \ 2=0
Mod	取模	6 Mod 4=2
-	负号	-12.3
^	乘方	2^3=8

说明：

（1）“\”与“/”的区别是：“\”用于整数除法。在进行整除时，如果参加运算的数据含有小数部分，则先按四舍五入的原则将它们转换成整数后，再进行整除运算。例如：

```
52.2\3.7                    '结果为13
27.1\9.4                    '结果为3
```

（2）Mod 是取模（或取余）运算符，用于计算第一个操作数整除以第二个操作数的余数。若两个操作数均为整型数，则可以直接进行整除求余运算。若两个操作数中有单精度浮点数或双精度浮点数，则按四舍五入的原则对小数点后的部分进行处理，再进行取余运算。运算结果的符号取决于第一个操作数的符号。例如：

```
10 Mod 4                        '结果为 2
26.88 Mod 5.6                   '先四舍五入再求余数，结果为 3
13 Mod -3                       '结果的符号取决于第一个操作数，结果为 1
-13 Mod 3                       '结果为-1
-13 Mod -3                      '结果为-1
```

2. 算术表达式及其书写规则

1）算术表达式

由算术运算符、小括号和运算对象（包括常量、变量、函数、对象等）组成的表达式为算术表达式。其运算结果为一个数值。单独一个数值型常量、变量或函数也构成一个算术表达式。例如，12*5+(17-10)/7、x、sin(x)都是算术表达式。

2）算术表达式的书写规则

算术表达式与数学中代数式的书写方法不同，在书写时应特别注意以下几点要求。

（1）表达式中，所有字符都必须写在同一行上。例如，将数学式 $\frac{\pi}{a^2+\sqrt{b}}$ 写成 VB 的算术表达式为：3.14159/(a^2 +Sqr(b))。

（2）通过加小括号可以调整运算次序，如 $3\frac{b+2}{a}$ 写成 VB 表达式为 3*(b+2)/a。

（3）代数式中省略的乘号，在书写成 VB 表达式时必须补上，如代数式 $8a+b^2$ 写成 VB 表达式为 8*a+b^2。

（4）VB 表达式中一律使用“()”且必须配对，如代数式 3[a(b+c)]要写成 3*(a*(b+c))。

3. 不同数据类型的转换

如果参与运算的两个数值型数据为不同类型，VB 系统会自动将它们转化为同一类型，然后进行运算。转换的规律是将范围小的类型转换成范围大的类型，即

```
Integer→Long→Single→Double
```

但当 Long 型与 Single 型数据运算时，结果为 Double 型。

注意：算术运算符一侧为数值型数据，另外一侧为数字字符串或逻辑型数据，则自动转换成为数值型后再进行运算。例如：

```
?10 - True        '结果为 11，逻辑型 True 转化为数值-1，False 转化为数值 0
?10 + "4"         '结果为 14，数字字符串"4"转化为数值 4
```

4. 算术运算符优先级

在一个表达式中可以出现多个运算符，因此必须确定这些运算符的运算顺序。运算顺序不同，所得的结果也就不同。

算术运算符的运算顺序从高到低如表 3.4 所示。

其中，乘、除和加、减分别为同级运算符，同级运算从左向右进行。在表达式中加小括号“()”可以改变表达式的求值顺序。

表 3.4 算术运算符优先级

优 先 级	运 算 符	含 义
1	^	乘方
2	-	取负
3	*	乘法
3	/	浮点除法
4	\	整除
5	Mod	取模
6	+	加法
6	-	减法

【例 3.3】 创建一个工程，单击窗体后，直接输出运行结果。

步骤：

（1）首先创建一个窗体。

（2）设置窗体的 Caption 属性为“算术运算表达式”。

（3）单击窗体，打开代码编辑器，在窗体 Load 事件中输入以下语句：

```
Private Sub Form_Load()
    Dim a, b As Integer
    Dim x, y As Single
    Dim d As Double, c As Currency
End Sub
```

（4）单击窗体，打开代码编辑器，在窗体 Click 事件中输入以下语句：

```
Private Sub Form_Click()
    a = 5
    x = 8
    y = x / a
    b = x Mod a
    d = x ^ 3
    a = d \ a
    c = (a + b)* (d - y)/ x
    Print "a="; a, "b=;"; b
    Print "x="; x, "y=;"; y
    Print "c="; c, "d=;"; d
End Sub
```

（5）运行上述程序，单击窗体，在窗体上输出运行结果，如图 3.8 所示。

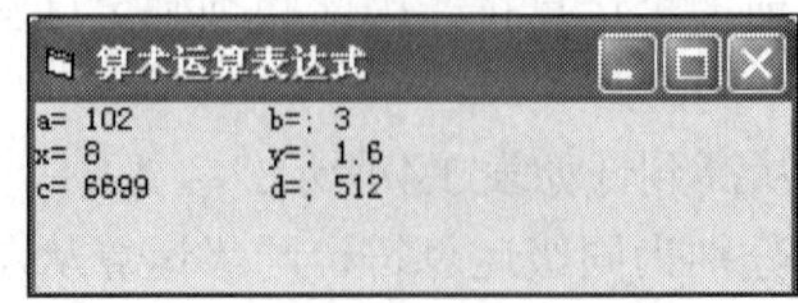

图 3.8 例 3.3 的程序运行结果

3.3.2　字符串表达式

1. 字符串运算符

字符串运算符有两个，一个是“+”运算符，另一个是“&”运算符，它们均可以实现将两个字符串首尾相连。使用“&”运算符时应注意，运算符“&”前后都应加一个空格，以避免 VB 系统认为是长整型变量。

2. 字符串表达式

字符串表达式是由字符串运算符和小括号将字符常量、变量和函数连接起来的式子，其运算结果可能为数值型，也可能为字符型。例如：

```
? "VB"+"中文版"          '结果为"VB 中文版"，类型为字符型
? "VB" & "中文版"        '结果为"VB 中文版"，类型为字符型
? "12" & "34"            '结果为"1234"，类型为字符型
? "12"+34                '结果为 46，类型为数值型
```

3. 运算过程中的类型转换

（1）“+”运算符。当运算符两边的操作数均为字符型时，进行字符串连接运算；当运算符两边的操作数均为数值型时，进行算术运算；如果一个为数字字符串，另一个为数值型数据，则先自动将数字字符串转换为数值，然后进行算术运算；如果一个为非数字字符串，另一个为数值型数据，则会弹出对话框，提示出错信息为“类型不匹配”。例如：

```
? "VB" + 123             '操作类型不匹配，出错
```

（2）“&”运算符。运算符两边的操作数可以是字符型数据，也可以是数值型数据，进行数据连接以前，先将它们转换为字符型数据，然后再连接。例如：

```
? "辽宁" & "沈阳"        '结果为"辽宁沈阳"
? "辽宁" & 125           '结果为"辽宁 125"
```

注意：在使用“+”运算符时有时可能无法确定是做加法还是做字符串连接。为避免混淆使程序代码具有可读性，建议使用“&”连接符进行连接。

3.3.3　关系表达式

关系表达式用于对两个同类型表达式的值进行比较，比较的结果为逻辑值 True（真）或 False（假），如 a>b，3>5，"3y"<"jqk"都是合法的关系表达式。由于它常用来描述一个给定条件，所以也称为“条件表达式”。

1. 关系运算符

VB 提供的常用的关系运算符有六种，如表 3.5 所示。

表 3.5 VB 关系运算符

关系运算符	含 义	相当于数学符号
=	等于	=
>	大于	>
<	小于	<
>=	大于或等于	≥
<=	小于或等于	≤
<>	不等于	≠

2. 关系表达式

关系表达式是用关系运算符和小括号将两个相同类型的表达式连接起来的式子。关系表达式的格式为：

表达式 1　关系运算符　表达式 2

先计算表达式 1 和表达式 2 的值，得出两个相同类型的值，然后再进行关系运算符所规定的关系运算。如果关系表达式成立，则计算结果为 True，否则为 False。例如：

```
? 3+5>6+7              '运算符两边为数值，比较结果为 False
? "ABC"<"ABCD"         '运算符两边为字符串，比较结果为 True
```

注意：

① 表达式 1 和表达式 2 是两个类型相同的表达式，可以是算术表达式，也可以是字符串表达式，还可以是其他的关系表达式。

② 所有关系运算符的优先顺序均相同，如要想改变运算的先后顺序，需要使用小括号括起来。

3. 比较规则

（1）对于数值型数据，按其数值的大小进行比较。

（2）对于字符串型数据，从左到右依次按其每个字符的 ASCII 码值的大小进行比较，如果对应字符的 ASCII 码值相同，则继续比较下一个字符，以此类推，直到遇到第一组 ASCII 码不相等的字符为止。

（3）日期型数据将日期看成“yyyymmdd”格式的 8 位整数，按数值大小进行比较，如#10/08/2011#>#10/08/2010#，比较结果为 True。

【例 3.4】 创建一个工程，单击窗体后，直接输出比较结果。

步骤：

（1）创建一个窗体。

（2）设置窗体的 Caption 属性为“关系表达式”。

（3）单击窗体，打开代码编辑器，在窗体 Click 事件中输入以下语句：

```
Private Sub Form_Click()
    a = 20
    b = 45
    Print "a="; a, "b="; b
    Print "a>b" & "结果是"; a > b, "a<b" & "结果是"; a < b
    Print "a>=b" & "结果是"; a >= b, "a<=b" & "结果是"; a <= b
    Print "a=b" & "结果是"; a = b, "a<>b" & "结果是"; a <> b
End Sub
```

（4）运行改程序，单击窗体，在窗体上输出运行结果，如图 3.9 所示。

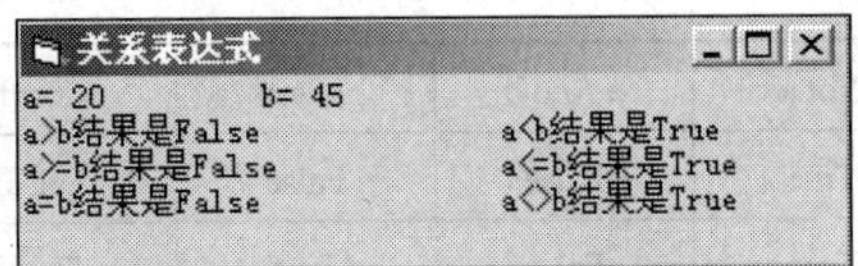

图 3.9　例 3.4 的程序运行结果

3.3.4　逻辑表达式

关系表达式只能表示一个条件，即简单条件，如“x>0”代表了数学表达式“x>0”，但时常会遇到一些比较复杂的条件，如“0<x<8”，它实际上是“x>0”并且“x<8”两个简单条件的组合。逻辑表达式就是用来表示“非……”、“不但……而且……”、“或……或……”等复杂条件的。

1. 逻辑运算符

逻辑运算符是进行各种逻辑运算所使用的运算符，VB 逻辑运算符如表 3.6 所示。

表 3.6　VB 逻辑运算符

运算符	实例	结果
And	(8 > 6) And (8 Mod 3=0)	False
	(3 >= 0) And (−5 < 0)	True
Or	16 Mod 4=0 Or 16 Mod 3=0	True
	(2 <= 0) And (−5 > 0)	False
Not	Not(5>0)	False
	Not(5<0)	True
Xor	(2>1) Xor (4<1)	True
	(2>1) Xor (3>1)	False
Eqv	(5>4) Eqv (5<1)	False
	(5>2) Eqv (5>1)	True
Imp	(5>3) Imp (5<1)	False
	(5>2) Imp (4>1)	True

逻辑运算的优先级由高到低顺序为：Not→And→Or→Xor→Eqv→Imp。

2. 逻辑表达式

逻辑表达式是用逻辑运算符将两个关系式连接起来的式子，其一般格式为：

逻辑量　逻辑运算符　逻辑量

VB 中的逻辑量可以为逻辑常量、逻辑变量、逻辑函数和关系表达式四种。逻辑表达式的运算结果仍为逻辑型数据，即 True 或 False。

设 A 和 B 是两个逻辑型数据，逻辑运算的结果如表 3.7 所示。

表 3.7　逻辑运算真值表

a	b	Not a	a And b	a Or b	a Xor b	a Eqv b	a Imp b
False	False	True	False	False	False	True	True
False	True	True	False	True	True	False	True
True	False	False	False	True	True	False	False
True	True	False	True	True	False	True	True

Not 为单目运算符，用于对逻辑值取反；如果有多个条件做 And 运算，只有所有条件均为真，运算结果才为真，只要有一个为假，结果就为假；如果有多个条件做 Or 运算，只要有一个为真，运算结果就为真，只有全部为假时，结果才为假。

例如，由下列条件写出相应的 VB 逻辑表达式。

（1）条件“x 是 5 或 7 的倍数”写成逻辑表达式为：x Mod 5＝0 Or x Mod 7＝0。

（2）条件“|x|≠0”写成逻辑表达式为：Not Abs(x)＝0，也可写成 Abs(x)<>0。

（3）条件“-5<x<5”写成逻辑表达式为：x>-5 And x < 5。

（4）条件“x>10 或 x<5”写成逻辑表达式为：10 < x Or x < 5。

（5）判断变量 x、y 均不为 0 的逻辑表达式为：x * y <>0。

（6）判断整型变量 a 是正的奇数的逻辑表达式为：a > 0 And a Mod 2 <>0。

注意：赋值运算符“=”和关系运算符“=”含义的不同。

3.3.5　运算符的优先顺序

在一个表达式中有多种运算符时，不同运算符的执行是有顺序的，称这个顺序为运算符的优先顺序。运算符的优先顺序如表 3.8 所示。

例如，-2^3*6>-5 And 36/(8-2) mod 2>0 的运算顺序如下。

（1）括号里的运算(8-2)得 6。

（2）乘方运算 2^3 等于 8，后取负得-8。

（3）乘法运算-8*6 得-48，36/6 得 6。

（4）求余运算 6 mod 2 得 0。

（5）关系运算-48>-5 得 False；0>0 得 False。

（6）逻辑运算 False And False 结果为 False。

表 3.8　运算符的优先顺序

优先顺序	运算符类型	运　算　符
1	算术运算符	^（乘方）
2		-（取负）
3		*、/（乘、除）
4		\（整除）
5		Mod（求余）
6		+、-（加、减）
7	字符串运算符	&、+（字符串连接）
8	关系运算符	=、<>、<、<=、>、>=
9	逻辑运算符	Not
10		And
11		Or
12		Xor
13		Eqv
14		Imp

3.4　常用的内部函数

为了方便用户进行各种运算，VB 提供了大量的内部函数，供用户在编程时调用。

内部函数的调用格式为：

函数名(参数表)

VB 内部函数按其功能可分为数学函数、字符串函数、转换函数、日期与时间函数和格式函数等，下面将分别介绍。

3.4.1　数学函数

数学函数用于各种数学运算，包括三角函数、求平方根、绝对值以及对数、指数等。表 3.9 列出了常用的数学函数（与数学中的定义基本一致）。

表 3.9　常用数学函数表

函数名	函数值类型	功　　能	举　　例
Abs(N)	同 N 的类型	取 N 的绝对值	Abs(-2.5) =2.5
Sgn(N)	Integer	N>0, Sgn(N)=+1; N<0, Sgn(N)=-1; N=0, Sgn(N)=0	Sgn(5)= 1 Sgn(-5)= -1 Sgn(0)=0
Sqr(N)	Double	求 N 的算术平方根，N≥0	Sqr(256)=16

续表

函数名	函数值类型	功　能	举　例
Exp(N)	Double	求自然常数 e 的幂	Exp(0)=1
Log(N)	Double	求 N 的自然对数值，n>0	Log(10)=2.30258509299405
Sin(N)	Double	求 N 的正弦值	Sin(0)=0
Cos(N)	Double	求 N 的余弦值	Cos(0)=1
Tan(N)	Double	求 N 的正切值	Tan(0)=0
Atn(N)	Double	求 N 的反正切值	Atn(0)=0
Int(N)	Integer	求不大于 N 的最大整数	Int(5.2)=5，Int(−5.2)= −6
Fix(N)	Integer	将 N 的小数部分截取，求其整数部分	Fix(5.2)=5，Fix(−5.2)= −5

说明：

（1）函数名是 VB 关键字，调用函数时一定要书写正确，“参数”应该在函数有意义区间内取值。

（2）表中的 N 表示数值表达式；在三角函数中，参数 N 以弧度表示。遇到角度必须转换为弧度，如 Sin(45°)应写成 Sin(3.14/180*45)。

3.4.2　随机数函数

1. Rnd()函数

格式：Rnd[(x)]，其中参数 x 是一个双精度浮点数，可以省略。

功能：可产生一个 0～1 之间（大于或等于 0，但小于 1）的单精度随机数。下一个要产生的随机数受参数 x 的影响。

（1）当 x<0 时，每次产生相同的随机数。

（2）当 x>0 或省略时，每次产生不同的随机数。

（3）当 x=0 时，该次产生与上次相同的随机数。

说明：该函数产生的是一个单精度随机数，要产生随机整数，可利用取整函数来完成。例如，要产生 0～100（包括 0，不包括 100）的随机整数，可以写成 Int(Rnd*100)。

产生随机整数的公式：

（1）产生区间在[n,m)范围内的随机整数：Int(Rnd*(m−n)+n)。

（2）产生区间在[n,m]范围内的随机整数：Int(Rnd *(m−n+1)+n)。

例如，产生区间在[100, 1000)的随机整数的表达式为：Int(Rnd *900+100)。

2. Randomize 语句

Rnd()函数的运算结果取决于称为随机种子（Seed）的初始值。默认情况下，每次运行一个应用程序，随机种子初始值是相同的，即 Rnd()产生相同序列的随机数。为了每次运行时产生不同序列的随机数，可执行如下形式语句：

```
Randomize[number]
```

【例3.5】　随机产生一个两位整数，在文本框中输出。

步骤：

（1）新建工程，在窗体上添加一个文本框和一个命令按钮。

（2）编写如下代码：

```
Private Sub Command1_Click()
    Randomize
    Text1 = Int(Rnd * 90 + 10)
End Sub
```

（3）运行结果如图3.10所示（实际运行结果值有可能不是89，只要是一个大于或等于10并且小于100的数值即为正确）。

图3.10　例3.5程序的运行结果

3.4.3　字符串函数

VB的字符串函数相当丰富，常用的字符串函数如表3.10所示。

表3.10　VB常用字符串函数

函数名	函数值类型	功　能	举　例
Len(C)	Long	求C 中包含的字符个数	Len("ABCD321")=7
LCase(C)	String	将C 中大写字母转换成小写字母	LCase("Abc")="abc"
UCase(C)	String	将C中小写字母转换成大写字母	UCase("aBC")="ABC"
Space(N)	String	产生N个空格的字符串	Len(Space(10))=10
Left(C,N)	String	从字符串C左边截取N个字符	Left("Visual",3)="Vis"
Right(C,N)	String	从字符串C的最右边开始截取N个字符	Right("Visual",3)="ual"
Mid(C,N1[,N2])	String	从字符串C中N1指定处开始，截取N2个字符	Mid("Visual",2,3)="isu" Mid("Visual",2)="isual"
LTrim(C)	String	删除字符串C的前导空格	LTrim("　　Visual")="Visual"
RTrim(C)	String	删除字符串C的尾部空格	RTrim("Visual　　")="Visual"
Trim(C)	String	删除字符串C的前导和尾部空格	Trim("　Visual　")="Visual"
String(N,C)	String	取字符串C的第一个字符，构成长度为N的新字符串	String(3,"Visual")="VVV"
StrReverse(C)	String	将字符串反序	StrReverse("abcd")="dcba"
InStr([N1,]C1,C2)	Integer	在字符串C1中，从N1位置开始找C2，省略N1时从C1头开始查找	InStr(2,"ABCDE","C")=3 InStr(2, "ABCDEF","CDE")=3 InStr("ABCDEFGH","CDE")=3 InStr("ABCDEFGH","XYZ")=0
StrComp(C1,C2,[N])	Integer	字符串比较，若C1>C2，结果为1；C1<C2，结果为−1；N=0区分大小写，N=1不区分大小写	StrComp("As","as",0)= −1

说明：

（1）表中 C 表示字符串表达式，N 表示数值表达式。

（2）对于字符串截取函数 Left(C,N)和 Right(C,N)，N 的值如果为 0，则函数值是长度为零的字符串（即空串）；如果其值大于或等于字符串 C 中的字符数，则函数值为整个字符串。

（3）Mid(C,N1[,N2])中 N1 是数值表达式，其值表示开始截取字符的起始位置，如果该数值超过字符串 C 中的字符数，则函数值为空串。N2 是数值表达式，其值表示要截取的字符数，如果省略该参数，则函数值将包含字符串 C 中从起始位置 N1 到字符串末尾的所有字符。

（4）将一个字符串赋值给一个定长字符串变量时，如字符串变量的长度大于字符串的长度，则用空格填充该字符串变量局部多余的部分，所以在处理定长字符串变量时，删除空格的 LTrim()和 RTrim()函数是非常有用的。

字符串函数应用举例。

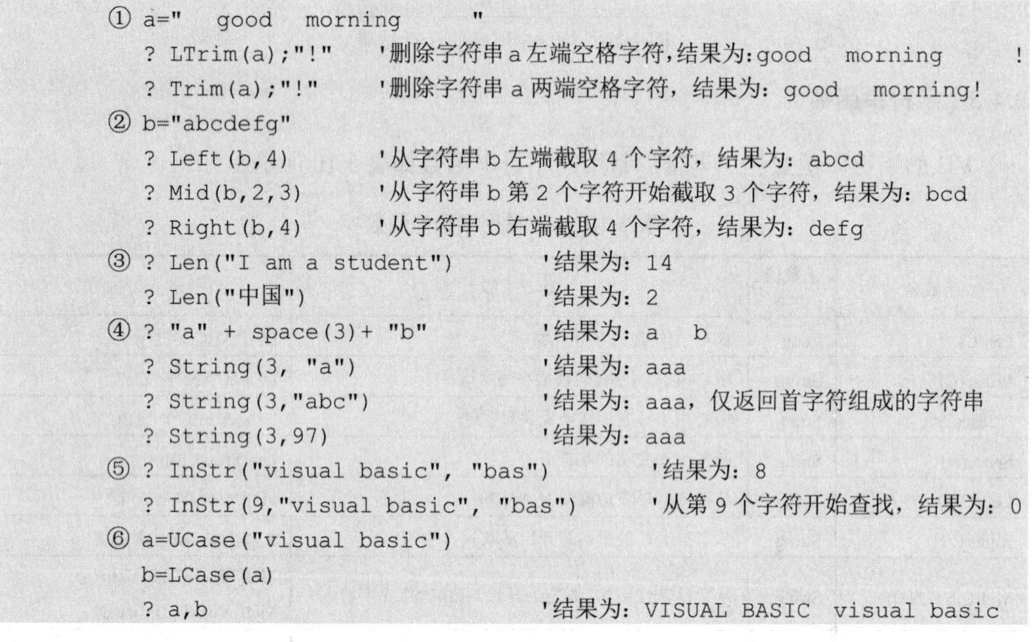

```
① a="   good   morning      "
   ? LTrim(a);"!"      '删除字符串 a 左端空格字符,结果为:good   morning      !
   ? Trim(a);"!"       '删除字符串 a 两端空格字符，结果为：good   morning!
② b="abcdefg"
   ? Left(b,4)         '从字符串 b 左端截取 4 个字符，结果为：abcd
   ? Mid(b,2,3)        '从字符串 b 第 2 个字符开始截取 3 个字符，结果为：bcd
   ? Right(b,4)        '从字符串 b 右端截取 4 个字符，结果为：defg
③ ? Len("I am a student")          '结果为：14
   ? Len("中国")                    '结果为：2
④ ? "a" + space(3)+ "b"            '结果为：a   b
   ? String(3, "a")                '结果为：aaa
   ? String(3,"abc")               '结果为：aaa，仅返回首字符组成的字符串
   ? String(3,97)                  '结果为：aaa
⑤ ? InStr("visual basic", "bas")            '结果为：8
   ? InStr(9,"visual basic", "bas")          '从第 9 个字符开始查找，结果为：0
⑥ a=UCase("visual basic")
   b=LCase(a)
   ? a,b                           '结果为：VISUAL BASIC  visual basic
```

3.4.4 转换函数

在 VB 中，有些数据类型之间可以自动进行转换，如数字字符串可以自动转换为数值。但是，多数数据类型之间不能自动进行转换，需要 VB 提供的类型转换函数进行强制转换。常用的转换函数如表 3.11 所示。

表 3.11 VB 转换函数

函数名	含 义	举 例
Val(C)	将 C 中的数字字符转换为数值型数据	Val("123ABC")=123
Str(N)	将 N 转换成字符串	Str(123.456)="123.456"

续表

函数名	含　义	举　例
Asc(C)	求字符串中第 1 个字符的 ASCII 码值	Asc("a")=97
Chr(N)	求 ASCII 码值为 N 的字符	Chr(66)="B"
Round(N,X)	保留 X 位小数的情况下四舍五入取整	Round(8.66,1)=8.7
CBool(C)	将任何有效的数字字符串或数值转换成逻辑型值	CBool(5)=True　　CBool("0")=False
CByte(N)	将 0～255 之间的数值转换成字节型	CByte(122)=122
CDate(C)	将有效的日期字符串转换成日期	CDate(#2011,10,1#)=2011-10-1
CCur(N)	将数值数据 N 转换成货币型	CCur(456.12345)=456.1234
CStr(N)	将 N 转换成字符串型	CStr(34)="34"
CInt(C)	将 C 转换成整型	CInt(123.456)=123
CLng(C)	将 C 转换成长整型	CLng(123)=123
CSng(C)	将 C 转换成单精度型	CSng(15.5994883)=15.59949
CDbl(C)	将 C 转换成双精度型	CDbl(15.5994883)=15.5994883

说明：

（1）参数可以是任何类型的表达式，究竟是哪种类型的表达式，需根据具体函数而定。转换之后的函数值如果超过其数据类型的范围，将发生错误。

（2）Chr()和 Asc()函数功能相反，即 Chr(Asc(C))、Asc(Chr(N))的结果为原来各自参数的值，如表达式 Asc(Chr(70))的结果还是 70。

（3）Val()函数将数字字符串转换为数值类型，当字符串中出现数值类型规定的字符外的字符时，则停止转换，函数返回的值是停止转换前的结果。数值函数 Val(C)不能识别“,”和“$”；空格、制表符和换行符都要从 C 中去掉；当遇到字母 E 或 D 时，将其按单精度或双精度实型浮点数处理。

例如：

```
? Val("123ab4")          '遇到字符"a"停止转换，结果为：123
? Val("56.83*4")         '遇到字符"*"停止转换，结果为：56.83
? Val("26.4e7")          '字符"e"为指数符号，结果为：264000000
```

（4）将一个数值型数据转换为日期型数据时，其整数部分转换为日期，小数部分转换为时间。其整数部分数值表示相对于 1899 年 12 月 30 日前后天数，负数是 1899 年 12 月 30 日以前，正数是 1899 年 12 月 30 日以后。例如，CDate(30.5)的函数值为 1900-1-29 PM 12:00:00，Cdate(−30.25)的函数值为 1899-11-30 AM 06:00:00。

（5）四舍五入规则：小于 5 时舍，大于 5 时入，等于 5 时的舍入情况取决于前一位数，当前一位数为偶数时舍，为奇数时入。例如：

```
?Round(2.5)              '结果为：2
?Round(1.5)              '结果为：2
```

3.4.5　日期与时间函数

日期与时间函数提供时间和日期信息，常用日期与时间函数见表 3.12（注：日期函数中自变量“C|N”表示可以是字符串表达式，也可以是数值表达式，其中 N 表示相对于

1899 年 12 月 31 日以后的天数）。

表 3.12 常用日期与时间函数

函数名	功能说明	举　例	结　果
Date()	返回系统日期	Date()	2011-10-1
Time()	返回系统时间	Time()	21:09:50
Now	返回系统时间和日期	Now	2011-10-1 21:09:26
Month(C)	返回月份代号（1～12）	Month("2011-10-1")	10
Year(C)	返回年代号（1752～2078）	Year("2011-10-1")	2011
Day(C)	返回日期代号（1～31）	Day("2011-10-1")	1
MonthName(N)	返回月份名	MonthName(10)	十月
WeekDay()	返回星期代号（1～7）星期日为 1	WeekDay("2011,10,01")	7（即星期六）
WeekDayName(N)	根据 N 返回星期名称，星期日为 1	WeekDayName(6)	星期五

3.4.6 格式输出函数

格式输出函数 Format()可以用来定制数值型、日期和时间型及字符串表达式的输出格式。其一般格式如下：

Format(表达式[,格式字符串])

其中，“表达式”是所输出的内容。“格式字符串”规定输出的格式。格式字符串有三类：数值格式、日期格式和字符串格式。格式字符串要加引号。

1. 数值格式化

数值格式化是将数值表达式的值按“格式字符串”指定的格式输出。有关格式及举例如表 3.13 所示。

表 3.13 常用数值格式化符及举例

符号	含　义	数值表达式	格式化字符串	显示结果
0	实际数字小于符号位数，数字前加 0	1234.56	"00000.000"	01234.560
		1234.56	"000.0"	1234.6
.	加小数点	4567	"0000.00"	4567.00
E+	用指数表示	0.6789	"0.00E+00"	6.79E-01
E-	与 E+相似	1234.567	".00E-00"	.12E04
#	实际数字小于符号位数，数字前后不加 0	4567.842	"#####.####"	4567.842
		4567.842	"#####.##"	4567.84
$	在数字前加$	1234.567	"$###.##"	$1234.57
+	在数字前加+	1234.567	"+###.##"	+1234.57
-	在数字前加-	1234.567	"-###.##"	-1234.57
,	千分位	1234.567	"##,##0.0000"	1,234.5670
%	数值乘以 100，加百分号	1234.567	"####.##%"	123456.7%

【例 3.6】　数值格式符应用举例。

步骤：

（1）创建一个新的工程，在 Form1 窗体上创建一个命令按钮。

（2）双击命令按钮，在代码窗口输入以下代码：

```
Private Sub Command1_Click()
    print Format(123.45, "0000.000")
    Print Format(123.45, "0.0")
    Print Format(123.45, "####.###")
    Print Format(123.45, "#.#")
    Print Format(0.123, ".##")
    Print Format(0.123, "0.##")
    Print Format(123.456,"0.0e+00")
    Print Format(123.456,"0.000e-00")
    Print Format(123)+ Format(456)
End Sub
```

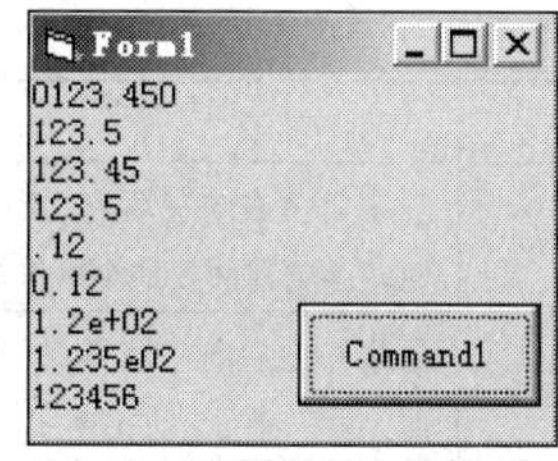

图 3.11　例 3.6 程序运行结果

（3）程序运行结果如图 3.11 所示。

2. 日期和时间格式化

将日期与时间类型表达式的值或数值表达式的值按指定的格式输出。相关格式如表 3.14 所示。

表 3.14　常用日期和时间格式符

符号	作　用	符号	作　用
m	显示月份（1～12），个位前不加 0	mm	显示月份（1～12），个位前加 0
mmm	显示月份缩写（Jan～Dec）	mmmm	显示月份全名
d	显示日期（1～31），个位前不加 0	dd	显示日期（1～31），个位前加 0
ddd	显示星期缩写（Sun～Sat）	dddd	显示星期全名
ddddd	显示完整日期（yy/mm/dd）	dddddd	显示完整长日期
h	显示小时（0～23），个位前不加 0	hh	显示小时，个位前加 0
m	在 h 后显示分（0～59），个位前不加 0	mm	在 h 后显示分，个位前加 0
s	显示秒（0～59），个位前不加 0	ss	显示秒，个位前加 0
y	显示一年中的第几天（1～366）	yy	两位数显示年份
yyyy	四位数显示年份（0100～9999）	q	季度数（1～4）
w	星期为数字（1～7），1 是星期日	ww	一年中的第几个星期
ttttt	显示完整时间（小时、分和秒）	AM/PM, am/pm	12 小时的时钟
A/P, a/p	12 小时的时钟	—	—

例如：

```
D1=now                          '2012-11-20 22:35:09
? Format(D1,"d-mmmm-yy")        '返回 20-November-12
```

```
? Format(D1,"yyyy-mm-dd hh:mm")        '返回2012-11-20 22:35
```

3. 字符串格式化

字符串格式化是将字符串按指定的格式进行操作，如英文字母大小写转换显示等。常见的字符串格式符及使用举例如表 3.15 所示。

表 3.15 常用字符串格式符及举例

符号	作 用	举 例	结果
@	字符由右向左填充，当实际字符位数小于符号位数时，字符前面要加空格作补充	Format("DDE","@@@@@")	DDE
&	字符由右向左填充，当实际字符位数小于符号位数时，字符前面不加空格作补充	Format("DDE","&&&&&")	DDE
<	强制小写，实现所有字符按小写的格式显示	Format("NIKE","<@@@@")	nike
>	强制大写，实现所有字符按大写的格式显示	Format("nike",">@@@@")	NIKE
!	强制由左而右填充字符占位符	Format("DDE","!@@@@")	DDE

3.4.7 测试函数

VB 中提供了测试变量的数据类型的函数，格式如下：

TypeName (变量名)

说明：返回值为具体的类型名，如 Integer、String 等。变体型变量未赋值之前的测试结果为 Empty，对象型变量（如按钮、文本框等）测试结果为该对象的一个具体类型，即 CommandButton、TextBox 等。例如：

```
Dim a As Variant
Dim b As Integer
Dim c As String
Print TypeName(a)                '结果为：Empty
Print TypeName(b)                '结果为：Integer
Print TypeName(c)                '结果为：String
Print TypeName(Command1)         '结果为：CommandButton
Print TypeName(Picture1)         '结果为：PictureBox
```

3.5 VB 程序代码的书写规则

3.5.1 关键字和标识符

1. 关键字

关键字又称为保留字，是 VB 系统定义的、有特定意义的词汇，它是程序设计语言的组成部分。在 VB 中，当用户在编辑窗口中输入关键字时，系统会自动识别，并将其首字母改为大写。

2. 标识符

程序设计常常需要为一些对象命名，然后通过名字访问这些对象，把这些自定义的命名称为标识符。标识符通常用于标记用户自定义的常量、变量、控件、函数和过程的名字。VB 中标识符的命名应遵循如下规则。

（1）必须以字母或汉字开头。

（2）只能由字母、汉字、数字和下画划线组成，但不能直接使用 VB 的关键字。

（3）不能超过 255 个字符，控件、窗体和模块的名字不能超过 40 个字符。

（4）在标识符的有效范围内必须是唯一的。

在定义标识符时要尽量选用一些有意义的字符，这样可以提高程序的可读性，例如，学生姓名可以定义为 stuname，三个数可以定义为 num1、num2 和 num3。

3.5.2　语句书写规则

语句是程序设计时使用的指令，语句的书写必须符合 VB 的规定。VB 可以设置自动语法检测，方法为：选择“工具”菜单下的“选项”命令，在弹出的“选项”对话框中，选中“编辑器”选项卡上的“自动语法检测”复选框，这样，系统对于不符合语法规则的语句就会给出错误提示，并提示出错的原因。

1. VB 语句书写格式

（1）VB 中每个语句以回车结束，通常一行只写一条语句，语句的长度不能超过 1023 个字符。如果一行写多条语句，语句之间要用冒号“:”隔开。如果将一条语句断开换行写，需要在语句断开处用下划线“_”结尾，这样就表示下一行语句与本行语句属于一条语句。注意，下划线要与最后一个字符间隔至少一个空格。如果希望在程序代码中添加注释，则使用单引号“'”，其后面的内容表示注释，不参与程序代码的运行。

（2）VB 能够自动对语句进行简单的格式调整，例如，关键字的第一个字母大写，运算符的前后加上空格等。所以在输入时不区分大小写，例如，输入“print a+1”，按 Enter 键结束后，VB 会自动将其调整为“Print a + 1”。

（3）VB 还具有自动提示的功能。例如，当输入对象名时，系统会提示该对象的方法、事件等，当输入定义变量的语句时，系统会提示变量类型，此时只需要选择相应项再按空格键即可，方便了手工输入。

2. 命令格式中的符号约定

为了方便解释语句、方法和函数，本书中的语句、方法和函数格式中的符号将采用以下统一约定。

（1）<>：必选参数表示符，尖括号中的参数是必写的，但不要输入尖括号本身。输入时如果不提供参数，将产生语法错误。

（2）[ ]：可选参数表示符，表示符内的参数，用户可根据具体情况输入，也可以省略。如果省略参数，则 VB 会使用该参数的默认值。

（3）|：为多个取一表示符，多个选项中必须选择其中之一。

（4）{ }：表示括起多个选择项。

（5）…：省略叙述中不涉及的部分。

（6）,…：表示同类项目的重复出现。

注意：这些特定的符号不是语句或函数的组成部分，只是语句、函数格式的书面表示，输入时不能输入这些符号。

3.6 综 合 应 用

【例 3.7】 表达式综合应用。

步骤：

（1）创建一个新的工程。双击窗体，在 Form_Activate()中输入如下代码：

```
Private Sub Form_Activate()
    Dim a, b, c
    Print "日期数据的加减运算"
    Print CDate("2011-10-9")- CDate("2010-10-9")
    Print CDate("2011-10-9 12:00:00")- CDate("2010-10-9")
    Print Date, Time
    Print Date - 11.5
    Print CDate("2011-10-20")+ 16
    Print: Print "关系运算和逻辑运算"
    a = 40: b = 10: c = 5
    Print a + b >= a + c
    Print a > b And b > c, b > a And b > c
    Print a > b Or b > c, b > a Or c > b
    Print a > b Xor b > c, b > a Xor b > c
    Print 40 - 10 > 12 + 6, 6 * 5 = 30
    Print 40 - 10 > 12 + 6 And 6 * 5 = 30
End Sub
```

（2）运行上述程序，运行结果如图 3.12 所示。

在日期数据的运算中，如果两个数据均为日期型数据，则运算结果为双精度型数据，表示两个日期的间隔天数。另外，将一个 Date 型数据加减数值型数据，其结果仍为 Date 型，表示一个日期经过一定天数之后或之前的日期和时间。程序中的 CDate()是转换函数，可将括号内的字符串转换为日期型数据；Date()函数可获得当前日期。

【例 3.8】 设计一个应用程序，求一元二次方程的根。

“一元二次方程的根”程序界面如图 3.13 所示。在三个文本框中分别输入一元二次方程的三个系数（a，b，c 必须符合 b×b−4×a×c≥0），单击“计算”按钮，可计算出该方程的实数根。

步骤：

（1）创建一个新的工程。在窗体的“属性”窗口中设置“名称”属性值为“Form1”，Caption 属性值为“一元二次方程的根”。

图 3.12　例 3.7 程序的运行结果

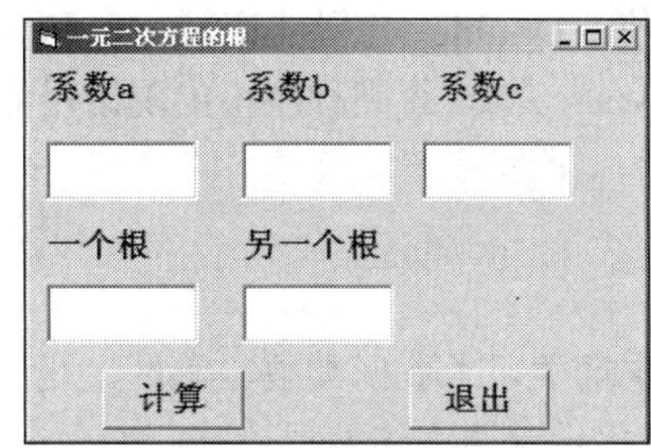

图 3.13　例 3.8 程序的运行界面

（2）在窗体内添加控件，它们的属性设置如表 3.16 所示，所有控件的 Font 属性均为宋体、粗体、四号，布局如图 3.13 所示。

表 3.16　“一元二次方程的根”程序控件对象的属性设置

对象类型	对象名称	属　性	属性值
窗体	Form1	Caption	一元二次方程的根
标签	Label1	Caption	系数 a
	Label2	Caption	系数 b
	Label3	Caption	系数 c
	Label4	Caption	一个根
	Label5	Caption	另一个根
文本框	Text1 Text2 Text3 Text4 Text5	Text	空
命令按钮	Command1	Caption	计算
	Command2	Caption	退出

（3）在“代码”窗口输入如下程序：

```
Dim a%, b%, c As Integer
Dim r1#, r2 As Double
Private Sub Command1_Click()
    a = CInt(Text1.Text)
    b = CInt(Text2.Text)
    c = CInt(Text3.Text)
    r1 = (-b + Sqr(b * b - 4 * a * c))/ (2 * a)'计算方程的一个根
    r2 = (-b - Sqr(b * b - 4 * a * c))/ (2 * a)'计算方程的另一个根
    Text4.Text = r1
    Text5.Text = r2
End Sub
Private Sub Command2_Click()
    End
End Sub
```

（4）运行程序，输入系数 a、b、c，单击“计算”按钮，计算该方程的根。

在上面的程序中，声明了三个 Integer 类型变量 a、b、c，分别用来保存系数 a、b 和

c 的值。Double 类型的变量 r1 和 r2 为方程的两个根。用户输入的系数必须符合 b×b−4×a×c≥0，否则程序将出现错误信息。Sqr( )是数学函数，用来求平方根。

本章小结

本章学习了数据类型、常量、变量、运算符、表达式、常用的内部函数，这些都是 VB 程序设计语言的编程基础。

1. 数据类型

在编写程序时，常常需要用到不同的数据，不同类型的数据在计算机中的存放形式不同，使用的内存空间不同，参与的运算也不同。例如，要计算 S=1+1/2+1/3+1/4+…+1/100。如果 S 定义为整型数据，则不能得到正确的结果。

2. 常量与变量

1）常量

常量是指在程序运行中其值不变的量。在 VB 中有三类常量：普通常量、符号常量和系统常量。

2）变量

在 VB 中使用变量时，不一定“先声明，后使用”。它有显式声明、隐式声明两种。

显式声明：在代码窗口的最前面（通用部分）加入 Option Explicit 语句后，程序中的变量就必须“先声明，后使用”，这就是显式声明。

隐式声明：在程序中不声明而直接使用的变量，系统默认为变体类型。

3. 运算符

VB 有四种运算符：算术运算符、连接运算符、关系运算符和逻辑运算符。

4. 表达式

由运算符、括号、内部函数及数据组成的式子称为表达式。VB 表达式的书写原则如下。

（1）表达式中的所有运算符和操作数必须并排书写。

（2）数学表达式中省略乘号的地方，在 VB 表达式中不能省。

（3）要注意各种运算符的优先级别，为保持运算顺序，在写 VB 表达式时需要适当添加括号()，若要用到库函数，必须按库函数要求书写。

5. 常用内部函数

VB 提供了上百种内部函数（也称为库函数），用户需要掌握一些常用函数的功能及使用方法。VB 函数的调用只能出现在表达式中，目的是使用函数求得一个值。

第 4 章　VB 的基本控制结构

本章要点

- 了解算法的基本描述方法。
- 掌握 VB 的输入、输出函数和语句。
- 掌握顺序结构的特点及应用。
- 掌握选择结构的特点及应用。
- 掌握循环结构的特点及应用。

根据前面的介绍，设计一个 VB 应用程序，首先要对应用程序设计一个或多个窗体，必要时在窗体上设置有关的控件，这是可视化程序展现给用户的界面。在这个界面上，用户通过鼠标或键盘操作界面上的对象，产生一个事件，要求应用程序对所产生的事件予以响应，所谓响应就是执行一段程序，这段程序完成了事件所要求的功能。当然，在一个应用程序里，会有许多事件产生，也就是说允许多段程序完成相应功能。

这些程序段应怎样编写？使用哪些语句编写程序？这就是本章要解决的问题。本章主要介绍 VB 程序设计中要用到的程序语句，介绍每种语句的语法规则，再将多个语句结合程序的功能要求按一定的逻辑规则组成程序。

在 VB 程序设计中，程序的控制结构有以下三种。

（1）包括输入、输出的顺序结构语句。

（2）选择结构语句。

（3）循环结构语句。

4.1　算法与结构

4.1.1　算法

1. 算法的定义

算法可以理解为由基本运算及规定的运算顺序所构成的完整的解题步骤，或者看成按照要求设计好的有限的确切的计算序列，并且这样的步骤和序列可以解决一类问题。

只有通过算法能够表示的问题，才能够用计算机求解。对同一个问题，可以有不同的解题方法和步骤，也就是说可以有不同的算法。不同的算法可能用不同的时间、空间或效率来完成同样的任务。一个算法的优劣可以用空间复杂度与时间复杂度来衡量。如果一个算法有缺陷，或不适合于某个问题，执行这个算法将不会解决这个问题。

2. 算法的特征

一个正确的算法，应具备如下的基本特征。

1）有穷性

算法的有穷性（Finiteness）是指算法必须能在执行有限个步骤之后终止。

2）确切性

算法的确切性（Definiteness）是指算法的每一步骤必须有确切的定义。

3）输入项

一个算法有 0 个或多个输入项（Input），以刻画运算对象的初始情况，所谓 0 个输入项是指算法本身定出了初始条件。

4）输出项

一个算法有一个或多个输出项（Output），以反映对输入数据加工后的结果。没有输出的算法是毫无意义的。

5）可行性

可行性（Effectiveness）是指算法中执行的任何计算步骤都是可以被分解为基本的可执行的操作步，即每个计算步都可以在有限时间内完成（也称为有效性）。

6）高效性

高效性（High Efficiency）是指执行速度快，占用资源少。

3. 算法的基本要素

1）数据对象的运算和操作

计算机可以执行的基本操作是以指令的形式描述的。一个计算机系统能执行的所有指令的集合，称为该计算机系统的指令系统。一个计算机的基本运算和操作有如下四类。

算术运算：加、减、乘、除等运算。

逻辑运算：或、与、非等运算。

关系运算：大于、小于、等于、不等于等运算。

数据传输：输入、输出、赋值等运算。

2）算法的控制结构

一个算法的功能结构不仅取决于所选用的操作，而且还与各操作之间的执行顺序有关。

4. 算法的描述

描述算法的方法有多种，常用的有自然语言、结构化流程图、伪代码和PAD 图等，其中最普遍使用的是流程图。

1）用传统流程图表示

传统流程图是用一些图形框来表示各种操作。其优点是形象直观，简单易懂，便于修改和交流。图 4.1 列出了美国国家标准化协会（ANSI）规定的一些常用的流程图符号。

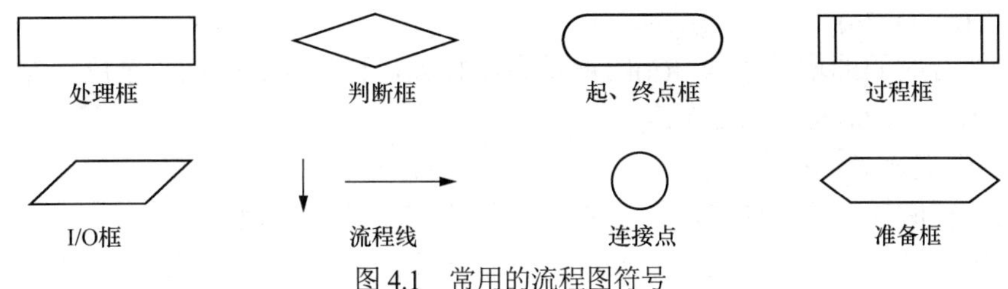

图 4.1　常用的流程图符号

【例 4.1】　用传统流程图描述下列函数：

$$y=\begin{cases}1 & (x\geqslant 0)\\ -1 & (x<0)\end{cases}$$

其流程图描述如图 4.2 所示。

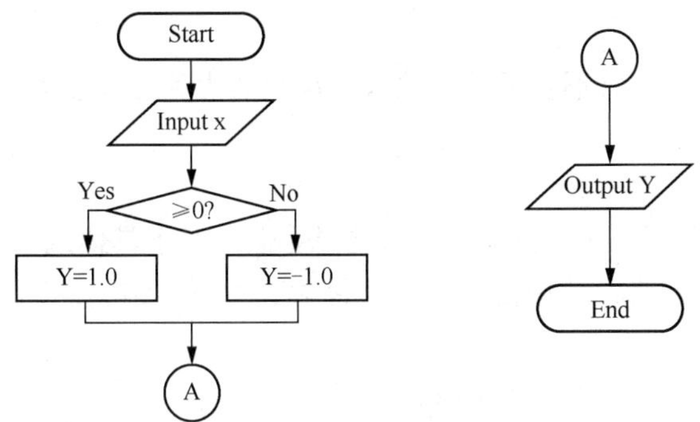

图 4.2　例 4.1 的流程图

2）用计算机语言表示算法

计算机是无法直接识别自然语言、流程图和伪代码形式的算法，只有用计算机语言编写的程序才能被计算机识别和处理，因此用自然语言、流程图和伪代码形式描述的算法，最终还要将它转换成计算机语言描述的程序。

【例 4.2】　用 VB 语言描述例 4.1。

```
Private Sub Form_Click()
    Dim x%, y%
        x = InputBox("请输入 X 的值", " 输入数据")
        If x >= 0 Then y = 1 Else y = -1
    Print "x="; x; "y="; y
End Sub
```

5. 算法的评价

同一问题可用不同算法解决，而一个算法的质量优劣将影响到程序的效率。算法分析的目的在于选择合适的算法和改进算法。一个算法的评价主要从时间复杂度和空间复杂度来考虑。

1）时间复杂度

算法的时间复杂度是指执行算法所需要的时间。一般来说，计算机算法是问题规模 n 的函数 f(n)，算法的时间复杂度也因此记做：

T(n)=O(f(n))

算法执行时间的增长率与 f(n)的增长率正相关，称为渐进时间复杂度（Asymptotic Time Complexity，简称时间复杂度）。

2）空间复杂度

算法的空间复杂度是指算法需要消耗的内存空间。其计算和表示方法与时间复杂度类似，一般都用复杂度的渐近性来表示。同时间复杂度相比，空间复杂度的分析要简单得多。

3）正确性

算法的正确性是评价一个算法优劣的最重要的标准。

4）可读性

算法的可读性是指一个算法可供人们阅读的容易程度。

5）健壮性

健壮性是指一个算法对不合理数据输入的反应能力和处理能力，也称为容错性。

4.1.2 程序控制结构

VB 采用事件驱动调用过程的程序设计方法，但是对于具体过程的本身，采用的仍然是结构化程序设计的方法。结构化程序设计包含三种基本结构：顺序结构、选择结构和循环结构。

在顺序结构中，程序由上到下依次执行每一条语句。

在选择结构中，程序判断某个条件是否成立，以决定执行哪部分代码。

在循环结构中，程序判断某个条件是否成立，以决定是否重复执行某部分代码。

4.2 顺 序 结 构

顺序结构是结构化程序设计中最简单的一种控制结构，在顺序结构的程序中，程序总是按从上到下的线性顺序执行的。

赋值语句、注释语句、结束语句、输入/输出语句等构成了最基本的顺序结构程序。

4.2.1 赋值语句、注释语句、暂停语句、结束语句

1. 赋值语句

赋值语句是程序设计中使用的最基本语句，用赋值语句可以将指定的值赋给某个变量或某个属性值赋给带有属性的对象，它是为变量和控件属性赋值的最基本的方法。

格式 1：

变量名=表达式

格式 2：

对象名.属性=表达式

说明：表达式可以是任何类型的值，一般应与左边变量或属性的类型保持一致。例如：

```
A=88                '将数值常量 88 赋给变量 A
N=N+1               '将变量 N 的值加上 1 后再赋给 N，即在原值的基础上累加 1
Command1.caption="运行程序"      '控件 command1 的标题设为"运行程序"
Command1.top=200                 '控件 command1 与窗体上边界的距离为 200
Text1.Text="计算机"              '将控件 Text1 的文本值设为"计算机"
Text2.Text="文化基础"            '将控件 Text2 的文本值设为"文化基础"
Text3.Text =Text1.Text & Text2.Text
```

1）赋值号与等号的区别

在 VB 语言中，“=”称为赋值号，其形式与数学中的等号（=）完全一致，但意义不同。数学中其表示左右两边绝对相等；而在 VB 语言中其表示先计算右边表达式的值，再将此值赋给左边的变量。例如，在 N=N+1 语句中，执行时先计算“=”右边的表达式的值，即将变量 N 的值在当前值的基础上加上 1，然后将结果赋给变量 N，此时变量 N 获得了新值，如果 N 的原值为 88，则现在新值为 89。

在 VB 语言中，“=”是一个具有二义性的符号，既可作为赋值号，又可以作为关系运算符中的符号，它的实际意义需根据其前后文的形式来判断。例如：

```
if  x=y  then           '此时"="是关系运算符，它用于判断其 x 和 y 值是否相等
    z=x                 '此时"="为赋值号
else
    z=y                 '此时"="为赋值号
end if
```

2）类型问题

赋值语句中的赋值号两边的两个量都有特定的数据类型，因此存在以下两种可能。

（1）当左右两边的数据类型一致时，仍保持它们的原类型。

（2）当左右两边的数据类型不一致时，存在以下一些情况。

① 当表达式为数值型而精度不同时，强制转化为左边的精度。

② 当表达式是数字字符串时，左边变量为数值类型时，则其结果自动转换为数值类型再赋值。

③ 当表达式是非数字字符串，左边变量为数值类型时，则出错。

④ 当表达式是逻辑型，左边变量为数值类型时，则表达式结果为：True 转化为-1，False 转换为 0。

⑤ 当表达式是数值类型，左边变量为逻辑型时，则表达式结果为：非 0 转化为 True，0 转换为 False。

⑥ 任何非字符类型赋值给字符类型，就会自动转换为字符类型。

例如：

```
s %=7.8             '转换时自动四舍五入，s 的值为 8
s %="78"            's 的值为 78
s %="56"+"78"       's 的值为 5678
s $=56+78           's 的值为 134
s %="7abc8"         '出现错误
s %=true            's 的值为 -1
```

```
s %=false             's 的值为 0
s %=""                '出现错误
```

3）赋值号

赋值号左边只能是变量，不能是常量、常数符号、表达式。

以下语句均为错误语句：

```
m+n=88                '赋值号左边不能是表达式
88=m+n                '赋值号左边不能是常量
```

4）赋值语句

一个赋值语句只能为一个变量赋值，不能为多个变量赋值，如：

```
x=y=9
```

系统将最左边的"="看成赋值号，而将后边的"="作为关系运算处理，即 y=9 是个表达式，x 的值为逻辑值。

2. 注释语句

注释语句用来对程序或程序中某些语句作注释，以便于程序的阅读和理解。

格式 1：

'注释内容

格式 2：

Rem 注释内容

说明：

（1）注释语句属于非执行语句，它对程序的执行结果没有任何影响，仅在列程序清单时，注释内容被完整地列出。

（2）Rem 是 Remark 的缩写。

（3）任何字符（包括汉字）均可放在注释行中作为注释内容。

（4）注释语句作为一个独立行，可放在过程、模块的开头作为标题，也可以放在执行语句的后面。

例如：

```
x=x+1                 '将变量 x 的值加上 1 后再赋给 x，即在原值的基础上累加 1
```

其中 x=x+1 为语句本身，而“'”后的内容则为注释内容。

3. 暂停语句

暂停语句用于暂时停止程序的运行。

格式：

Stop

说明：

（1）在程序运行期间，有时需要中途中止一下，以便观察前面运行的结果或修改程序，然后让程序接着运行下去，这时就要用到暂停语句 Stop。

（2）Stop 可以放置在过程中的任何地方，相当于在程序代码中设置断点，类似于执行“运行”菜单中的“中断”命令。当执行 Stop 语句时，系统将自动打开“立即窗口”，方便程序员调试跟踪程序。它是用户调试程序的一种方法，在程序调试后，生成可执行文件（.exe 文件）之前，应删去代码中的所有 Stop 语句。

4. 结束语句

程序运行时，遇到结束语句就终止程序的运行。

格式：

```
End
```

说明：当在程序中执行 End 语句时，将终止当前程序，重置所有变量，并关闭所有数据文件。

为了保持程序的完整性，特别是要求生成.exe 文件的程序，应该含有 End 语句，并且通过 End 语句正常结束程序的执行。

End 语句除用来结束程序外，在不同环境下还有其他一些用途，包括如下内容。

（1）End Sub：结束一个 Sub 过程。

（2）End Function：结束一个 Function 过程。

（3）End If：结束一个 If 语句块。

（4）End Type：结束记录类型的定义。

（5）End Select：结束情况语句。

4.2.2　输入、输出函数和语句

下面介绍 VB 提供的输入和输出数据的两个函数，即 InputBox( )函数和 MsgBox( )函数。

1. InputBox()函数

InputBox()函数产生一个对话框，这个对话框作为输入数据的界面，等待用户输入数据或按下按钮，当用户单击“确定”按钮或按 Enter 键，则返回用户在文本框中输入的内容。函数返回值是 String 类型。

格式：

```
InputBox[$](prompt[ , title][ , default][ , xpos][ , ypos] , [helpfile], [context])
```

说明：

（1）prompt：提示信息，是作为对话框提示消息出现的字符串表达式，允许使用汉字，最大长度为 1024 个字符，该项不能省略。在对话框内显示 prompt 时，可以自动换行，如果用户需要换行，则插入回车 Chr$（13）、换行符 Chr$（10）或者 VB 常数 vbCrlf 来分隔提示信息。

（2）title：是字符串表达式，它作为对话框的标题，显示在对话框顶部的标题栏上，如果省略则标题栏上显示应用程序名。

（3）default：是一个字符串表达式，如果输入对话框无输入数据时，则用此默认数据作为输入的内容；如果用户输入数据，则用户输入的数据立即取代默认值；若省略该参数，则默认值为空白。

（4）xpos 和 ypos：x 坐标和 y 坐标是两个整型表达式，作为对话框左上角在屏幕上的点坐标，其单位为 twip，若省略，则对话框显示在屏幕中心线向下约 1/3 处。

（5）helpfile：为字符串变量或字符串表达式，用于表示所要使用的帮助文件的名字。

（6）context：为一个数值型变量或表达式，用于表示帮助主题的帮助号。使用时与 helpfile 一起使用，可以同时存在，也可以全部省略。

注意事项：

（1）每执行一次 InputBox()函数，只能输入一个值，如果需要输入多个数据，则必须多次调用 InputBox()函数。

（2）输入数据后，应单击“确认”按钮，或按 Enter 键，输入的数据才能返回给函数值，否则输入的数据不能保留；如果单击“取消”按钮，则当前输入无效，返回一个空字符串作为函数值。

（3）如果后面的参数要使用，前面的参数不使用，分隔符“,”不能省略。

【例 4.3】 利用 InputBox()函数分别输入学生的姓名、数学成绩和语文成绩，并将信息显示在窗体上。

程序代码如下：

```
Private Sub Form_Click()
    Dim s As String, x As Single,y As Single
    s = InputBox("请输入学生姓名：", "学生信息")
    x = InputBox("请输入数学成绩：", "学生信息")
    y = InputBox("请输入语文成绩：", "学生信息")
    Print "姓名", "数学成绩", "语文成绩", "总成绩"
    Print s,x, y, x + y
End Sub
```

单击窗体后，依次显示三个输入框，第一个输入框如图 4.3 所示。

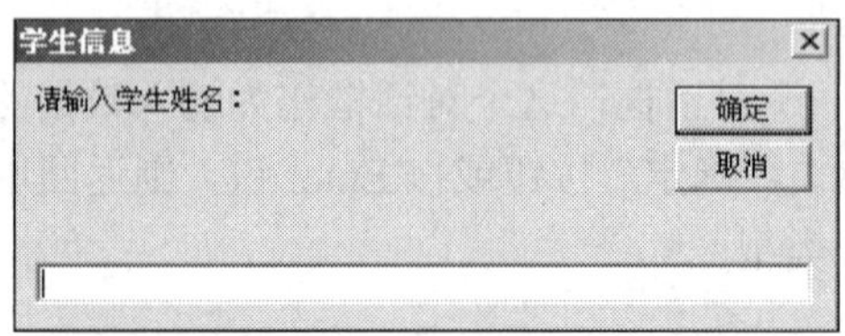

图 4.3 例 4.3 输入框

在依次出现的三个输入框中依次分别输入“肖瑶”、“98”、“92”，单击“确定”按钮，运行结果如图 4.4 所示。

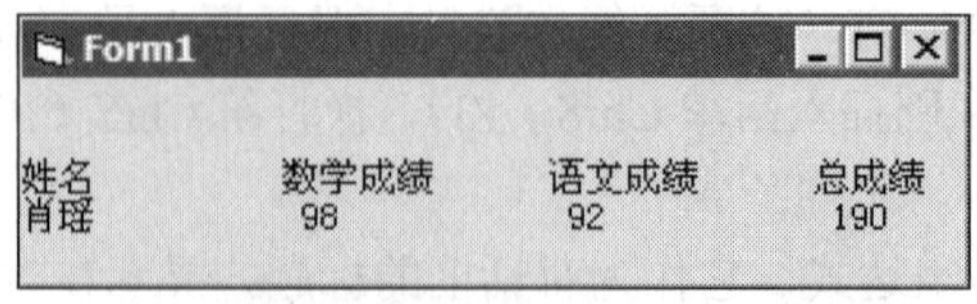

图 4.4 例 4.3 程序运行结果

【例 4.4】 任意输入三个数，求由这三个数组成的三角形的面积（假设输入的三条边符合三角形的边长条件）。

程序代码如下：

```
Private Sub Form_click()
    Dim a!, b!, c!, t!, s!
    a = InputBox("请输入第一条边", "请输入三角形的三条边")
    b = InputBox("请输入第二条边", "请输入三角形的三条边")
    c = InputBox("请输入第三条边", "请输入三角形的三条边")
    t = (a + b + c)/ 2
    s = Sqr(t * (t - a)* (t - b)* (t - c))
    Print "第一条边为", a
    Print "第二条边为", b
    Print "第三条边为", c
    Print "面积为", s
End Sub
```

单击窗体后，依次显示三个输入框，第 1 个输入框如图 4.5 所示。

在依次出现的三个输入框中依次输入 18、14、19，单击“确定”按钮，运行结果如图 4.6 所示。

图 4.5　例 4.4 的输入框

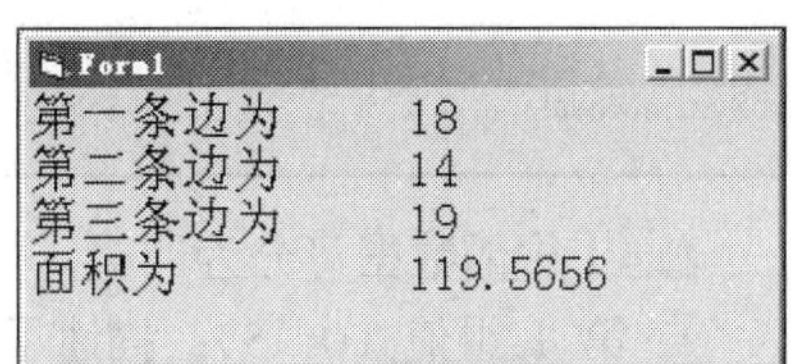

图 4.6　例 4.4 的程序运行结果

2. MsgBox()函数

MsgBox()函数可以用对话框的形式向用户输出一些必要信息，还可以让用户在对话框内进行选择，然后此函数返回一个整型值传输给程序，以记录用户的操作来决定其后的程序执行。

格式：

MsgBox(prompt，[buttons],[title],[helpfile],[context])

说明：其中的 prompt、title、helpfile 和 context 参数与 InputBox()函数中的同名参数类似，这里不再介绍。

（1）buttons：指定显示按钮的数目及形式，使用的图标样式，默认按钮是什么，以及消息框的强制返回级别等。该参数是一个数值表达式，是四类数值相加产生的，其默认值为 0。这四类数值或符号常量分别表示按钮的类型、显示图标的种类、活动按钮的位置、强制返回。buttons 的取值和意义如表 4.1 所示。

表 4.1　buttons 的取值和意义

符 号 常 量	值	描　述
vbOkOnly	0	只显示“确定”按钮
vbOkCancel	1	显示“确定”、“取消”按钮
vbAbortRetryIgnore	2	显示“终止”、“重试”、“忽略”按钮

续表

符号常量	值	描　述
vbYesNoCancel	3	显示"是"、"否"、"取消"按钮
vbYesNo	4	显示"是"、"否"按钮
vbRetryCancel	5	显示"重试"、"取消"按钮
vbCritical	16	显示图标
vbQuestion	32	显示图标
vbExclamation	48	显示图标
vbInformation	64	显示图标
vbDefaultButton1	0	第 1 个按钮是默认值
vbDefaultButton2	256	第 2 个按钮是默认值
vbDefaultButton3	512	第 3 个按钮是默认值
vbDefaultButton4	768	第 4 个按钮是默认值
vbApplicationModal	0	应用程序强制返回，当前应用程序被挂起，直到用户对消息框作出响应才继续工作
vbSystemModal	4 096	系统强制返回，系统全部应用程序都被挂起，直到用户对消息框作出响应才继续工作

表 4.1 中的数据可分为四类。

① 第 1 组值（0～5）：描述了对话框中显示的按钮的类型与数目，按钮共有七种：确认、取消、终止、重试、忽略、是、否。每个数值表示一种按钮的组合方式。

② 第 2 组值（16，32，48，64）：指定对话框显示的图标样式，共有四种：、、、。

③ 第 3 组值（0，256，512，768）：指明默认活动按钮，即活动按钮周边有虚线，按 Enter 键可执行该按钮的操作。

④ 第 4 组值（0，4 096）：决定消息框的强制返回值。

buttons 参数由每组值选取一个数字相加而成。参数表达式既可以用符号常数，也可以用数值。例如：

17=1+16 或 vbCritical + vbOKCancel，显示"确定"、"取消"按钮，图标，设置默认活动按钮为"确定"。

321=1+64+256 或 vbOkCancel+vbInformation+vbDefaultButton，显示"确定"和"取消"按钮，图标，默认活动按钮为"取消"。

（2）MsgBox()函数的参数只有 prompt 参数不可省略，其他均可省略。如果省略 buttons，则对话框中只显示"确定"按钮；如果省略 title，则标题框显示当前工程的名称。

（3）MsgBox()函数的返回值是一个整数，这个整数与选择的按钮有关，分别与七种按钮相对应，MsgBox()函数的返回值如表 4.2 所示。

表 4.2　MsgBox()函数的返回值

值	操　作	符号常量
1	选"确定"按钮	vbOk

续表

值	操　作	符 号 常 量
2	选“取消”按钮	vbCancel
3	选“终止”按钮	vbAbort
4	选“重试”按钮	vbRetry
5	选“忽略”按钮	vbIgnore
6	选“是”按钮	vbYes
7	选“否”按钮	vbNo

【例 4.5】　如果用户程序出错，则系统会出现一个提示框，提示用户是否继续。提示框中显示图标和“确定”、“取消”按钮。

程序代码如下：

```
Private Sub Form_Click()
    a=MsgBox("程序出错，继续吗？", vbCritical+vbOKCancel, _
     "MsgBox 函数使用示例")
End Sub
```

或者

```
Private Sub Form_Click()
    a = MsgBox("程序出错，继续吗？", 17, "MsgBox 函数使用示例")
End Sub
```

程序的运行结果相同，如图 4.7 所示。

图 4.7　例 4.5 的程序运行结果

【例 4.6】　测试 MsgBox()函数的返回值。

程序代码如下：

```
Private Sub Form_Click()
    msg1 = "确定要删除吗？"
    msg2 = "注意"
    yn = MsgBox(msg1, 3 + 48 + 256, msg2)  '将消息框的返回值赋值给变量 yn
    Print yn
End Sub
```

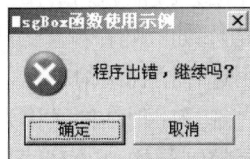

程序运行时，单击窗体会显示消息框，如图 4.8 所示。当用户单击“否”按钮时，在窗体 Form1 上显示 MsgBox()函数的返回值为 7，如图 4.9 所示。

图 4.8　例 4.6 程序运行结果(1)

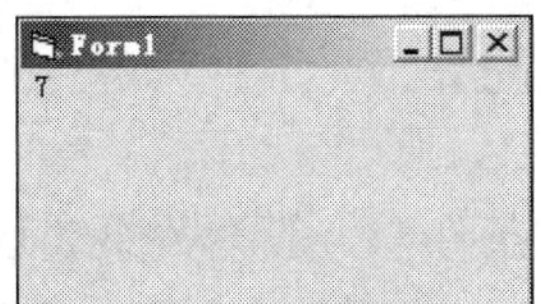

图 4.9　例 4.6 程序运行结果(2)

3. MsgBox 语句

MsgBox 语句的功能和 MsgBox()函数的功能一样，参数的形式与 MsgBox()函数一样，但它没有返回值。由于一些消息框不需要返回信息，所以不使用函数方式，而使用语句方式。这实际上是给程序员带来编程序的方便。

格式：

MsgBox prompt, [buttons], [title], [helpfile], [context]

说明：该语句中各参数的含义及作用与 MsgBox()函数相同。由于 MsgBox 语句没有返回值，因此常被用于简单的信息显示。

【例 4.7】 用 MsgBox 语句显示警示信息。

程序代码如下：

```
Private Sub Form_Click()
    msg1 = "您已超出操作权限"
    msg2 = "注意"
    MsgBox msg1, 0 + 48 , msg2
End Sub
```

图 4.10 例 4.7 程序的运行结果

程序运行结果如图 4.10 所示，但单击“确定”按钮后，系统没有记录。

4.3 选择结构

顺序结构是程序设计的最基本的结构，但是在程序设计时往往需要进行一些判断，程序运行时根据判断结果选择执行哪些语句。例如，输入一个非零的数，判断其是正数还是负数，其结果只能是二者中的一个，这样的问题就不能用顺序结构来完成了，而要使用选择控制结构。

选择控制结构又称为分支结构，这种结构能够根据条件执行不同的操作。VB 支持的选择控制结构包括 If 语句和 Select Case 语句。

4.3.1 If 语句

1. If…Then 语句

格式：

If<条件>Then
<语句块>
End If

说明：

（1）“条件”一般为关系表达式或逻辑表达式，其值为 True 或 False。“语句块”可以为一条或多条语句，If 语句以 End If 结束。

（2）语句执行过程：首先判断条件表达式的值，若为 True，则执行 Then 后面的语句块；否则，直接跳出 If 语句，执行 End If 之后的语句。If 语句流程图见图 4.11。

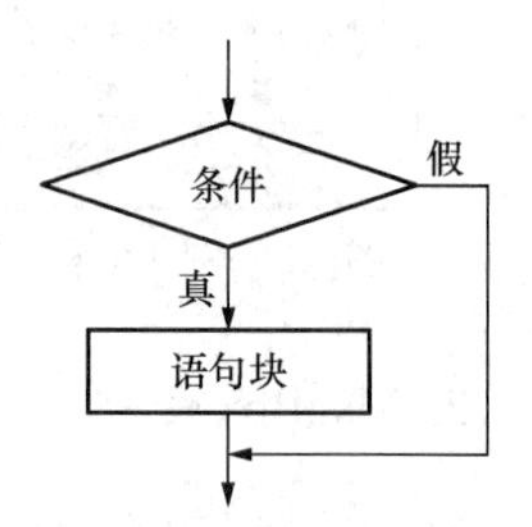

图 4.11 If 语句单分支流程图

【例 4.8】　输入一个数，如果这个数大于 0，则输出“这个数是正数”。

程序代码如下：

```
Private Sub Form_Click()
    Dim a!
    a = InputBox("please input a number :")
    If a > 0 Then
       Print a;"是个正数"
    End If
End Sub
```

（3）条件表达式也可以是算术表达式，表达式的结果：为 0 则为 False，非 0 为 True。例如：

```
Dim a%
a=3
If a then
    Print a
End If
```

由于 a 被赋值为 3， If 语句判断条件时，会认为条件为 True，所以执行分支内语句，输出 a 的值 3。

（4）If 语句可以精简为单行 If 语句，即

If <条件>　Then　<语句>

单行 If 语句必须在一行内完成，Then 后面即使是多条语句也要写在一行，用冒号分隔，单行 If 语句不用 End If 结束。

【例 4.9】　将例 4.8 用单行 If 语句改写。

程序代码如下：

```
Private Sub Form_Click()
    Dim a!
    a = InputBox("please input a number :")
    If a > 0 Then Print a;"是个正数"
End Sub
```

一般使用单行 If 语句作短小简单的判断，语句块形式具有更强的结构性与适应性，并且通常也比较容易阅读、维护及调试。

2. If…Then…Else 语句

格式：

If<条件>Then
　　<语句块 1>
Else
　　<语句块 2>
End If

说明：

（1）语句执行过程：首先测试条件表达式的值，如果值为真，执行 Then 后面的语句块 1，执行完毕跳出 If 语句，继续执行 End If 下面的语句；如果值为假，则执行 Else 后面的语句块 2，执行完毕再执行 End If 下面的语句。其流程图见图 4.12。

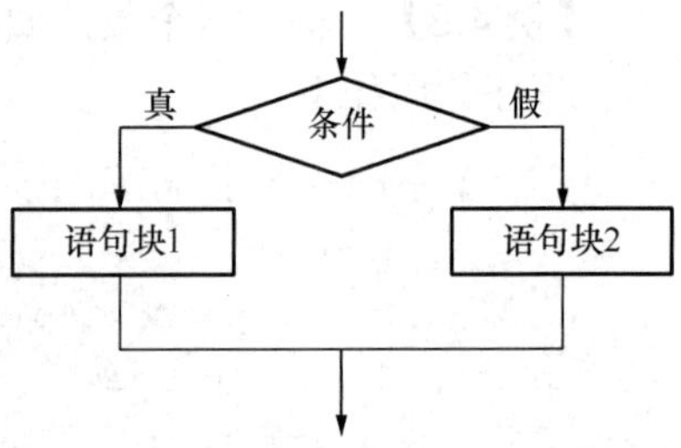

图 4.12 If 语句双分支流程图

（2）If…Then…Else 语句为双分支选择结构，语句块 1 和语句块 2 必定有一个被执行。

【例 4.10】 输入一个非零数，判断其是正数还是负数。

程序代码如下：

```
Private Sub Form_Click()
   Dim a!
   a = InputBox("please input a number :")
   If a > 0 Then
     Print a; "是一个正数"
   Else
     Print a; "是一个负数"
   End If
End Sub
```

【例 4.11】 判断某年是不是闰年。

闰年的条件：年份能被 400 整除，或者年份能被 4 整除但不能被 100 整除。

分析：由条件可知有两种情况是闰年，一种情况是 year Mod 400 = 0（被 400 整除），另一种情况是 year Mod 4 = 0 And year Mod 100 < > 0（被 4 整除但不被 100 整除），只要满足其中一个条件就是闰年，所以这两个表达式之间应该用 Or 连接。

程序代码如下：

```
Private Sub Form_Click()
   Dim year As Integer
   year = InputBox("请输入一个年份：")
   If year Mod 400 = 0 Or year Mod 4 = 0 And year Mod 100 <> 0 Then
     Print year; "是闰年"
   Else
     Print year; "不是闰年"
   End If
End Sub
```

（3）If…Then…Else 语句也可以写为单行形式，即

If <条件> Then <语句块 1> Else <语句块 2>

【例 4.12】 将例 4.10 用单行语句改写。

程序代码如下：

```
Private Sub Form_Click()
   Dim num!
   num = InputBox("please input a number :")
   If num > 0 Then Print num; "是一个正数" Else Print num; "是一个负数"
End Sub
```

3. If…Then…ElseIf 语句

格式：

```
If<条件 1>Then
    <语句块 1>
ElseIf<条件 2>Then
    <语句块 2>
    …
[Else
    语句块 n+1]
End If
```

说明：If…Then…ElseIf 语句用于实现多分支结构。语句执行过程：依次判断条件 1、条件 2…，一旦遇到表达式的值为真，则执行该条件下的语句块。如果所有的表达式都不为真，则执行最后的 Else 下面的语句块 n+1；如果没有 Else 语句，则什么也不执行，跳出 If 语句，执行 End If 后面的语句。流程图见图 4.13。

If…Then…ElseIf 语句可以用于条件比较复杂的多分支情况。

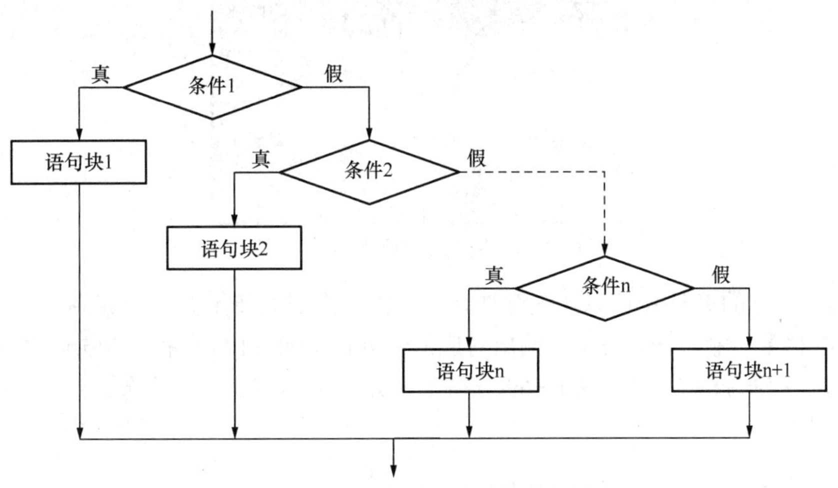

图 4.13　If 语句多分支结构流程图

【例 4.13】　已知分段函数

$$y=\begin{cases}x^2+1 & (x>0)\\ 0 & (x=0)\\ 2x-1 & (x<0)\end{cases}$$

编写程序，输入自变量 x 的值，计算并输出函数 y 的值。

步骤：

（1）新建一个“标准 EXE”工程。

（2）在 From1 窗体上依次添加两个标签控件、两个文本框控件和两个命令按钮控件。

（3）在“属性”窗口中，设置对象属性。

（4）程序代码如下：

```
Private Sub Command1_Click()
    Dim x As Single, y As Single
    x = Val(Text1.Text)
    If x >0 Then
       y = x * x + 1
    ElseIf  x=0 Then
       y = 0
    Else
       y=2*x-1
    End If
    Text2.Text = y
End Sub

Private Sub Command2_Click()
    End
End Sub
```

程序运行后，在文本框 1 中输入自变量 x 的值为 5，单击“计算”按钮，程序运行结果如图 4.14 所示。

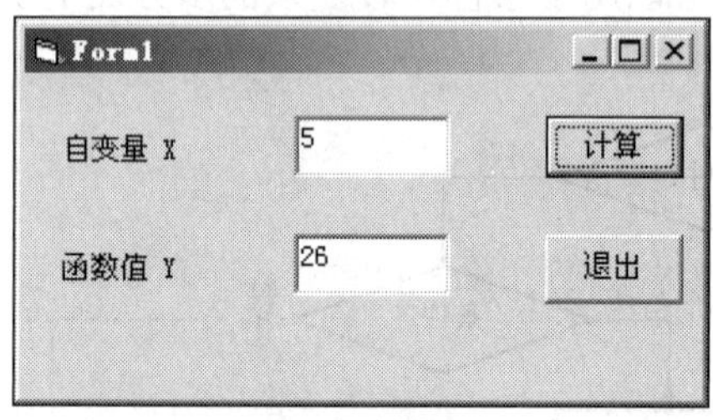

图 4.14　例 4.13 的程序运行结果

利用多分支的 If 语句可以实现筛选，如判断一个成绩属于哪一个等级。

【例 4.14】　输入一个分数，输出对应的学分值。90～100 分得 4 学分，80～89 分得 3 学分，70～79 分得 2 学分，60～69 分得 1 学分，60 分以下不得学分。

程序代码如下：

```
Private Sub Form_Click()
    Dim score!,grade!
    score = InputBox("请输入分数：")
    If score >= 90 Then
       grade = 4
    ElseIf score >= 80 Then
       grade = 3
    ElseIf score >= 70 Then
       grade = 2
    ElseIf score >= 60 Then
       grade = 1
    ElseIf score < 60 Then
       grade = 0
    End If
    Print  "应得学分为：";grade
End Sub
```

当输入一个分数时，程序从第一个条件开始判断，如果条件为真，执行“grade = 4”，否则向下继续判断其他条件。总之，只要遇到一个满足条件的分支，便执行该分支下的语句。本题没有 Else 语句，若所有条件均为假，则一个分支也不执行。

If 语句执行过程中，一旦有一个分支被执行，便退出 If 语句，继续执行 End If 下面的语句，也就是说如果有多个条件都为真，只能执行第一个条件为真的分支。因此，利用 If 多分支语句筛选数据时，如果条件设计不当，就不能正确地实现筛选。

4. If 语句的嵌套

如果一个 If 语句块中包含另一个 If 语句，则称为 If 语句的嵌套。

格式：

```
If<条件 1>Then
    <语句块 1>
Else
    If<条件 2> Then
        <语句块 2>
        …
    Else
        <语句块 3>
        …
    End If
End If
```

说明：嵌套必须完全“包住”，不能互相交叉，即把一个 If…Then…Else 块放在另一个 If…Then…Else 块中。

【例 4.15】　将例 4.13 分段函数用 If 语句的嵌套改写。

程序代码如下：

```
Private Sub Command1_Click()
    Dim x As Single, y As Single
    x = Val(Text1.Text)
    If x >0 Then
        y = x * x + 1
    Else
        If  x=0 Then
            y = 0
        Else
            y=2*x-1
        End If
    End If
    Text2.Text = y
End Sub
```

【例 4.16】　将任意输入的三个数，按照从大到小的顺序重新排列。

程序代码如下：

```
Private Sub Form_Click()
```

```
    Dim a!, b!, c!
        a = InputBox("请输入a:")
        b = InputBox("请输入b:")
        c = InputBox("请输入c:")
        Print "三个数原来的顺序为      "
        Print a, b, c
        Print "三个数从大到小的顺序为"
        If a < b Then
          t = a
          a = b
          b = t
        End If
        If c > a Then
          Print c, a, b
        Else
          If c < b Then
            Print a, b, c
          Else
            Print a, c, b
          End If
        End If
    End Sub
```

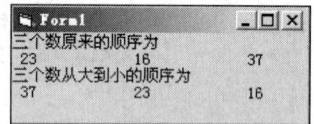

图 4.15 例 4.16 的程序运行结果

程序运行后，依次在三个输入框中输入数据 23、16、37，单击“确定”按钮，程序的运行结果如图 4.15 所示。

4.3.2 Select Case 语句

实现多分支的筛选，使用 If 语句嵌套并不是最理想的，VB 提供了 Select Case 语句可以更方便地完成多分支程序的设计。Select Case 语句也称为 Case 语句或情况语句，其功能是根据测试表达式的值，在几组 Case 子句中挑选出一组符合条件的语句块执行。

格式：

```
Select Case <测试表达式>
    Case  <值 1>
        <语句块 1>
    Case  <值 2>
        <语句块 2>
        …
    [Case Else
        <语句块 n+1>]
End Select
```

说明：先计算测试表达式的值，依次与 Case 子句中的值相比较，如果遇到相匹配的值，则执行该 Case 子句中的语句块，然后跳出 Select Case 语句，继续执行 End Select 下面的语句。

（1）测试表达式可以是任何数值表达式或字符串表达式，也可以是日期或逻辑表达式。

（2）值 1、值 2 是测试表达式可能取的值，与测试表达式的类型必须相同。每个 Case

分支可以列出多个值，可以是以下形式之一。

① 多个具体值，用逗号隔开，例如：

```
Case 1,2,3
```

② 使用关键字 To 表示值的范围，例如：

```
Case 1 to 10
```

③ 使用 Is 关系表达式，例如：

```
Case Is>=10              '表示测试表达式的值大于或等于 10
Case Is <>""             '表示测试表达式的值不为空字符串
```

④ 也可以使用以上几种形式的组合，例如：

```
Case 1,3,Is>10           '表示测试表达式的值为 1、3 或大于 10
```

【例 4.17】 输入 a、b 的值和运算符号，根据输入的运算符号决定运算的方式。

程序代码如下：

```
Private Sub Form_Click()
    Dim a!, b!, s!
    Dim op$
    a = InputBox("请输入 a:")
    b = InputBox("请输入 b:")
    op = InputBox("请输入运算符号:")
    Select Case op
       Case "+"
          s = a + b
       Case "-"
          s = a - b
       Case "*"
          s = a * b
       Case "/"
          s = a / b
    End Select
    Print "a";op;"b=";s
End Sub
```

程序运行后，在依次出现的三个输入框中分别输入 5、7、*，单击“确定”按钮后，程序运行结果如图 4.16 所示。

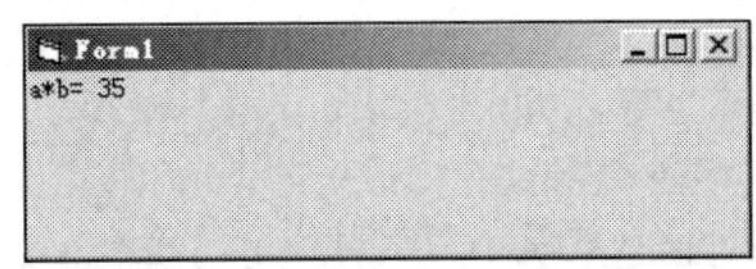

图 4.16　例 4.17 的程序运行结果

（3）Select Case 语句功能与 If 多分支语句功能类似，但是当程序中依赖某个单独的关键变量或表达式作为判断条件时，Select Case 语句效率更高，并且使用 Select Case 结构可以提高程序的可读性。

（4）如果测试表达式的值能与多个 Case 子句表达式的值相匹配，只执行第一个匹配的 Case 子句下面的语句块。

【例 4.18】 用 Case 语句改写例 4.14，将输入成绩转换为相应学分。

程序代码如下：

```
Private Sub Form_Click()
    Dim score!, grade!
    score = InputBox("输入成绩")
    Select Case score
       Case Is >= 90
          grade = 4
       Case Is >= 80
          grade = 3
       Case Is >= 70
          grade = 2
       Case Is >= 60
          grade = 1
       Case Is < 60
          grade = 0
    End Select
    Print "应得学分为:"; grade
End Sub
```

注意：使用 Select Case 语句也要确保值列表顺序的合理性，才能够正确筛选数据。如果将例 4.18 中的分数值列表按相反顺序编写，就不能合理地筛选数据了。

（5）Case Else 子句是可选的，表示没有匹配的值时则执行该子句中的语句块 n+1。通常加上 Case Else 语句来处理不可预见的测试表达式的值；如果测试表达式没有匹配值，而且也没有 Case Else 语句，则程序会跳到 End Select 之后的语句继续执行。

【例 4.19】 判断大小写字母问题。

步骤：

（1）新建一个“标准 EXE”工程。

（2）在 From1 窗体上依次添加两个标签控件、两个文本框控件和两个命令按钮控件。

（3）在“属性”窗口中，设置对象属性。

（4）程序代码如下：

```
Private Sub Command1_Click()
Dim s$
    s = Text1.Text
    Select Case s
     Case "a" To "z"
        Text2.Text = "它是小写字母"
     Case "A" To "Z"
        Text2.Text = "它是大写字母"
     Case "0" To "9"
        Text2.Text = "它是数字字符"
     Case Else
        Text2.Text = "它是其他字符"
```

```
    End Select
End Sub

Private Sub Command2_Click()
   End
End Sub
```

程序运行结果如图 4.17 所示。

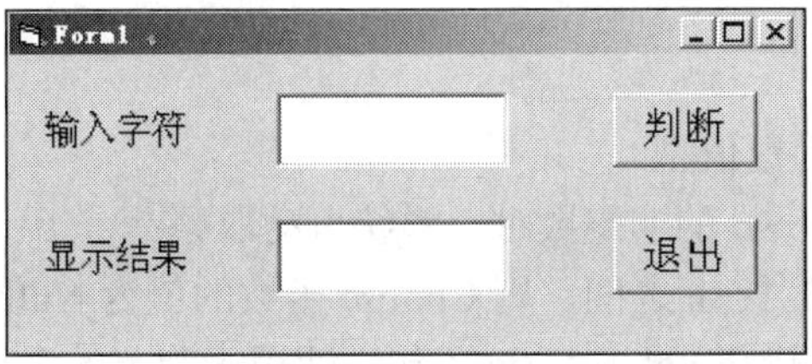

图 4.17　例 4.19 的程序运行结果

该程序以字符串型变量作为测试表达式，判断其属于哪种情况，如果 1、2、3 分支都不符合，则执行 Case Else 分支的语句。

另外，判断字母是大写还是小写，可以直接利用字符串的比较判断。若满足大于或等于 A 且小于或等于 Z，则为大写字母；若满足大于或等于 a 且小于或等于 z，则为小写字母。也可以通过其 ASCII 码的范围确定，如果 ASCII 码在 65～90 之间为大写字母，在 97～122 之间为小写字母，求 ASCII 码的函数为 Asc()。

4.3.3　条件函数

1. IIF()函数

格式：

IIf(条件, 表达式 1, 表达式 2)

功能：当条件表达式的值为真时，函数返回值为表达式 1，否则返回表达式 2。

说明：

（1）“条件”是逻辑表达式或关系表达式，该函数在运算时，首先计算“条件”的值，如果“条件”的值为 True，则该函数的返回值就是“表达式 1”的值；否则，函数的返回值是“表达式 2”的值。

例如，Print IIf（3>5,1,-1）的结果为-1。

Print IIf（3<5,1,-1）的结果为 1。

（2）函数中的三个参数都不能省略。

（3）可以将 IIf 函数看做是一种简单的 If…Then…Else 结构。例如：

```
MaxValue=Iif(x>y,x,y)
```

可以改写为单行 If 语句：

```
If x>y Then MaxValue=x Else  MaxValue=y
```

二者的功能是一致的。

2. Choose 函数

格式：

Choose(整形表达式, 选项列表)

功能：根据整形表达式的值，决定返回选项列表中的某个值。当变量的值为 1 时，函数值为第 1 项的值；当变量的值为 2 时，函数值为第 2 项的值；当变量的值为 n 时，函数值为第 n 项的值。

说明：

（1）表达式的类型为数值型。

（2）当变量的值是 1～n 的非整数时，系统自动取整。

（3）若变量的值不在 1～n 之间，则 Choose 函数的值为 Null。

（4）Choose()函数可代替 Select Case 语句，适用于简单的多重判断场合。

例如：

```
n = 2
st = Choose(n , "red" , "green" , "blue")
```

可等价于

```
st="green"
```

4.4 循环结构

循环是指某段程序需要重复执行若干次，才能完成的特定任务。循环结构是程序设计中一种重要的结构，在循环中被反复执行的部分称为循环体，使用循环控制结构可以减少程序中大量重复的语句，从而编写出更简洁的程序。

VB 提供了三种不同风格的循环语句。

For 循环（For…Next 语句）
Do 循环（Do…Loop 语句）
当循环（While…Wend 语句）

其中，For 循环是按给定的次数执行循环体，而 Do 循环和当循环是在给定的条件满足时执行循环体。

4.4.1 For 循环

For…Next 语句构成的循环称为 For 循环，也称计数循环。

格式：

For <循环变量> = <初值> To <终值> [Step 步长]
    [循环体]
     [Exit For]
Next [循环变量]

说明：For 循环按确定的次数执行循环体，该次数是由循环变量的初值、终值和步长确定的。首先循环变量取初值，接着将循环变量与终值进行比较，如果不满足，则继续执行循环体，并将循环变量按步长递增或递减，继续与终值进行比较；如果满足，则结束循环。其流程图见图 4.18。

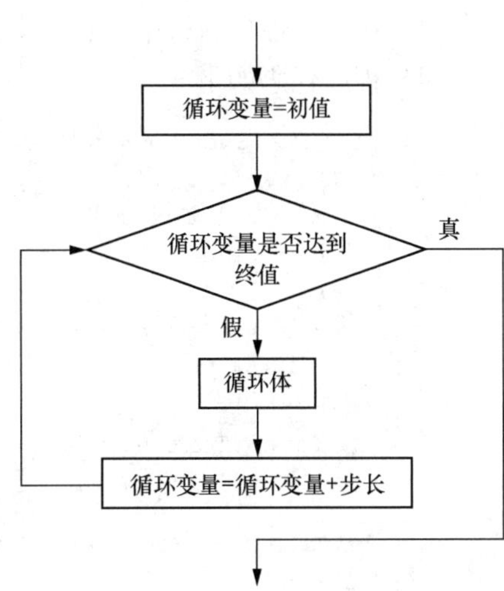

图 4.18　For 循环语句流程图

说明：

（1）循环变量。是一个数值变量。

（2）初值、终值和步长。均是数值表达式，其值若是实数，则自动取整。当初值≤终值时，步长为正数；当初值>终值时，步长为负数；步长为 1 时，可省略不写；步长不应为 0，否则造成死循环。循环次数=Int((终值−初值)/步长)+1。

（3）循环体。是需重复执行的语句，可以是一条或多条语句的序列。

（4）Exit For。可选项，用于某些特殊情况下退出循环。

（5）Next。循环终端语句，其后面的“循环变量”必须与 For 语句中的“循环变量”相同，表明它们是一对循环的开始和结束语句。

（6）循环变量在循环体内可以引用，但一般情况下不应改变其值，否则将导致循环无法正常执行。例如：

```
① For i=1 to 10 Step 1
      s=s+i
   Next i
```

循环次数为 10 次。

```
② For i=1 to 10 Step 1
      i=i+1
   Next i
```

由于在循环体内改变了循环变量的值，导致循环无法按既定的次数进行，循环将达不到 10 次。

（7）VB 遵循“先检查，后执行”的原则，即先检查循环变量是否大于终值，然后决定是否执行循环体。当步长为正，初值大于终值时，或步长为负，初值小于终值时，循环体将不执行。例如：

```
For i=9 to 0
    Print i
Next i
```

该循环一次不执行。

【例 4.20】　求级数和 $s=\sum_{i=m}^{n} i$ 。

步骤：

（1）新建一个“标准 EXE”工程。

（2）在 From1 窗体上依次添加三个标签控件、三个文本框控件和两个命令按钮控件。

（3）在“属性”窗口中，设置对象属性。

（4）程序代码如下。

```
Private Sub Command1_Click()
    Dim m!, n!, s!, i%
    m = Val(Text1.Text)                    '取下界
    n = Val(Text2.Text)                    '取上界
    s = 0
    For i = m To n Step 1                  '设循环下界、上界和步长
      s = s + i                            '不断累加
    Next i
    Text3.Text = s
End Sub

Private Sub Command2_Click()
    End
End Sub
```

运行程序。用户在前两个文本框中输入下界 5 和上界 15，单击“计算”按钮，程序运行结果如图 4.19 所示。

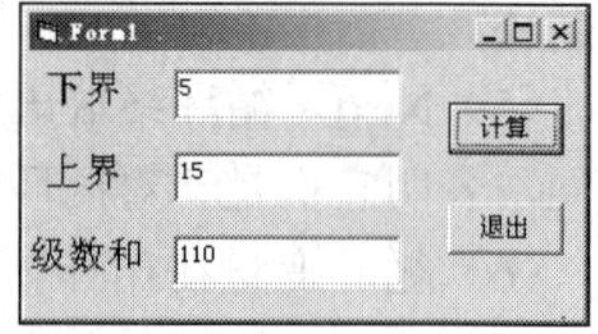

图 4.19　例 4.20 的程序运行结果

【例 4.21】　输入任意 10 个数，统计其中正数和负数的个数。

程序代码如下：

```
Private Sub Form_Click()
    Dim X As Integer , i As Integer
    Dim N1 As Integer, N2 As Integer
    N1 = 0
    N2 = 0
    For i = 1 To 10
        X = InputBox("请输入一个非零的数：")
        Print X
        If X> 0 Then
            N1 = N1 + 1
        ElseIf X < 0 Then
            N2 =N2 + 1
        End If
    Next i
    Print "正数的个数为："; N1
    Print "负数的个数为："; N2
End Sub
```

程序中利用 N1、N2 分别作为统计正数、负数个数的变量。程序运行时，输入一个数，判断其正负性。如果大于 0，则变量 N1 加 1；如果小于 0，则变量 N2 加 1。

程序中 i 仅作为控制循环次数的变量，在循环体中并没有参与运算，而例 4.20 中 i 不仅用于控制循环次数，同时也参与运算。本例程序运行结果如图 4.20 所示。

【例 4.22】　将文本框 1 中的字符串逆序在文本框 2 中输出。

步骤：

（1）新建一个“标准 EXE”工程。

（2）在 From1 窗体上依次添加三个标签控件、三个文本框控件和两个命令按钮控件。

（3）在“属性”窗口中，设置对象属性。

（4）程序代码如下：

```
Private Sub Command1_Click()
    x = Text1
    k = Len(x)
    Text2 = ""
    For i = k To 1 Step -1
        j = Mid(x, i, 1)
        Text2 = Text2 + j
    Next i
End Sub

Private Sub Command2_Click()
    End
End Sub
```

程序运行后，在文本框 1 中输入字符串 sdWER1234KP，单击“运行”按钮，程序运行结果如图 4.21 所示。

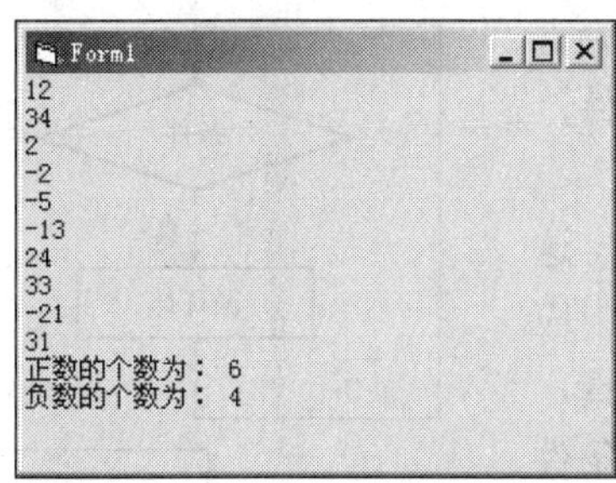

图 4.20　例 4.21 的程序运行结果

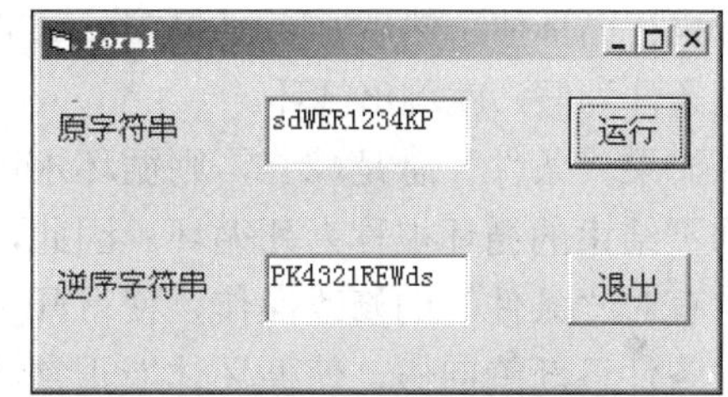

图 4.21　例 4.22 的程序运行结果

【例 4.23】　求“水仙花数”。（注：“水仙花数”是一个 3 位数，其每一位数的立方和等于该数本身，如 $153=1^3+5^3+3^3$。）

分析：三位数 n 中的每一位上的数可以表示为：

百位 i=int(n/100)

十位 j=int(n/10)−i*10

个位 k=n Mod 10

程序代码如下：

```
Private Sub Form_Click()
    Dim i As Integer, j As Integer, k As Integer, n As Integer
    Print "水仙花数为："
    print
    For n = 100 To 999
        i = Int(n / 100)
        j = Int(n / 10)- 10 * i
        k = n Mod 10
        If n = i ^ 3 + j ^ 3 + k ^ 3 Then Print n;
```

```
    Next
End Sub
```

程序运行结果如图 4.22 所示。

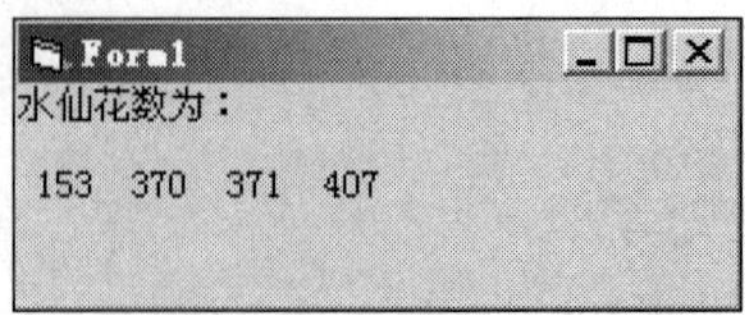

图 4.22　例 4.23 的程序运行结果

4.4.2　While 循环

由 While…Wend 语句构成的循环称为当循环或 While 循环。

格式：

While <条件>
　　[循环体]
Wend

说明：While 循环是通过测试条件的值来控制循环的结束。While 循环语句先对“条件”进行测试，当值为真时，执行循环体，然后返回到 While 语句再测试条件，一旦条件为假，就跳出循环。

如果“条件”总是成立，则循环永远不会结束，这种永不结束的循环被称为死循环。因此，在循环体中应包含有对“条件”的修改操作，使得开始时条件为真，接着条件逐渐趋向假，使循环体能正常结束。如果条件一开始就为假，则一次循环也不执行。

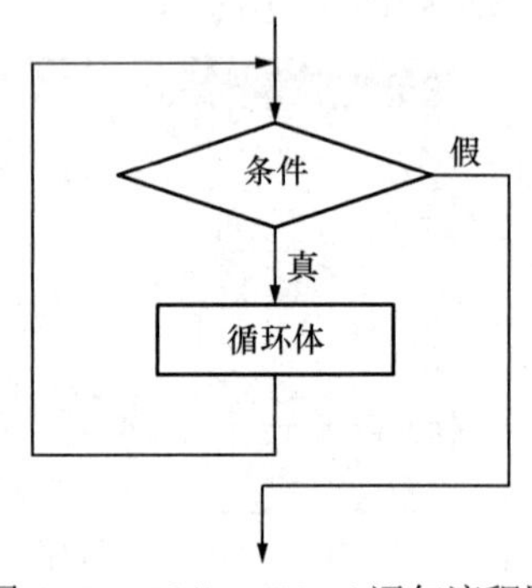

图 4.23　While…Wend 语句流程图

While 循环的程序流程图见图 4.23。

【例 4.24】　求级数和 s=1+2+…+10。

程序代码如下：

```
Private Sub Form_Click()
    Dim i As Integer, s As Integer
    s = 0
    i = 1
    While i <= 10
      s = s + i
      i = i + 1
    Wend
    Print "s="; s
End Sub
```

4.4.3　Do…Loop 语句

Do…Loop 语句构成的循环也称为 Do 循环，它也是通过测试条件的值来控制循环的结束。Do…Loop 语句有灵活的构造形式。

Exit Do 语句用于强制跳出循环，其功能与 Exit For 语句相似，恰当地使用 Exit Do 语句可以防止死循环。

1. Do While…Loop 语句

格式：

```
Do While  <条件>
    [循环体]
Loop
```

说明：首先测试条件表达式的值，如果值为真，则执行循环体中的语句块，完成一次循环，然后返回到 Do While 语句再测试条件，一旦条件值为假，就跳出循环，执行 Loop 下面的语句。如果条件一开始就为假，则一次循环也不执行。

【例 4.25】　用 Do While…Loop 语句求级数和 s=1+2+…+10。

程序代码如下：

```
Private Sub Form_Click()
    Dim i As Integer, s As Integer
    s = 0
    i = 1
    Do While i <= 10
        s = s + i
        i = i + 1
    Loop
    Print "s="; s
End Sub
```

2. Do…Loop While 语句

格式：

```
Do
    [循环体]
Loop While <条件>
```

说明：同上一种语句相比较，这种形式先循环后判断，可以保证循环体至少执行一次。

思考：用 Do…Loop While 语句求级数和 s=1+2+…+10。

3. Do Until…Loop 语句

格式：

```
Do Until <条件>
    [循环体]
Loop
```

说明：首先测试条件表达式的值，当值为假时，执行循环体，完成一次循环，然后返回到条件表达式再测试条件，直到条件表达式值为真时，循环才终止。

思考：用 Do Until…Loop 语句求级数和 s=1+2+…+10。

4. Do…Loop Until 语句

格式：

```
Do
    [循环体]
Loop Until <条件>
```

说明：同上一种语句相比较，这种形式先循环，后判断，可以保证循环体至少执行一次。

思考：用 Do…Loop Until 语句求级数和 s=1+2+…+10。

4.4.4 多重循环

在循环语句中使用另一个循环语句称为循环的嵌套，也称多重循环。For 循环、Do 循环和 While 循环都可以互相嵌套，利用循环的嵌套可以实现更复杂的程序设计。

如果在一个循环结束后，才开始另一个循环，这两个循环成为并列循环，并列循环可以用同一个变量名作为循环变量，而嵌套的循环不能用同一个变量名作为循环变量。例如：

```
(1) For i=1 to 10
    …
    Next i
    …
    For i=1 to 10
    …
    Next i
```

这两个循环为并列循环，可以使用同一个循环变量名。

```
(2) For i=1 to 10
        For j=1 to 10
            …
        Next j
    Next i
```

变量 i 和变量 j 控制的两个循环为多重循环，其中循环变量 i 的循环为外循环，循环变量 j 的循环为内循环，不能用同一个变量名作为循环变量。

【例 4.26】 利用双重循环输出如图 4.24 所示的星星三角形。

分析：在程序中设计了一个双重循环，外循环变量为 i，用于控制三角形的高度；内循环变量为 j，用于控制三角形每一行的星星个数；其中的 Tab()函数用于控制每一行开始打印星星的位置。

程序代码如下：

```
Private Sub Form_Click()
    h = InputBox("请输入三角形的高度")
    For i = 1 To h
        Print Tab(30 - i);
```

```
        For j = 1 To 2 * i - 1
            Print "*";
        Next
    Next
End Sub
```

思考：若要打印成如图 4.25 所示的图形，程序应作如何改动？

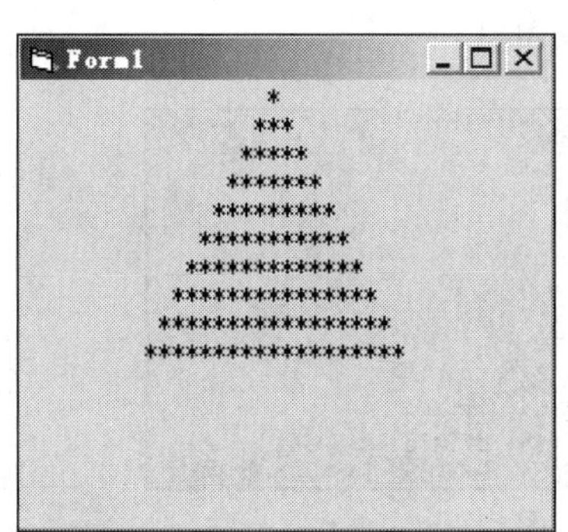

图 4.24　例 4.26 的程序运行结果

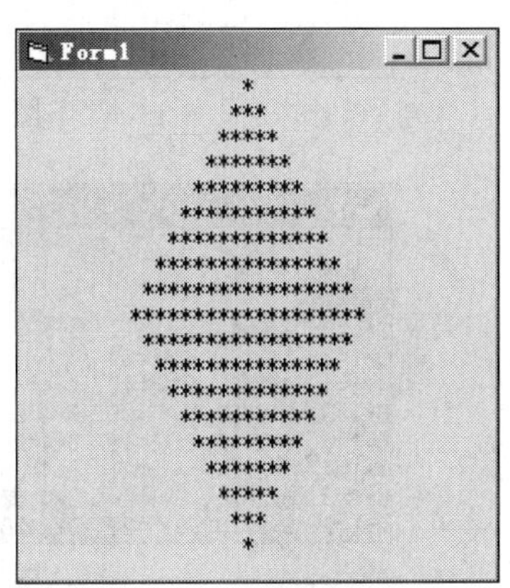

图 4.25　思考题图

【例 4.27】　打印九九乘法表。

程序代码如下：

```
Private Sub Form_click()
    Dim i%, j%
    Print Tab(30); "九九乘法表"
    Print
    For i = 1 To 9
        For j = 1 To 9
            Print Tab(8 * (j - 1)); i & "*" & j & "=" & i * j;
        Next j
        Print
    Next i
End Sub
```

程序运行后，单击窗体，程序的运行结果如图 4.26 所示。

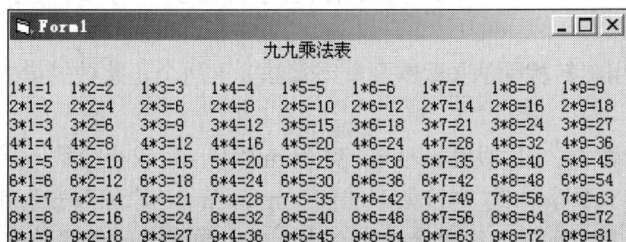

Form1

九九乘法表

1*1=1	1*2=2	1*3=3	1*4=4	1*5=5	1*6=6	1*7=7	1*8=8	1*9=9
2*1=2	2*2=4	2*3=6	2*4=8	2*5=10	2*6=12	2*7=14	2*8=16	2*9=18
3*1=3	3*2=6	3*3=9	3*4=12	3*5=15	3*6=18	3*7=21	3*8=24	3*9=27
4*1=4	4*2=8	4*3=12	4*4=16	4*5=20	4*6=24	4*7=28	4*8=32	4*9=36
5*1=5	5*2=10	5*3=15	5*4=20	5*5=25	5*6=30	5*7=35	5*8=40	5*9=45
6*1=6	6*2=12	6*3=18	6*4=24	6*5=30	6*6=36	6*7=42	6*8=48	6*9=54
7*1=7	7*2=14	7*3=21	7*4=28	7*5=35	7*6=42	7*7=49	7*8=56	7*9=63
8*1=8	8*2=16	8*3=24	8*4=32	8*5=40	8*6=48	8*7=56	8*8=64	8*9=72
9*1=9	9*2=18	9*3=27	9*4=36	9*5=45	9*6=54	9*7=63	9*8=72	9*9=81

图 4.26　例 4.27 的程序运行结果

思考：若要分别打印成如图 4.27 和图 4.28 所示的结果，程序应作如何改动？

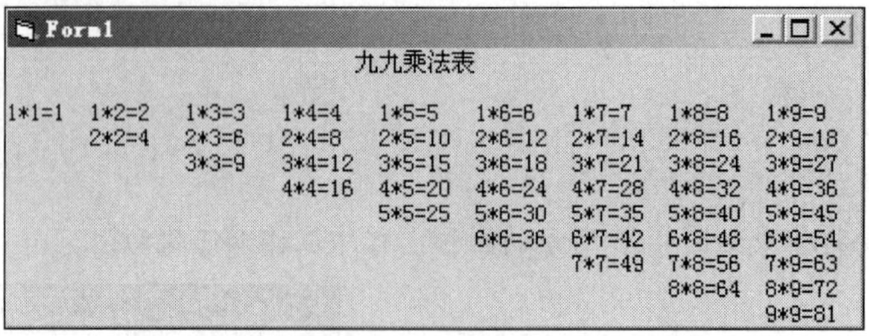

```
Form1
                    九九乘法表
1*1=1  1*2=2  1*3=3  1*4=4   1*5=5   1*6=6   1*7=7   1*8=8   1*9=9
       2*2=4  2*3=6  2*4=8   2*5=10  2*6=12  2*7=14  2*8=16  2*9=18
              3*3=9  3*4=12  3*5=15  3*6=18  3*7=21  3*8=24  3*9=27
                     4*4=16  4*5=20  4*6=24  4*7=28  4*8=32  4*9=36
                             5*5=25  5*6=30  5*7=35  5*8=40  5*9=45
                                     6*6=36  6*7=42  6*8=48  6*9=54
                                             7*7=49  7*8=56  7*9=63
                                                     8*8=64  8*9=72
                                                             9*9=81
```

图 4.27 思考题图

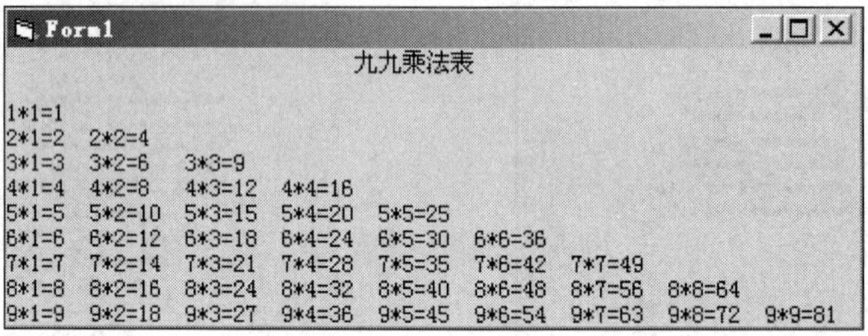

```
Form1
                    九九乘法表
1*1=1
2*1=2  2*2=4
3*1=3  3*2=6   3*3=9
4*1=4  4*2=8   4*3=12  4*4=16
5*1=5  5*2=10  5*3=15  5*4=20  5*5=25
6*1=6  6*2=12  6*3=18  6*4=24  6*5=30  6*6=36
7*1=7  7*2=14  7*3=21  7*4=28  7*5=35  7*6=42  7*7=49
8*1=8  8*2=16  8*3=24  8*4=32  8*5=40  8*6=48  8*7=56  8*8=64
9*1=9  9*2=18  9*3=27  9*4=36  9*5=45  9*6=54  9*7=63  9*8=72  9*9=81
```

图 4.28 思考题图

【例 4.28】 用多重循环的方法求“水仙花数”。

程序代码如下：

```
Private Sub Form_Click()
    For i = 1 To 9
        For j = 0 To 9
           For k = 0 To 9
               s = i * 100 + j * 10 + k
               If s = i * i * i + j * j * j + k * k * k Then
                   Print s
               End If
           Next k
        Next j
    Next i
End Sub
```

4.5 应用程序举例

【例 4.29】 用辗转相除法（即欧几里得算法）求两个正整数的最大公约数和最小公倍数。

分析：设两个数 m、n，假设 m>= n，并用 m 除以 n，求得余数 r，若 r 为 0，则 n 即为最大公约数；若 r 不等于 0，则按如下迭代：m=n，n=r，原除数变为新的被除数，原余数变为新的除数；重复除法，直至余数为 0 为止，余数为 0 时的除数 n，即为原始 m、n 的最大公约数。

求得了最大公约数后，最小公倍数就可以很方便地求出，即将原来的两个数相乘除以最大公约数。

总结迭代的三个要素如下。

（1）迭代初值：m、n 的原始值。

（2）迭代过程：r =m mod n

m = n

n = r

（3）迭代条件：n < > 0。

步骤：

（1）新建一个“标准 EXE”工程。

（2）在 From1 窗体上依次添加四个标签控件、四个文本框控件和一个命令按钮控件。

（3）在“属性”窗口中，设置对象属性。

（4）程序代码如下：

```
Private Sub Command1_Click()
    Dim m%, n%, t%, r%
    m = Val(Text1.Text)
    n = Val(Text2.Text)
    s = m * n
    If n > m Then                   '如果 m 小于 n，则交换
        t = m: m = n: n = t
    End If
    Do                              '开始迭代
        r = m Mod n                 '循环进行整除取余
        m = n
        n = r                       '更改除数和被除数，为下一次迭代准备
    Loop While r <> 0               '直到余数为 0，则该被除数为最大公约数
    Text3.Text = m
    Text4.Text = s / m
End Sub

Private Sub Command2_Click()
    End
End Sub
```

运行程序。用户在前两个文本框中输入数据 12 和 54，单击“计算”按钮，程序判断进行迭代，并将结果输出在对应的文本框中。

程序运行结果如图 4.29 所示。

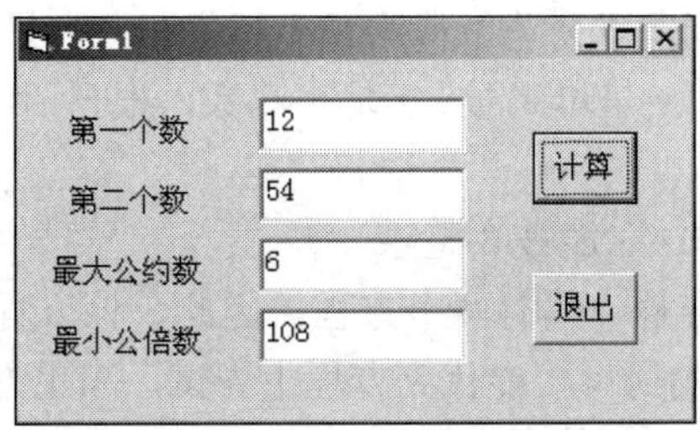

图 4.29　例 4.29 的程序运行结果

【例 4.30】　求 10～100 之间的素数。

分析：素数是只能被 1 和本身整除的数，2 以上的所有偶数均不是素数。其测试条件是：对于任意数 m，用 2～$\sqrt{m}$ 之间的数去除，所有数都除不尽时，m 即为素数。测试的范围是 100～200 之间的奇数，测试的条件可构造一个控制变量 i 从 2～$\sqrt{m}$ 的循环，让 m 被 i 逐一除，如果有一个能整除，则不是素数，退出测试。此时 i 的值小于或等于 $\sqrt{m}$；如果都不能整除，通过循环正常退出时，i 的值>$\sqrt{m}$，m 即为素数。本程序需要两层循环才能实现：外循环 m 用于检测需要测试的数据，内循环 i 用于构造测试条件。在内循环中进行除法操作时，如果除尽则结束内循环。在内循环结束后对内循环变量 i 进行判断，以决定结果。

程序代码如下：

```
Private Sub Form_Click()
    Dim m%, i%, n%
    For m = 10 To 100
        For i = 2 To Sqr(m)
            If m Mod i = 0 Then                 '能够整除，不是素数
                Exit For                        '结束内循环
            End If
        Next i
        If i > Sqr(m) Then                      '正常结束内循环，是素数
            n = n + 1                           '统计素数个数
            Print m;
            If n Mod 5 = 0 Then Print
        End If
    Next m
    Print
    Print "10-100 其间素数的个数为 "; n_
'输出素数个数
End Sub
```

Form1
```
11  13  17  19  23
29  31  37  41  43
47  53  59  61  67
71  73  79  83  89
97
10-100其间素数的个数为  21
```

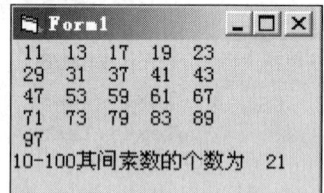

图 4.30　例 4.30 的程序运行结果

程序运行结果如图 4.30 所示。

【例 4.31】　“百鸡百钱”问题。

我国古代数学家在《算经》中出了一道题：“鸡翁一，值钱五；鸡母一，值钱三；鸡雏三，值钱一。百钱买百鸡，问鸡翁、母、雏各几何?”

要求用 100 元钱买 100 只鸡，已知一只公鸡 5 元，一只母鸡 3 元，3 只小鸡 1 元。现有 100 元钱，要买 100 只鸡，求公鸡、母鸡和小鸡各买多少只？

分析：设 x 是公鸡数、y 是母鸡数、z 是小鸡数，根据所给条件列出如下两个方程：

x+y+z = 100

5*x+3*y+z/3 = 100（z 能被 3 整除）

以上方程是三元一次方程，只有两个方程。因此，该方程是不定方程。解决这一问题的方法是，将 x、y、z 的所有可能代到方程中去试，满足方程条件的即为解。可以通过枚举（循环）一一列出 x、y 的所有组合。z 通过方程 x+y+z=100 计算得出，然后用

5*x+3*y+z/3=100（z 能被 3 整除）测试条件。

由于公鸡是 5 元一只，那么其数量应小于 20，枚举范围是 0 到 19；母鸡是 3 元一只，其枚举范围是 0～32。在循环中不断测试条件，满足条件则打印和统计。

程序代码如下：

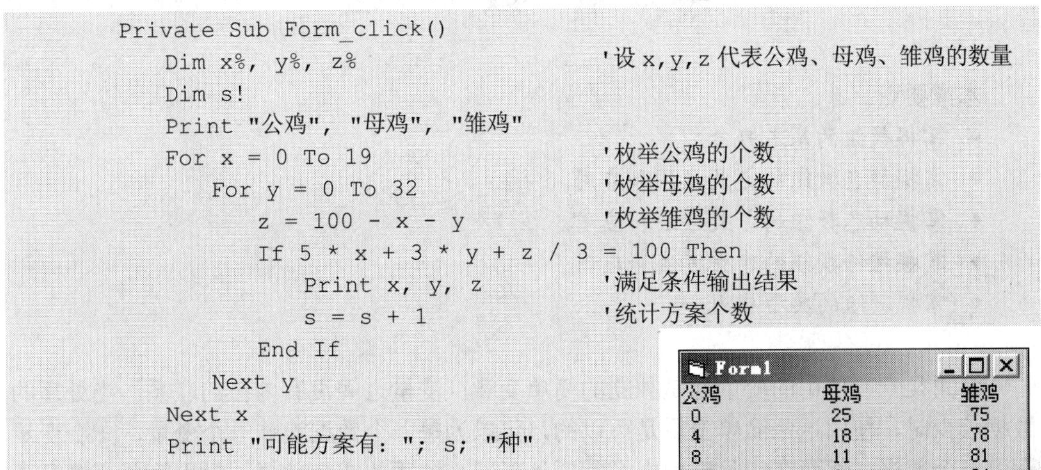

```
Private Sub Form_click()
    Dim x%, y%, z%                          '设 x,y,z 代表公鸡、母鸡、雏鸡的数量
    Dim s!
    Print "公鸡", "母鸡", "雏鸡"
    For x = 0 To 19                         '枚举公鸡的个数
        For y = 0 To 32                     '枚举母鸡的个数
            z = 100 - x - y                 '枚举雏鸡的个数
            If 5 * x + 3 * y + z / 3 = 100 Then
                Print x, y, z               '满足条件输出结果
                s = s + 1                   '统计方案个数
            End If
        Next y
    Next x
    Print "可能方案有: "; s; "种"
End Sub
```

程序运行结果如图 4.31 所示。

图 4.31　例 4.31 的程序运行结果

本 章 小 结

本章简要介绍各种算法的基本描述方法；重点介绍 VB 的控制结构——顺序结构、分支结构、循环结构，以及常用的算法。

学习完本章后要熟练掌握 VB 程序设计的三种基本结构，并且可以用所学到的程序思想解决一些简单问题。

第5章　数　　组

本章要点

- 掌握数组的基本概念。
- 掌握静态数组的定义方法和应用。
- 掌握动态数组的定义方法和应用。
- 掌握控件数组的建立方法和应用。
- 掌握数组的典型应用。

前面几章所使用的变量都是独立的简单变量，变量之间没有内在的联系。当处理的数据较少时，使用这些简单变量是可以的，可以为每一个数据设计一个变量，一个变量存储一个数据。然而在实际应用中经常要处理同一性质的成批数据，只用简单变量是不够的，不仅难以反映出数据的特点，而且定义变量时不方便，更不能有效地进行处理。例如，为了存储一个班30名同学的成绩，只用简单变量，要逐一命名30个Single型变量c1，c2，…，c30。但这里存在两个问题：一是定义时烦琐，需要输入30个变量名，如果有100名学生或更多时怎么办呢？第二个问题是，如果还要对成绩进行处理，如排名次、统计各分数段的人数、计算平均成绩等，如果只使用简单变量，程序的编写相当麻烦。

在程序设计语言中，为了解决类似这种需要有效使用变量的问题，引入了数组。

数组中各数据的排列是有一定规律的，用下标代表数据在数组中的序号。

在VB中，使用数组来定义100个变量，方式如下：

```
    Dim c(1 To 100)  As Single
```

通过这样简短的方式就定义了100个Single型的变量，分别是c(1)，c(2)，…，c(100)，这个c就是表示一组学生成绩的“数组”的名字，括号中的数字1，2，…，100称为下标。这里c(1)，c(2)，…，c(100)又称为数组元素，可以用来保存学生1、学生2、学生3……学生100等100名学生的成绩。如果一个整型变量i有具体的值，c(i)就代表第i名同学的成绩。将数组与循环结合起来，就可以有效地处理大批量的数据，大大提高了处理效率，而且十分方便。

因为数组c只用了一个下标，称为一维数组，如果表示二维矩阵形式，可以定义如下形式的二维数组：

```
    Dim  c1(30,10)  As Single
```

用这样一个二维数组可以保存30名选手的10个评委的成绩，而且和循环语句结合使用，就能很好地解决这样的实际问题。

把一组相互关系密切的数据放在一起并用一个统一的名字作为标志，这就是数组。数组中的变量用相同的名字和不同的下标，通过下标区分每个变量在数组中的位置。在程序中使用数组的最大好处是用一个数组名代表逻辑上相关的一批数据，用下标表示该数组中的各个元素，在程序设计中，和循环语句结合使用，不但方便处理，而且程序书写简洁。

数组必须先定义后使用，数组定义后在内存可分配一块连续的区域。

（1）数组按维数可以分为一维数组和多维数组。

一维数组：用一个下标区分每个变量在数组的位置。

多维数组：用多个下标区分每个变量在数组中的位置。最多可达 60 维，但维数越多越抽象，故一般不使用三维以上的数组。

（2）数组按定义时的大小确定与否又可分为静态数组和动态数组。

静态数组：又叫定长数组，数组元素的个数和数组的维数都是固定不变的。

动态数组：又叫可变长数组，数组元素的个数可在程序运行中根据需要进行调整。

数组元素的个数有时也称为数组的长度。

一般情况下，数组的元素类型必须相同，可以是前面讲过的各种基本数据类型。但当数组类型被指定为 Variant 类型时，它的各个元素就可以是不同的类型。

数组和变量一样，也是有作用域的，按作用域的不同可以把数组分为过程级数组（或称为局部数组）、模块级数组以及全局数组。

5.1　一 维 数 组

5.1.1　一维数组的定义

定义一维数组的格式如下。

格式 1：

　　说明符　数组名(下标上界)　[AS 数据类型]

格式 2：

　　说明符　数组名(下界 TO 上界)　[AS 数据类型]

例如：

```
Dim a(5) As Integer
Dim b(1 TO 5)
```

第一种定义格式使用的默认下界为 0，建立了一个有六个整型元素的数组，数组名是 a，数组元素下标从 0 到 5，这六个数组元素分别是 a(0)、a(1)、a(2)、a(3)、a(4)、a(5)。第二种定义格式用关键字 To 指定下界和上界，建立了一个有五个 Variant 型元素的数组，数组名是 b，数组元素下标从 1 到 5，分别是 b(1)、b(2)、b(3)、b(4)、b(5)。

说明：

（1）“说明符”为保留字，可以为 Dim、Public、Private、Static 中的任意一个。在使用时可根据实际情况进行选用。主要用 Dim 定义数组。

（2）“数据类型”用来说明“数组元素”的类型，可以是 Integer、Long、Single、Double、Currency 和 String（定长或变长）等基本类型或用户定义的类型，也可以是 Variant 类型。如果省略“As 数据类型”，则数组为 Variant 类型，此时数组中各元素可以包含不同类型的数据。可以通过类型说明符来指定数组的类型。

（3）数组的下界和类型是可选的。所谓下界和上界，就是数组下标的最小值和最大值。省略下界时，VB 默认的下界是 0，但通常人们习惯上是从 1 开始的，因此可以设置让数组的默认下界为 1，这需要在 VB 的窗体层或标准模块层用 Option Base n 语句重新设定数组的下界，如 Option Base 1。要注意：Option Base 语句不能出现在过程中，且 n 的值只能是 0 或 1。

（4）数组必须先定义后使用。

（5）数组名命名规则与变量名相同。

（6）在同一过程中，数组名不能与变量名相同。

（7）在定义数组时，每一维的元素个数必须是常数，而不能是变量或表达式。而引用的数组元素的下标可以是变量。

（8）在定义数组时，下界必须小于上界，并且上下界不得超过 Long 数据的范围。一维数组的大小为：上界-下界+1。

（9）在数组定义中的下标关系到每一维的大小，是数组说明符，而在程序中使用的具体的数组元素是通过下标来标识，两者写法相同，但意义不同。

5.1.2 一维数组的基本操作

1. 引用一维数组元素

数组元素的引用，其方法是在数组名后面的括号中指定被引用元素的下标，例如，有如下定义：

```
Dim a(5) AS Integer
```

则在程序中就可以像使用简单变量一样使用数组 a 的元素，如 a(1)就是引用 a 数组中下标为 1 的数组元素。

说明：

（1）数组元素也称为下标变量。在程序中，凡是简单变量可以出现的地方都是可以引用数组元素的。

（2）引用数组元素时，数组名、数组的类型和维数必须与定义数组时保持一致。

（3）引用数组元素时，数组元素的下标必须在建立数组时指定的范围内，否则将发生“下标越界”的错误。

（4）在同一个过程中，数组名不得与简单变量同名。

2. 一维数组元素赋值方法

给一维数组元素赋值，可以根据具体情况使用如下的方法之一。

方法 1：直接用赋值语句对数组元素逐个赋值，例如：

```
Dim a(5) AS Integer
a(0)=0: a(1)=1: a(2)=2: a(3)=3: a(4)=4: a(5)=5
```

方法 2：通过循环语句给数组元素的赋初值，例如：

```
Dim a(5) As Integer
For i = 0 To 5
    a(i) = 1  '假设每个元素的值都是 1
Next
```

方法 3：用 InputBox()函数给数组元素赋值，例如：

```
Dim a(5) As Integer
For i = 0 To 5
    a(i) = Val(InputBox("输入元素" & "a(" & i & ")的值"))
Next
```

说明：这里使用 Val()函数是防止误输入不合法数据时出现“类型不匹配”的实时错误。另外，为了便于输入和编辑数据，尤其是大量的数据输入，一般不用 InputBox()函数，而是用文本框再结合某些技术处理，实现方法见例 5.4。

方法 4：通过文本框解决大量数据输入和编辑操作。

使用文本框实现数据的输入和编辑操作，这需要在输入数据时，能够去除非法数字，在输入结束时还要去除重复输入的分隔符，实现方法见例 5.4。

方法 5：使用 Array()函数。

格式：

　　数组变量名=Array(数组元素值)

说明：只能对 Variant 类型变量和动态数组赋值。“数组变量名”是预先定义的数组名，但它只能是 Variant 类型。Array()函数对数组整体赋值，赋值后的数组大小由赋值的个数决定。

例如，要将 1、2、3、4、5、6、7 这些值赋值给数组 a，可使用下面的两种方法赋值。

```
Dim a()
a = Array(1, 2, 3, 4, 5, 6)
```

或者

```
Dim a
a = Array(1, 2, 3, 4, 5, 6)
```

方法 6：使用 Split()函数。

格式：

　　Split(<字符串表达式> [,<分隔符>])

说明：只能对 Variant 类型变量和动态数组赋值。使用 Split()函数可从一个字符串中，以某个指定符号为分隔符，分离若干个子字符串，建立一个下标从零开始的一维数组。例如，下面通过 Split()函数将 1、2、3、4、5、6 分别赋值给 x(0)到 x(5)。

```
Dim x, s$
s = "1,2,3,4,5,6"
```

```
x = Split(s, ",")
For i = 0 To 5
    Print x(i)
Next i
```

方法 7：使用数组直接赋值。

在 VB 6.0 中可以直接将一个数组的值赋值给另一个数组，这是 VB 6.0 的特点。

例如，下面的代码中，给数组 a 中每个元素赋值后，将数组 a 直接赋值给动态数组 b。

```
Private Sub Command1_Click()
    Dim a(3) As Integer              '定义静态数组 a
    Dim b() As Integer               '定义动态数组 b
    a(0) = 0: a(1) = 1: a(2) = 2: a(3) = 3

    b = a                            '直接将数组 a 赋值给数组 b
    For i = 0 To 3
        Print b(i);
    Next i
End Sub
```

运行结果为：

```
0  1  2  3
```

说明：

（1）使用数组直接赋值，赋值号两边的数据类型必须一致。

（2）如果赋值号左边的是一个动态数组，则赋值时系统自动将动态数组 ReDim 变成与右边相同大小的数组。

（3）如果赋值号左边的是一个大小固定的数组，则数组赋值出错。

3. 获取数组上、下界函数

用 UBound()和 LBound()函数可以获得数组的上、下界，格式为：

上界函数：UBound(数组名[,维])

下界函数：LBound(数组名[,维])

说明：数组名是必须有的，参数“维”可以省略，省略时表示返回第一维的值，如果测试多维数组，则“维”不能省略。

例如，在窗体上添加一个命令按钮，在单击命令按钮的事件中添加代码如下：

```
Private Sub Command1_Click()
    Dim a(5) As Integer, b(2, 1 To 5) As Integer
    Dim a1%, a2%, b1%, b2%, b3%, b4%
    a1 = LBound(a)              '一维数组 a 的下界值
    a2 = UBound(a)              '一维数组 a 的上界值
    b1 = LBound(b, 1)           '二维数组 b 的一维下界值
    b2 = UBound(b, 1)           '二维数组 b 的一维上界值
    b3 = LBound(b, 2)           '二维数组 b 的二维下界值
```

```
    b4 = UBound(b, 2)            '二维数组 b 的二维上界值
    Print "一维数组 a 的下界："; a1, "上界："; a2
    Print "二维数组 b 的一维下界值："; b1, "上界："; b2
    Print "二维数组 b 的二维下界值："; b3, "上界："; b4
End Sub
```

则程序运行后，单击命令按钮显示如下结果：

```
一维数组 a 的下界值：0           上界值：5
二维数组 b 的一维下界值：0       上界值：2
二维数组 b 的二维下界值：1       上界值：5
```

4. For Each…Next 语句

一种专门用于对数组或对象“集合”进行操作的循环语句。

格式：

For Each 成员 In 数组
　　循环体
　　[Exit For]
　　…
Next [成员]

说明：

（1）“数组”是一个数组名，没有括号和上下界。

（2）“成员”是一个变体（Variant）类型变量，它是为循环提供的，它实际上代表的是数组中的每个元素。

（3）用该语句对数组元素进行处理时，循环的次数与数组元素的个数相同。例如：

```
Dim MyArr1()
MyArr1 = Array(1, 2, 3, 4, 5, 6)
For Each x In MyArr1
    Print x;
Next x
```

在本段程序中，For Each … Next 重复执行六次（因为数组 MyArr1 有六个元素），每次输出数组的一个元素的值。这里的 x 代表数组元素的值。它处于不断的变化之中，是一个变体变量，可以代表任何类型的数组元素。

【例 5.1】 对 10 个数组元素依次赋值为 0，1，2，3，4，5，6，7，8，9，并按逆序输出。

分析：由于指定的值是整数 0～9，与有 10 个元素的数组的下标相同，这样，可以定义一个长度为 10 的整型数组，数组中的每个元素赋的值与其下标相同，可以用循环语句来赋值。同样，用循环语句输出这 10 个值，在输出时，按下标从大到小的顺序输出这 10 个元素。

步骤：

（1）新建一个“标准 EXE”工程。

（2）设计界面。在窗体上添加一个命令按钮，设置其 Caption 属性为“运行”。

（3）添加代码。在单击“运行”命令按钮的事件中添加代码如下：

```
Private Sub Command1_Click()
    Dim i As Integer
    Dim a(9) As Integer
    Print "a 数组元素为："
    For i = 0 To 9
        a(i) = i
        Print a(i); Spc(2);
    Next i
    Print vbCrLf & "逆序输出为：" & vbCrLf
    For i = 9 To 0 Step -1
        Print a(i); Spc(2);
    Next i
End Sub
```

【例 5.2】 求 Fibonacci 数列的前 20 个数，要求每行输出五个数据。Fibonacci 数列有如下特点：第 1、2 两个数为 1、1。从第 3 个数开始，该数是其前面两个数之和。

分析：显然首先要定义一个长度为 20 的数组，由于赋给的值是整数，因此，数组可定义为整型，要赋的值有一定的规律，从第 3 个数开始，按 f(i)=f(i−1)+f(i−2)计算其余的数。

步骤：

（1）新建一个“标准 EXE”工程。

（2）设计界面。在窗体上添加一个命令按钮，设置其 Caption 属性为“运行”。

（3）添加代码。在单击“运行”命令按钮的事件中添加代码如下：

```
Private Sub Command1_Click()
    Dim i As Integer
    Dim f(19) As Integer
    f(0) = 1: f(1) = 1
    For i = 2 To 19
        f(i) = f(i - 1) + f(i - 2)
    Next i
    Print "Fibonacci 数列的前 20 个数为："
    For i = 0 To 19
        If i Mod 5 = 0 Then Print  '每行打印 5 个
        Print f(i),
    Next i
End Sub
```

【例 5.3】 统计一个班 30 名同学某科成绩在 0～9、10～19……90～99、100 各分数段的人数。

分析：首先定义两个一维数组，一个用于统计各个分数段的人数，下标从 0～10，分别对应每个分数段；另一个数组用于保存 30 个成绩，下标可以从 1～30，而数据输入方式，由于数据较多，为了使用方便，可以使用随机函数自动生成 30 个 0～100 之间的数。为了保证每次运行产生不同序列的随机数，须使用 Randomize 进行初始化。

另外，进行统计时，使用了一个技巧：通过 s(k) = s(k) + 1 来计数，其中 k 是每个成绩除 10 后的整数，这样就可以将 30 个成绩分布于 0～10 之间，并作为数组的下标，分别用于统计各分数段的人数。

步骤：

（1）新建一个“标准 EXE”工程。

（2）设计界面。在窗体上添加一个命令按钮，设置其 Caption 属性为“统计”。

（3）添加代码。在单击“统计”命令按钮的事件中添加代码，运行界面如图 5.1 所示，程序代码如下：

```
Private Sub Command1_Click()
    Dim score(1 To 30) As Single          '保存成绩
    Dim s(10) As Integer                  '保存各分数段人数，默认下标为 0
    Dim i As Integer, k As Integer
    For i = 0 To 10
        s(i) = 0                          '将数组元素赋初值 0
    Next
    Randomize         '为了每次运行产生不同序列的随机数，须进行初始化
    Print "通过随机数产生 30 个 0～100 的成绩如下："
    For i = 1 To 30
        score(i) = Int(Rnd * 101)         '通过随机数产生 0～100 的成绩
        Print score(i),
        If i Mod 5 = 0 Then Print         '每行打印 5 个成绩
        k = score(i) \ 10 '注意：使用的是整除运算符\，也可以使用除法运算符/
        s(k) = s(k) + 1    '按分数段计数
    Next
    Print vbCrLf & "各分数段人数如下："
    For i = 0 To 10
        Print "s("; i; ")="; s(i)
    Next
End Sub
```

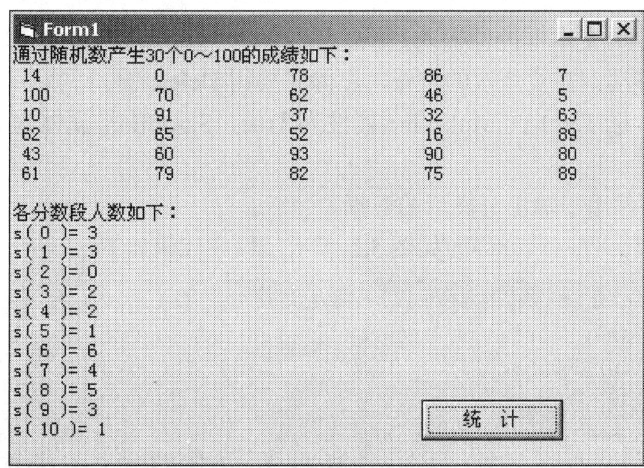

图 5.1　例 5.3 的程序运行结果

【例 5.4】　输入一系列的数据，并将它们分离后存放在数组中。对输入的数据允许

修改和自动识别非数字数据。

分析：解决此问题的方法是利用文本框实现大量数字串的输入和编辑的功能；再将输入的内容按规定的分隔符分离后，放到数组中。

实现方法：为了简化编程工作，程序中实现下列功能。

（1）在文本框中输入数据时，要去除无效字符，即在文本框中只能输入 0~9、逗号、小数点、负号，其他作为无效字符；完成这项工作使用 Text1_KeyPress 事件。

（2）输入结束时利用 Replace()函数去除重复输入的分隔符。

（3）对输入到文本框中的内容，利用 Split()函数按分隔符分离，放到数组中。

步骤：

（1）新建一个“标准 EXE”工程。

（2）设计界面。窗体包含两个标签、一个文本框、一个图片框和两个命令按钮。窗体控件属性设置如表 5.1 所示。

表 5.1 例 5.4 的窗体控件设置

对象名	属性名	属性值
Form1	Caption	数据输入
Text1	Text	空白
	Multiline	True
	ScrollBars	2-Vertical
Label1	Caption	输入字符串
Label2	Caption	下面的 PictureBox 用于输出分离后的数字
Command1	Caption	分隔文本框中的内容
Command2	Caption	清除图片框中的内容
Picture1		

说明：本程序用文本框控件输入数据，在文本框中输入数据时，如果需要修改输入的内容，将光标移动到需要修改的位置，删除时要用 Delete 键。

需要设置文本框 Text1 的 MultiLine 属性为 True，ScrollBars 属性为 2-Vertical，方便输入大量数据。

PictureBox 控件用于输出分离后的数据。

（3）添加代码。程序运行界面如图 5.2 所示，程序代码如下：

```
Private Sub Text1_KeyPress(KeyAscii As Integer)
   Dim s As String * 1
   s = Chr(KeyAscii)
   Select Case s
      Case "0" To "9", ",", ".", "-"
               '0~9、逗号、小数点、负号为有效数字串，可以继续输入
      Case Else
         KeyAscii = 0
               '如输入的是非数字字符，去除无效字符，再输入
```

```
    End Select
End Sub
'实现功能：将输入的内容按逗号分隔符分离，结果放入字符数组 a 中
Private Sub Command1_Click()
    Dim tmp As String, i As Integer
    Dim a() As String
    tmp = Replace(Text1.Text, ",,", ",")
                                    '调用 Replace()函数去除多余的逗号分隔符
    a = Split(tmp, ",")
    For i = 0 To UBound(a)
        If i Mod 4 = 0 Then Picture1.Print      '每行输出 4 个数据
        Picture1.Print a(i),
    Next i
End Sub

Private Sub Command2_Click()
    Picture1.Cls
End Sub
```

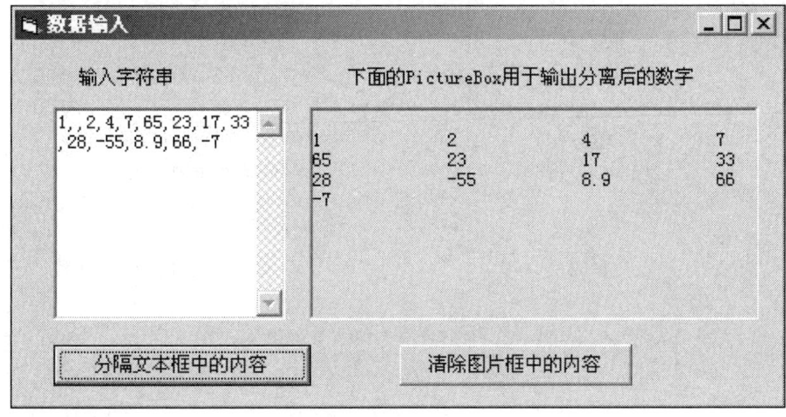

图 5.2　例 5.4 的程序运行界面

【例 5.5】　输入一串字符，统计各字母出现的次数，大小写字母不区分。

分析：

（1）要统计 26 个字母出现的次数，需要 26 个变量用于统计每个字母出现的次数，这样就需要定义一个具有 26 个元素的数组，每个元素的下标表示对应的字母，元素的值表示对应字母出现的次数。

（2）从输入的字符串中逐一取出字符，如果是字母，都转换成大写字母（或小写字母）。

步骤：

（1）新建一个“标准 EXE”工程。

（2）设计界面。窗体包含两个标签、两个文本框和一个命令按钮。窗体控件属性设置如表 5.2 所示。

表 5.2 例 5.5 的窗体控件设置

对 象 名	属 性 名	属 性 值
Form1	Caption	统计字母
Text1	Text	Hello,How are you?,Bye
	Multiline	True
Text2	Text	空白
	Multiline	True
Label1	Caption	输入字符串
Label2	Caption	统计结果
Command1	Caption	统计

（3）添加代码。在单击“统计”命令按钮的事件中添加代码，程序代码如下：

```
Private Sub Command1_Click()
   Dim a(1 To 26) As Integer, c As String * 1
   Dim i%, j%, k%
   k = Len(Text1)                         '求字符串的长度
   For i = 1 To k
      c = UCase(Mid(Text1.Text, i, 1))  '取一个字符，转换成大写
      If c >= "A" And c <= "Z" Then
         j = Asc(c) - 65 + 1              '将 A~Z 大写字母转换成 1~26 的下标
         a(j) = a(j) + 1                  '对应数组元素加 1
      End If
   Next i
   For j = 1 To 26                        '输出字母及其出现的次数
      If a(j) > 0 Then
         Text2.Text = Text2.Text & " " & Chr$(j + 64) & "=" & a(j)
      End If
   Next j

End Sub
```

运行结果如图 5.3 所示。

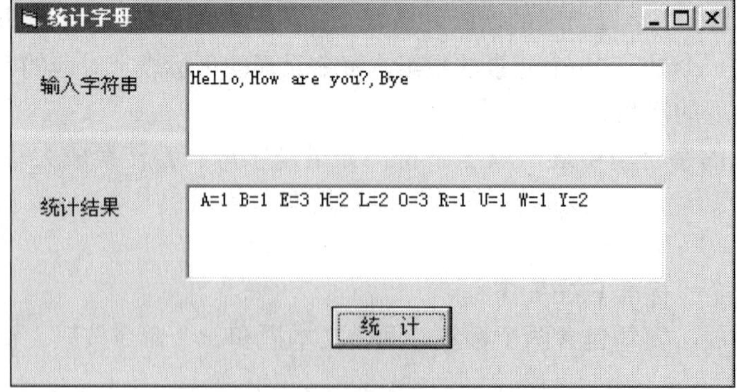

图 5.3 例 5.5 的程序运行结果

5.2　二 维 数 组

5.2.1　二维数组的定义

具有两个下标的数组是二维数组。通常用来处理表格和数学中的矩阵等问题。二维数组及多维数组的定义格式与一维数组基本上是一致的，只是多几个上界和下界。

二维数组的定义格式如下：

Dim 数组名([<下界>] to <上界>，[<下界> to]<上界>) [As <数据类型>]

其中的参数说明与一维数组完全相同。例如：

```
Dim a(2,3)  As  Single
```

上面语句定义 a 是一个二维数组，共占据 12 个单精度变量空间，每一维元素都按照从索引 0 到该维的最大索引的顺序连续排列。每一维的大小是上界-下界+1，数组的大小是每一维大小的乘积。

二维数组在内存的存放顺序是“先行后列”。数组 a 的各元素在内存中的存放顺序是：a(0,0)→a(0,1)→a(0,2)→a(0,3)→a(1,0)→a(1,1)→a(1,2)→a(1,3)→a(2,0)→(2,1)→a(2,2)→a(2,3)。

计算二维数组上下界的值使用 LBound()和 UBound()函数，例如：

```
Dim b(2, 1 To 5) As Integer
b1 = LBound(b, 1)          '二维数组 b 的一维下界值
b2 = UBound(b, 1)          '二维数组 b 的一维上界值
b3 = LBound(b, 2)          '二维数组 b 的二维下界值
b4 = UBound(b, 2)          '二维数组 b 的二维上界值
Print b1; b2; b3; b4
```

运行结果为：

```
0 2 1 5
```

5.2.2　二维数组的使用

二维数组元素的引用格式：

数组名(下标 1，下标 2)

例如：

```
a(1,2)=10
a(i+2,j)=a(2,3)*2
```

在程序中常常通过双重循环来使用二维数组元素。

【例 5.6】　二维数组元素的输入与输出。

程序代码如下：

```
Private Sub Command1_Click()
  Const m% = 3, n% = 4
```

```
    Dim a(m, n) As Integer
    Dim i As Integer, j As Integer
    For i = 0 To m                '外循环控制二维数组行数
      For j = 0 To n              '内循环控制二维数组列数
        a(i, j) = Val(InputBox("输入数据 a(" & i & "," & j & ")", _
                  "二维数组输入"))
      Next j
    Next i
    For i = 0 To m
      For j = 0 To n
        Print Tab(8 * j); a(i, j);      '二维数组的输出
      Next j
    Print                               '换行
    Next i
End Sub
```

程序运行结果如图 5.4 所示。

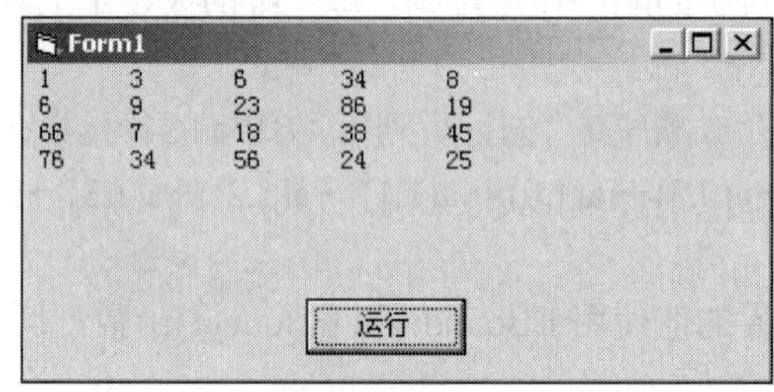

图 5.4 例 5.6 的程序运行结果

【例 5.7】 将一个 2×3 的二维数组行和列互换，存到另一个 3×2 的二维数组中，如图 5.5 所示。

分析：可以定义两个数组，数组 Arr 为二行三列，存放指定的六个数。数组 Tarr 为三行二列，通过循环，将 Arr 数组中的元素 Arr(j,i)存放到 Tarr 数组中的 Tarr(i, j)元素中即可。用嵌套的 for 循环即可完成此任务。

程序代码如下：

```
Option Explicit
Option Base 1
Private Sub Command1_Click()
    Dim Arr(2, 3), Tarr(3, 2)
    Dim i As Integer, j As Integer
    For i = 1 To 2
       For j = 1 To 3
          '输入数组元素
          Arr(i, j) = Val(InputBox("输入 2×3 矩阵的第" & i & _
                      "行第" & j & "列的值: "))
       Next j
    Next i
    Print "原矩阵为: "
    For i = 1 To 2            '输出原数组数据
       For j = 1 To 3
          Print Arr(i, j); " ";
```

```
        Next j
        Print
    Next i
    Print "转置矩阵为: "
    For i = 1 To 3
        For j = 1 To 2
            Tarr(i, j) = Arr(j, i)
            Print Tarr(i, j); " ";
        Next j
        Print
    Next i
End Sub
```

程序运行结果如图 5.5 所示。

【例 5.8】 设计程序将四名学生三门课程的考试成绩（均为整数）存放在四行三列的数组 score(4, 3)中，并计算每个学生的总分。

程序代码如下：

```
Option Base 1
Private Sub Command1_Click()
    Dim sum As Integer
    Dim score(4, 3) As Integer
    For i = 1 To 4                          '输入学生成绩，并输出
        For j = 1 To 3
            score(i, j) = Val(InputBox("输入score(" & i & ", _
                        " & j & ")", "二维数组输入"))
            Print Tab(8 * j); score(i, j);
        Next j
    Next i
    For i = 1 To 4                          '外循环表示行数，即一个学生
        sum = 0                             '每行开始位置赋变量 s 初值为 0
        For j = 1 To 3                      '内循环表示每行有几个元素，即三门课程
            sum = sum + score(i, j)
        Next j
        Print
        Print "第" & i & "个学生的总分是:"; sum
    Next i
End Sub
```

程序运行结果如图 5.6 所示。

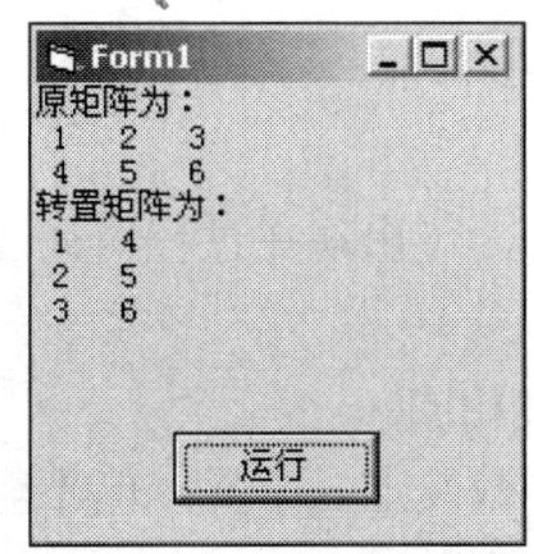

图 5.5　例 5.7 的程序运行结果

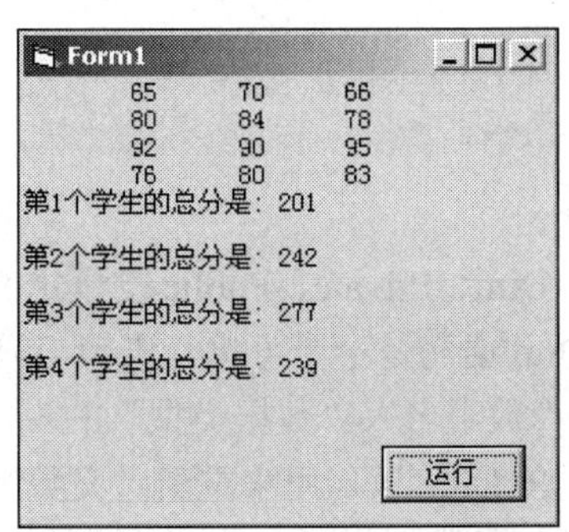

图 5.6　例 5.8 的程序运行结果

5.3 动 态 数 组

5.3.1 动态数组的定义

前面使用的数组都是静态数组，但有时并不知道需要定义多大的数组才合适，所以希望能够在程序运行时改变数组大小，这时可以定义动态数组。

动态数组是定义时未给出数组的大小(省略括号中的下标)，当要使用它时，用 ReDim 语句重新指定数组的大小。使用动态数组的优点是根据用户需要，可以在任何时候改变元素个数，可以有效管理内存。它是在程序执行到 ReDim 语句时才分配存储空间，而静态数组是在程序编译时分配存储空间。在 VB 中，动态数组灵活方便，例如，可短时间使用一个大数组，然后在不需要这个数组时，将内存空间释放给系统。

创建动态数组包括定义数组和指明数组大小两个步骤。

（1）在使用 Dim、Private 或 Public 语句定义括号内为空的数组，即动态数组。

格式：

Dim|Private|Public 数组名()[As 数据类型]

例如：

```
Dim Arr() As Integer
```

（2）用 ReDim 语句指明该数组的大小。

格式：

ReDim [Preserve] 数组名(下标 1[，下标 2…])

ReDim 语句只能出现在过程中，用于改变元素个数以及上、下界，数组的维数也可以改变，但数据类型不可改变。在一个程序中，可以多次使用 ReDim 语句定义同一个数组。例如：

```
Dim i As Integer
Dim n As Integer
Dim a() As Integer                               '定义一个动态数组
ReDim a(5)                                       '给数组分配空间
n = Val(InputBox("Input a number:"))             '将输入的数值作为数组下标上界
ReDim a(n)                                       '再次给数组分配空间
For i = LBound(a) To UBound(a)
    a(i) = i
    Print a(i)
Next i
```

说明：

（1）Dim、Private、Public 变量定义语句是说明性语句，可出现在过程内或通用声明段；ReDim 语句是一个可执行语句，只能出现在过程中。

（2）“数组名”、“数据类型”的说明与一维数组的定义相同。

（3）ReDim 语句用来重新定义数组，能改变数组的维数及上、下界，但不能用其改变动态数组的数据类型，除非动态数组被定义为 Variant 类型。

（4）定义动态数组时并不指定数组的维数，数组的维数由第一次出现的 ReDim 语句指定。可多次使用 ReDim 来改变数组的大小和维数。

（5）每次使用 ReDim 重新定义动态数组时，数组中的内容将被清除，可以在 ReDim 后加 Preserve 参数来保留数组中的数据。但使用 Preserve 后只能改变多维数组中最后一维的大小，前几维的大小不能改变。

例如：

```
Dim x() As Integer
ReDim x(1 To 5) As Integer
For i = 1 To 5
    x(i) = i
    Print x(i);
Next i
Print
ReDim Preserve x(1 To 10) As Integer
For i = 1 To 10
    Print x(i);
Next i
```

上面的程序段运行结果为：

```
1  2  3  4  5
1  2  3  4  5  0  0  0  0  0
```

可以看到：重新定义动态数组为 x(1 To 10)时，使用了 Preserve 选项，原数组元素中的值仍然保留。

5.3.2　数组的清除

静态数组定义后不能改变大小，但可以使用 Erase 语句清除数组内容，使用 Erase 语句也可以释放动态数组的空间。

格式：

Erase 数组名[，数组名] …

说明：

（1）对于静态数组，如果数组为数值型，则将数组中的所有元素置为 0；如果数组为字符串型，则将所有元素置为空字符串；如果数组为 Variant 型，则将数组元素置为 Empty。

（2）对于动态数组，Erase 将释放动态数组占用内存，即动态数组被清除，下次使用之前必须使用 ReDim 重新定义。

5.4　控 件 数 组

数组有两类：普通数组和控件数组。控件数组为人们处理功能相近的控件提供了极大的方便。

5.4.1 控件数组的定义

在实际应用中，有时会用到一些类型相同并且功能类似的控件。如果对每一个控件都单独处理，就会多做许多重复的工作。这时，可以用控件数组来简化程序。控件数组是一组具有相同名称、类型和事件过程的控件，如 Label1(0)、Label1(1)、Label1(2)等。控件数组中各个控件相当于普通数组中的各个元素，同一控件数组中各个控件的 Index 属性相当于普通数组中的下标。

控件数组共享同样的事件过程，通过返回的下标值区分控件数组中的各个元素。控件数组具有以下特点。

（1）相同的控件名称（即 Name 属性）。

（2）控件数组中的控件具有相同的一般属性。

（3）所有控件共用相同的事件过程。

（4）以下标索引值（Index）来标识各个控件，第 1 个控件的下标索引号为 0，第 2 个控件的下标索引号为 1，以此类推，不受 Option Base 语句的影响。

5.4.2 控件数组的建立

控件数组中每一个元素都是控件，它的定义方式与普通数组不同。建立控件数组有两种方法：可以在设计时建立控件数组（有两种方法）和在运行时创建控件数组。下面分别介绍。

1. 在设计时建立控件数组

（1）复制已有的控件并将其粘贴到窗体上。此时，系统会弹出一个消息框，提示已经有相同名称的控件，问是否创建控件数组，选择“是”按钮，则可建立一个控件数组。以后多次粘贴就可以创建多个控件元素。

（2）将窗体上已有的类型相同的多个控件的 Name 属性设置为相同的值。系统会弹出一个消息框提示已经有相同名称的控件，问是否创建控件数组，此时选择“是”按钮，则可建立一个控件数组。

2. 运行时添加控件数组

（1）在窗体上先添加一个控件，并设置该控件的 Index 值为 0，表示该控件为数组；如需要，也可以对控件的其他属性进行设置。

（2）在编程时通过 Load 方法添加其余若干个元素，也可以通过 Unload 删除某个添加的元素。

（3）通过对添加的每个控件数组元素的 Left 和 Top 属性设置，来确定该控件元素在窗体上的位置，并将 Visible 设置为 True。

5.4.3 控件数组的应用举例

建立了控件数组之后，控件数组中所有控件共享同一事件过程。例如，假定某个控件数组含有十个按钮，则不管单击哪个按钮，系统都会调用同一个 Click 过程，并且会将被单击的按钮的 Index 属性值传递给过程，由事件过程根据不同的 Index 值执行不同的操作。

【例 5.9】　建立含有四个命令按钮的控件数组，单击某个按钮时，显示所操作的按钮名称。

步骤：

（1）新建一个“标准 EXE”工程。

（2）设计界面。窗体包含由四个命令按钮组成的控件数组，窗体控件属性设置如表 5.3 所示。

表 5.3　例 5.9 的窗体控件设置

默认控件名（Name）	属性名	属性值
Form1	Caption	设计时建立控件数组示例
Command1	Caption	按钮 1
	Index	0
Command1	Caption	按钮 2
	Index	1
Command1	Caption	按钮 3
	Index	2
Command1	Caption	退出
	Index	3

（3）添加代码。程序代码如下，运行结果如图 5.7 所示。

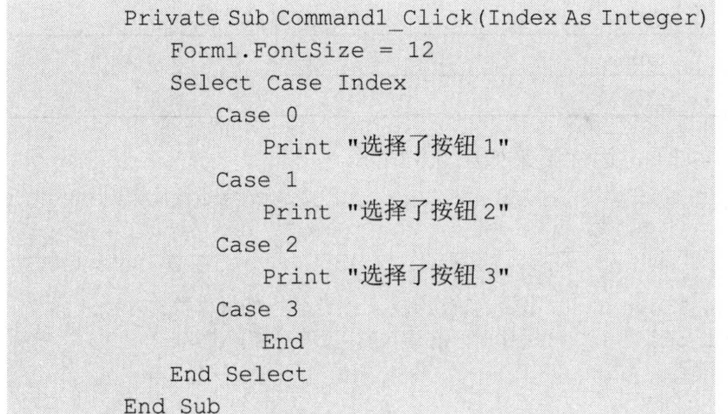

```
Private Sub Command1_Click(Index As Integer)
    Form1.FontSize = 12
    Select Case Index
        Case 0
            Print "选择了按钮 1"
        Case 1
            Print "选择了按钮 2"
        Case 2
            Print "选择了按钮 3"
        Case 3
            End
    End Select
End Sub
```

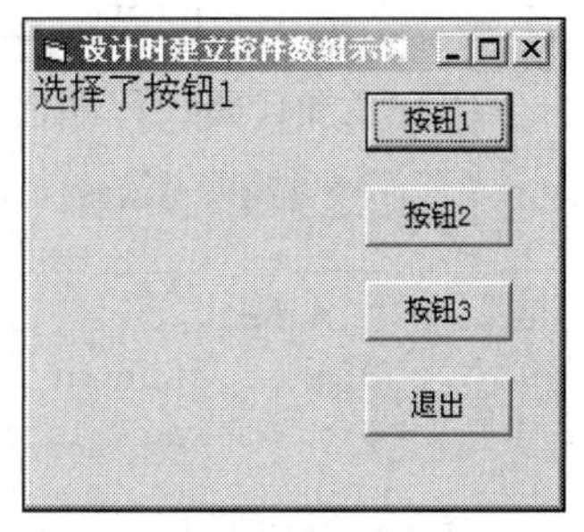

图 5.7　例 5.9 的程序运行结果

程序运行时，无论单击哪一个按钮，都调用 Command1_Click 事件，但因为按钮的 Index 属性值不同，而输出内容由 Index 属性值决定，所以选择不同的按钮时，显示内容也随之改变。

【例 5.10】　使用控件数组设计一个简易计算器，能进行正整数的加、减、乘、除运算，还可以将十进制数转换成对应的八进制数或十六进制数。

步骤：

（1）新建一个“标准 EXE”工程。

（2）设计界面。窗体包含一个 TextBox 控件用于输出计算结果；并在设计时建立三个 Command 控件数组：一个 Command 控件数组用于运算符按钮（Caption 分别为＋、－、×、÷、＝，对应的 Index 分别为 0、1、2、3、4）；一个 Command 控件数组用于数字按钮（Caption 分别为 0、1、2、3、4、5、6、7、8、9，对应的 Index 分别为 0、1、2、3、4、5、6、7、8、9,）；一个 Command 控件数组用于将十进制数转换成八进制数或十六进制数按钮（Caption 分别为八、十六，对应的 Index 分别为 0、1），一个 Command 控件（Caption 为 CE）用于清除计算结果，窗体控件属性设置如表 5.4 所示。

表 5.4　例 5.10 的窗体控件设置

默认控件名	属　性　名	属　性　值	说　　明
Form1	Caption	简易计算器	
	Name	frmCalc	
Command1	Name	cmdOper	是控件数组，有五个控件元素
	Caption	分别为：＋、－、×、÷、＝	
	Index	0～4	
Command2	Name	cmdNum	是控件数组，有十个元素
	Caption	分别为：0、1、2、3、4、5、6、7、8、9	
	Index	0～9	
Command3	Name	cmdTran	是控件数组，有两个元素
	Caption	分别为：八、十六	
	Index	0～1	
Command4	Name	cmdClear	
	Caption	CE	
Text1	Name	txtDisp	
	Text	空白	

（3）添加代码。程序代码如下，运行结果如图 5.8 所示。

```
'窗体级变量声明
Option Explicit
Dim Op1, Op2                    '两个操作数
Dim firstInput As Boolean       '是否为首次输入，首次输入的操作数放入 Op1 中
Dim OpFlag, lastInput           '保存上一次输入的运算符和输入特征

' 初始化
Private Sub Form_Load()
    firstInput = True
    lastInput = ""
End Sub

'单击转换按钮，进行十进制数到八或十六（H）进制数的转换
Private Sub cmdTran_Click(Index As Integer)
    Select Case Index
        Case 0
```

```
            txtDisp.Text = Oct(Val(txtDisp.Text)) '十进制数转八进制数
        Case 1
            txtDisp.Text = Hex(Val(txtDisp.Text)) '十进制数转十六进制数
     End Select
End Sub

'单击清除按钮，清除文本框显示的数字
Private Sub cmdClear_Click()
    txtDisp.Text = Format(0, "0")
    Op1 = 0
    Op2 = 0
    firstInput = True
    lastInput = ""
End Sub

'显示所按的数字键
Private Sub cmdNum_Click(Index As Integer)
    If lastInput <> "正在输入数字" Then
        txtDisp.Text = cmdNum(Index).Caption
    Else
        txtDisp.Text = txtDisp.Text + cmdNum(Index).Caption
    End If
    lastInput = "正在输入数字"
End Sub

'单击运算符按钮，表示数字按钮键结束，进行判断输入的是第1个还是第2个操作数
'是第1个操作数，把键入的运算符暂存，是第2个操作数
'取暂存的运算符进行运算，并显示结果
Private Sub cmdOper_Click(Index As Integer)
    If firstInput = True Then
        Op1 = Val(txtDisp.Text)
        firstInput = False
    Else
        Op2 = Val(txtDisp.Text)
        Select Case OpFlag
            Case "+"
                Op1 = Op1 + Op2
            Case "-"
                Op1 = Op1 - Op2
            Case "×"
                Op1 = Op1 * Op2
            Case "÷"
                If Op2 = 0 Then
                    MsgBox "不能被零除！", vbCritical, "提示："
                Else
                    Op1 = Op1 / Op2
                End If
        End Select
        If cmdOper(Index).Caption = "=" Then txtDisp.Text = Op1
    End If
```

```
    lastInput = "正在输入运算符"
    OpFlag = cmdOper(Index).Caption
End Sub
```

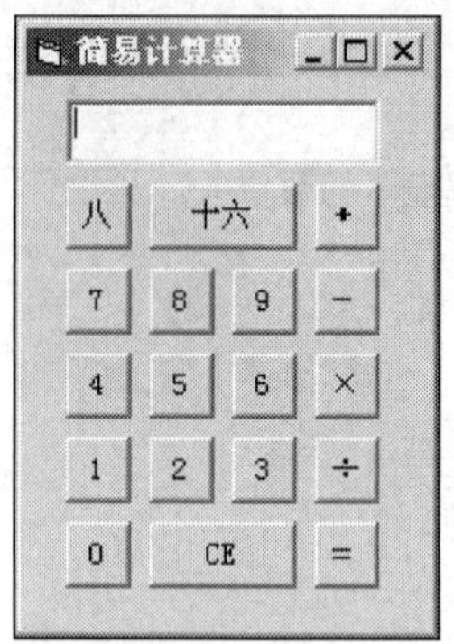

图 5.8　例 5.10 的程序运行结果

5.5　综 合 应 用

【例 5.11】　求最大值（最小值）问题。

分析：为了让程序具有通用性，能对任意个数据进行处理，可以定义一个动态数组，然后在程序运行时，根据给定的数据个数，重新定义数组。若想找出数组中最大数，采用打擂台的方式，假设第 1 个数为最大数，保存在变量 max 中，然后利用循环将后面的数依次与 max 比较，若遇到大于 max 的数，则让 max 存储该数，循环结束后，max 中存储的数一定是最大值。找最小值采用与找最大值类似的方法，假设第 1 个数为最小数，保存在变量 min 中，然后利用循环将后面的数依次与 min 比较，若遇到小于 min 的数，则让 min 存储该数，循环结束后，min 中存储的数一定是最小值。本例中假设输入的是整数。

步骤：

（1）新建一个“标准 EXE”工程。

（2）设计界面。在窗体上添加一个命令按钮，设置其 Caption 属性为“找最大（小）值”。

（3）添加代码。在单击“找最大（小）值”命令按钮的事件中添加代码，运行界面如图 5.9 所示。程序代码如下：

```
Private Sub Command1_Click()
    Dim n As Integer, i As Integer
    Dim score() As Integer
    Dim max As Integer, min As Integer
    n = Val(InputBox("请输入数据个数："))
    ReDim score(1 To n)
    For i = 1 To n
        score(i) = Val(InputBox("请输入第 " & i & " 个数据："))
    Next i
    max = score(1)
```

```
    min = score(1)
    For i = 2 To n
        If score(i) > max Then max = score(i)
        If score(i) < min Then min = score(i)
    Next i
    Print "输入的 " & n & " 个数据是: "
    For i = 1 To n
        Print score(i);
    Next i
    Print vbCrLf & "最大值max="; max
    Print "最小值min="; min
End Sub
```

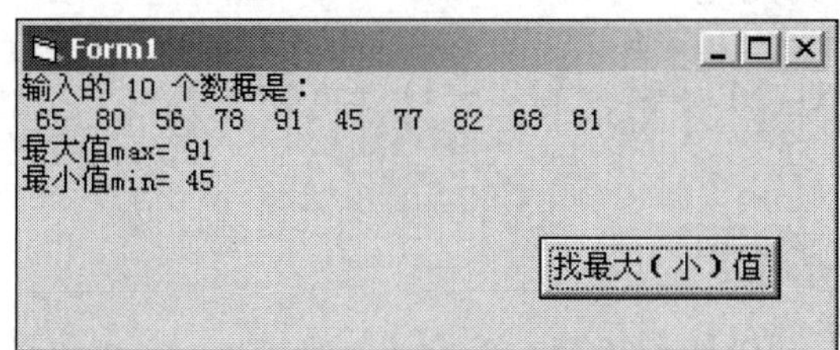

图 5.9　例 5.11 的程序运行界面

【例 5.12】　将矩阵赋值为：

1	0	0	0	0
2	1	0	0	0
2	2	1	0	0
2	2	2	1	0
2	2	2	2	1

分析：该矩阵的特点为：当下标 i<j 时，a(i, j) = 0；当下标 i=j 时，a(i, j) =1；当下标 i>j 时，a(i, j) =2。

程序代码如下：

```
Private Sub Command1_Click()
    Dim a(5, 5) As Integer
    For i = 1 To 5
        For j = 1 To 5
            If i < j Then a(i, j) = 0
            If i = j Then a(i, j) = 1
            If i > j Then a(i, j) = 2
        Next j
    Next i
    For i = 1 To 5
        For j = 1 To 5
            Print Tab(5 * j); a(i, j);
        Next j
        Print
    Next i
End Sub
```

【例 5.13】 矩阵综合应用。原始矩阵为有规律的数列，每个按钮实现对矩阵的一个操作，如图 5.10 所示。

程序代码如下：

```
Option Base 1
Const M = 5                                  '两个常量用于定义数组下标上界
Const N = 5
Dim a(M, N)
Private Sub Command1_Click()
    '将矩阵赋值为有规律的数列，关键是找到每个元素与行标、列标的关系
   Dim i%, j%, t%
   For i = 1 To M
      For j = 1 To N
         a(i, j) = 5 * (i - 1) + j
      Next j
   Next i
   Print "原始矩阵为："
   Print
   For i = 1 To M
      For j = 1 To N
         Print Tab(5 * j); a(i, j);
      Next j
      Print
   Next i
End Sub

Private Sub Command2_Click()            '求第 3 列元素和
   Dim s%
   For i = 1 To M
      s = s + a(i, 3)
   Next i
   Print
   Print "第 3 列元素和为："; s
End Sub

Private Sub Command3_Click()            '输出左对角线和
   Dim s%
   Print
   For i = 1 To M
      s = s + a(i, i)
   Next i
   Print
   Print "对角线和为："; s
End Sub

Private Sub Command4_Click()            '交换第 1 列和第 2 列
   For i = 1 To M
      t = a(i, 1)
      a(i, 1) = a(i, 2)
      a(i, 2) = t
   Next i
```

```
    Print
    Print "交换第 1 列和第 2 列后的矩阵为："
    Print
    For i = 1 To M
        For j = 1 To N
            Print Tab(5 * j); a(i, j);
        Next j
        Print
    Next i
End Sub

Private Sub Command5_Click()              '求每行元素的和
    Print
    For i = 1 To M
        s = 0                             '求每行和时先将 s 清零
        For j = 1 To N
            s = s + a(i, j)
        Next j
        Print "第" & i & "行的和为：" & s
    Next i
    Print ""
End Sub
```

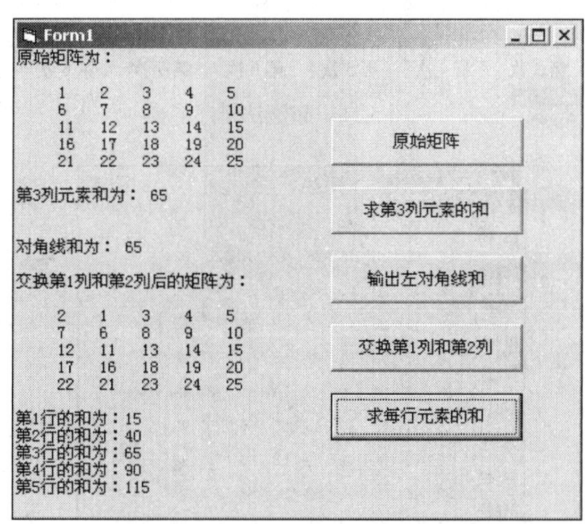

图 5.10 例 5.13 的程序运行界面

【例 5.14】 编写一个程序，利用 InputBox()函数输入 10 个整数，将输入的 10 个数按从小到大的顺序输出。

分析：这是一个排序的问题，排序的方法很多，这里介绍两种比较常用的排序方法。

（1）起泡法排序（即将相邻两个数比较）。起泡法排序是将相邻的两个数进行比较，若为逆序，则将两个数据交换。小的数据就好像水中气泡逐渐向上漂浮，大的数据好像石块往下沉。

若有 10 个数存放在 a 数组中，分别为：a(1)=58、a(2)=39、a(3)=66、a(4)=92、a(5)=75、a(6)=13、a(7)=25、a(8)=49、a(9)=31、a(10)=22。第 1 次，先将 58 与 39 比较，因为 58

>39，将 58 和 39 交换，第 2 次将 58 和 66 比较，因为 58<66，则不交换，第 3 次将 66 和 92 比较，依次进行……共进行 9 次比较，得到 39、58、66、75、13、25、49、31、22、92 的顺序。经过这样的交换，则最大的数 92 已经像石块一样沉到底，为最下面的一个数，而最小数像水中气泡一样向上浮起到一个位置，经过第一趟（共 9 次）比较后，得到最大的数 92，如图 5.11 所示。然后进行第二趟（共 8 次）比较，得到一个次大的数 75，依次进行下去，对余下的数按上面的方法进行比较，共需要 9 趟。如果有 n 个数，则要进行 n-1 趟比较。在第一趟中要进行 n-1 次比较，在第 j 趟进行 n-j 次比较。单击“起泡法排序”按钮，程序运行结果如图 5.12 所示。

第 1 次	第 2 次	第 3 次	第 4 次	第 5 次	第 6 次	第 7 次	第 8 次	第 9 次	结果
58	39	39	39	39	39	39	39	39	39
39	58	58	58	58	58	58	58	58	58
66	66	66	66	66	66	66	66	66	66
92	92	92	92	75	75	75	75	75	75
75	75	75	75	92	13	13	13	13	13
13	13	13	13	13	92	25	25	25	25
25	25	25	25	25	25	92	49	49	49
49	49	49	49	49	49	49	92	31	31
31	31	31	31	31	31	31	31	92	22
22	22	22	22	22	22	22	22	22	92

图 5.11　起泡法排序

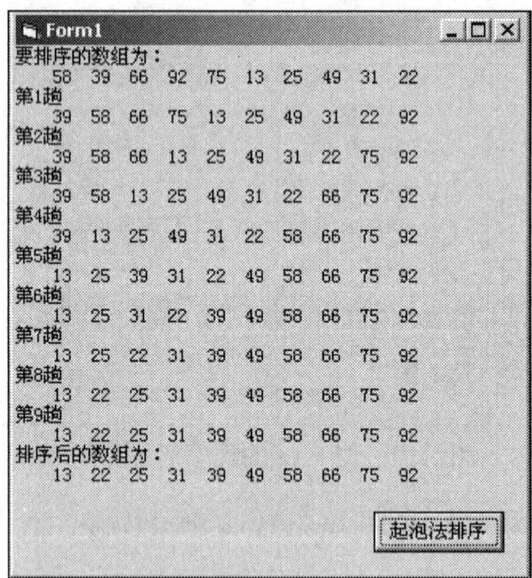

图 5.12　例 5.14 的程序运行结果

程序代码如下：

```
Private Sub Command1_Click()
    Dim a(1 To 10) As Integer
    Dim i%, j%, k%, temp%
    Print "要排序的数组为："
    For i = 1 To 10
```

```
        a(i) = InputBox("请输入第 " & i & " 个整数: ")
        Print Tab(i * 4); a(i);
    Next i
    Print
    For i = 1 To 9
        For j = 1 To 10 - i
            If a(j) > a(j + 1) Then
                temp = a(j)
                a(j) = a(j + 1)
                a(j + 1) = temp
            End If
        Next j
        Print "第" & i & "趟"
        For k = 1 To 10
            Print Tab(k * 4); a(k);
        Next k
        Print
    Next i
    Print "排序后的数组为: "
    For i = 1 To 10
        Print Tab(i * 4); a(i);
    Next i
End Sub
```

（2）选择法排序。选择排序法的思路是从10个数据中找出最小数与第1个元素值交换，然后，在后9个数据中再找出最小数与第2个元素值交换……在最后两个数据中找出最小数与第9个元素值交换，即每比较一次，找出一个未排序数中的最小值。共比较9轮，排序如图5.13所示。单击“选择法排序”按钮运行，程序运行结果如图5.14所示。

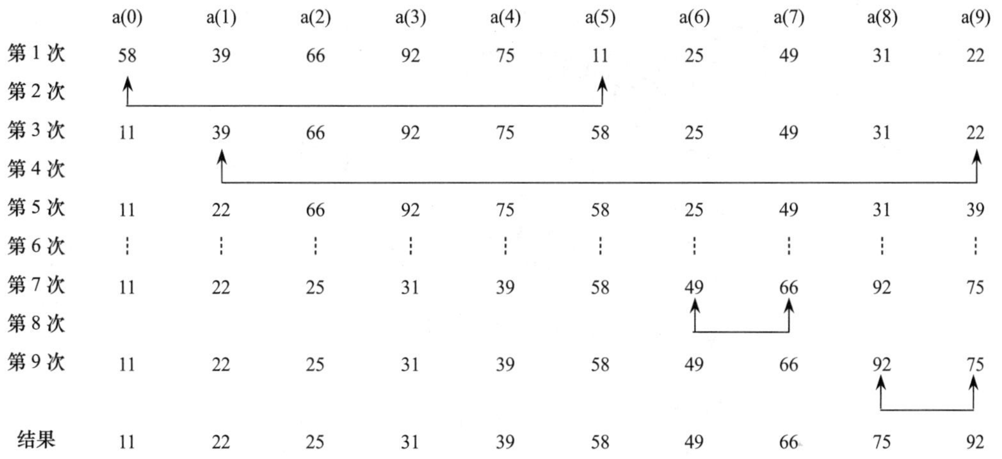

	a(0)	a(1)	a(2)	a(3)	a(4)	a(5)	a(6)	a(7)	a(8)	a(9)
第1次	58	39	66	92	75	11	25	49	31	22
第2次	↑					↑				
第3次	11	39	66	92	75	58	25	49	31	22
第4次		↑								↑
第5次	11	22	66	92	75	58	25	49	31	39
第6次	⋮	⋮	⋮	⋮	⋮	⋮	⋮	⋮	⋮	⋮
第7次	11	22	25	31	39	58	49	66	92	75
第8次							↑	↑		
第9次	11	22	25	31	39	58	49	66	92	75
									↑	↑
结果	11	22	25	31	39	58	49	66	75	92

图5.13 选择法排序

程序代码如下：

```
Option Explicit
Private Sub Command1_Click()
    Dim a(1 To 10) As Integer
```

```
    Dim i%, j%, k%, p%, temp%
    Print "要排序的数组为："
    For i = 1 To 10
       a(i) = InputBox("请输入第 " & i & " 个整数：")
       Print Tab(i * 4); a(i);
    Next i
    Print
    For i = 1 To 9
       p = i
       For j = i + 1 To 10
          If a(j) < a(p) Then
             p = j
          End If
       Next j
       If p <> i Then
          temp = a(p)
          a(p) = a(i)
          a(i) = temp
       End If
       Print "第" & i & "趟"
       For k = 1 To 10
          Print Tab(k * 4); a(k);
       Next k
       Print
    Next i
    Print "排序后的数组为："
    For i = 1 To 10
       Print Tab(i * 4); a(i);
    Next i
End Sub
```

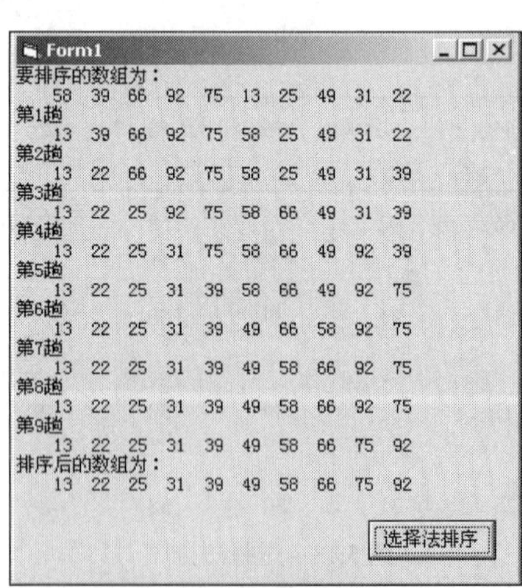

图 5.14 例 5.14 的程序运行结果

【例 5.15】 用四种方法生成 10 人的考试成绩，并输出高于平均成绩的分数。

分析：首先需要输入 10 个人的成绩；然后是求平均分；最后是把这 10 个分数逐一

和平均成绩进行比较，若高于平均成绩，则输出结果在窗体上显示。

步骤：

（1）新建一个“标准 EXE”工程。

（2）在窗体上添加四个命令按钮，对应四种不同的输入数据的方式，每个命令按钮的 Caption 属性分别为“方法一：用 InputBox()函数输入”、“方法二：利用随机函数生成”、“方法三：利用 Array()函数赋值”和“方法四：利用 Split()函数赋值”。程序运行界面如图 5.15 所示。在每个按钮的单击事件中添加代码如下：

```
Option Base 1
'方法一：利用 InputBox()函数输入学生成绩
Private Sub Command1_Click()
    Dim score(1 To 10) As Single, aver!, i%
    aver = 0
    Print "10 个成绩如下："
    For i = 1 To 10
        score(i) = Val(InputBox("请输入第" & i & "名学生成绩"))
        aver = aver + score(i)
        Print score(i);
    Next i
    Print
    aver = aver / 10
    Print "平均成绩为：" & aver
    Print "高于平均成绩的分数如下："
    For i = 1 To 10
        If score(i) > aver Then Print score(i)
    Next i
End Sub
'方法二：利用随机函数生成学生成绩
Private Sub Command2_Click()
    Dim score(1 To 10) As Single, aver!, i%
    aver = 0
    Print "10 个成绩如下："
    Randomize
    For i = 1 To 10
        score(i) = Int(Rnd * 101)      ' 通过随机数产生 0～100 的成绩
        aver = aver + score(i)
        Print score(i);
    Next i
    Print
    aver = aver / 10
    Print "平均成绩为：" & aver
    Print "高于平均成绩的分数如下："
    For i = 1 To 10
        If score(i) > aver Then Print score(i)
    Next i
End Sub
'方法三：利用 Array()函数赋值
```

```
Private Sub Command3_Click()
    Dim score  As Variant, aver!, i%
    aver = 0
    Print "10 个成绩如下："
    score = Array(89, 86, 56, 78, 84, 96, 87, 77, 94, 66)
    For i = 1 To 10
        aver = aver + score(i)
        Print score(i);
    Next i
    Print
    aver = aver / 10
    Print "平均成绩为：" & aver
    Print "高于平均成绩的分数如下："
    For i = 1 To 10
        If score(i) > aver Then Print score(i)
    Next i
End Sub
'方法四：利用 Split()函数赋值
Private Sub Command4_Click()
    Dim score  As Variant, aver!, i%, s As String
    aver = 0
    Print "10 个成绩如下："
    s = "89, 86, 56, 78, 84, 96, 87, 77, 94, 66"
    score = Split(s, ",")
    For i = 0 To UBound(score)
        aver = aver + score(i)
        Print score(i);
    Next i
    Print
    aver = aver / 10
    Print "平均成绩为：" & aver
    Print "高于平均成绩的分数如下："
    For i = 0 To UBound(score)
        If score(i) > aver Then Print score(i)
    Next i
End Sub
```

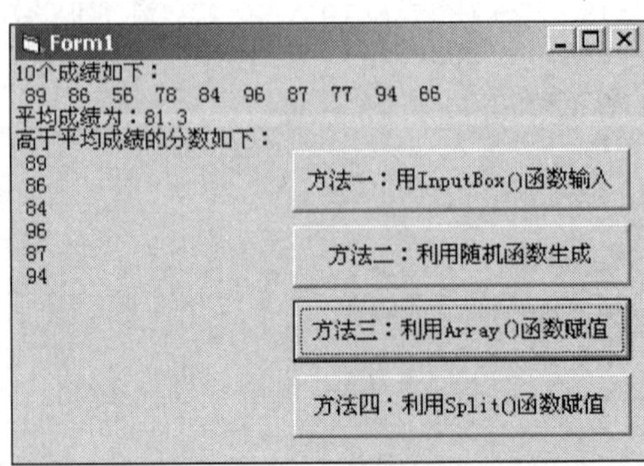

图 5.15　例 5.15 的程序运行界面

本章小结

1. 数组的概念

数组：存放具有相同性质的一组数据，也就是数组中的数据必须是同一个类型和具有相同的性质。

数组元素：数组中的某一个数据项。数组元素的使用方式同简单变量的使用方式一样。

2. 静态数组的定义方法

静态数组：在定义时已确定了数组元素个数。

定义格式：

Dim 数组名（[下界 To]上界[，[下界 To]上界[，…]]）As 类型

此语句定义了数组名、数组维数、数组大小、数组类型。

3. 动态数组的定义

定义格式：

```
Dim 数组名()
ReDim [Preserve ]数组名([下界 To ]上界[，[下界 To ]上界[，…]])
```

4. 控件数组

控件数组是指由相同类型的控件组成的数组。

控件数组的建立：在设计时的窗体上，通过对某控件的复制和粘贴操作或修改同一类控件的名称为相同的名称；在程序运行时通过 Load 方法实现。

控件数组元素：由控件的 Index 属性值表示数组的下标。

5. 数组的操作和应用

应掌握的基本操作和应用有数组初始化、数组输入、数组输出、求数组中的最大（最小）元素及下标、求和、平均值、排序和查找等。

第6章　常用控件

本章要点

- 熟练掌握各种常用控件的主要属性、方法和事件。
- 掌握各种常用控件的用法，并能利用其完成应用程序界面的设计。
- 能使用各种控件对象完成系统界面及应用功能的设计。
- 了解 ActiveX 控件的基本用法。

VB 通过控件工具箱提供与用户交互的可视化部件称为控件，控件是构成用户界面的基本元素。在窗体中使用控件可以方便地获取用户的输入，也可以显示程序的输出。因此，只有熟练地掌握控件的属性、事件和方法，才能编写和开发出具有实用价值的应用程序。在本书第 2 章中已经介绍了文本框、标签和命令按钮这三个最基本的标准控件，本章将继续介绍其他常用标准控件：图片框、单选按钮、复选框、框架、列表框、组合框、时钟、滚动条以及 ActiveX 控件。

6.1　控件的分类及通用特性

控件的使用与窗体相似，其命名规则和属性分类与窗体相同，大多数控件的属性、方法和事件也与窗体一致。

6.1.1　控件的分类

VB 控件分为三种：标准控件、ActiveX 控件和可插入对象。

1. 标准控件

标准控件又称内部控件，是 VB 系统本身所内嵌的控件，这些控件总是显示在工具箱中，不能从工具箱中删除。

启动 VB 6.0 后，在工作界面上，工具箱中列出的都是标准控件，如图 6.1 所示。若界面上未显示工具箱，可选择“视图”→“工具箱”命令或单击“工具栏”上的工具箱按钮。

表 6.1 列出了工具箱中各标准控件的名称和作用。

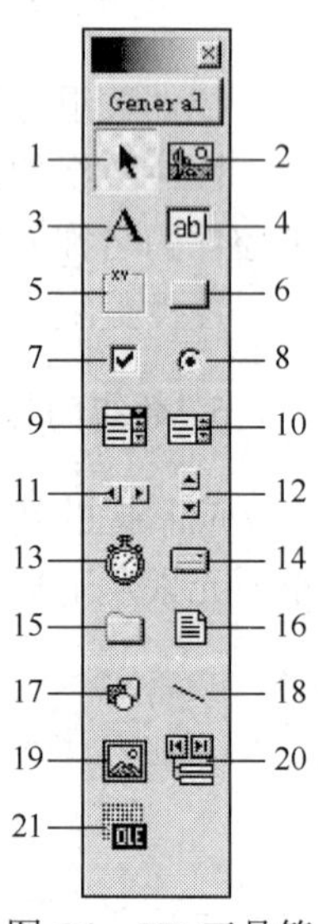

图 6.1　VB 工具箱

表 6.1　VB 6.0 的标准控件

编号	控件名	类　名	描　述
1	指针	Pointer	这不是一个控件，只有在选择 Pointer 之后，才能改变控件在窗体中的位置
2	图片框	PictureBox	显示图形、图像文件，也可显示文本或作为其他控件的容器
3	标签	Label	为用户显示不可交互操作或不可修改的文本
4	文本框	TextBox	提供一个区域来输入文本、显示文本
5	框架	Frame	为控件提供可视的功能化容器
6	命令按钮	CommandButton	为用户选定后执行相应的操作
7	复选框	CheckBox	显示 True/False 或 Yes/No 选项。一次可在窗体上选定任意数目复选框
8	单选按钮	OptionButton	多个单选按钮组成选项组用来显示多个选项，用户只能从中选择一项
9	组合框	ComboBox	将文本框和列表框组合起来，用户可以输入选项，也可以从下拉式列表中选择选项
10	列表框	ListBox	显示项目列表，用户可从中进行选择
11	水平滚动条	HScrollBar	对于不能自动提供滚动条的控件，允许用户为它们添加滚动条（这些滚动条与许多控件的内建滚动条不同）
12	垂直滚动条	VScrollBar	
13	时钟控件	Timer	按指定时间间隔执行时钟事件
14	驱动器列表框	DriveListBox	显示有效的磁盘驱动器并允许用户选择
15	目录列表框	DirListBox	显示目录和路径并允许用户从中进行选择
16	文件列表框	FileListBox	显示文件列表并允许用户从中进行选择
17	形状	Shape	向窗体、框架或图片框添加矩形、正方形、椭圆或圆形
18	线形	Line	向窗体上添加线段
19	图像	Image	显示图像文件
20	数据控件	Data	能与现有数据库连接并在窗体上显示数据库中的信息
21	OLE 容器	OLE	将数据嵌入到 VB 应用程序中

2. ActiveX 控件

ActiveX 控件是扩展名为.ocx 的独立文件，通常放在 Windows 的 SYSTEM 目录中。VB 6.0 的标准控件只有 20 个，用户可将 VB 6.0 及第三方开发商提供的 ActiveX 控件添加到工具箱上，然后像标准控件一样使用，它是可以重复使用的编程代码和数据，是由用 ActiveX 技术创建的一个或多个对象组成。

ActiveX 控件是 VB 控件工具箱的扩充部分，这些控件在使用之前必须先添加到工具箱中，然后就可像使用其他标准控件一样进行使用。添加 ActiveX 控件的步骤如下。

（1）选择菜单“工程”→“部件”命令，弹出“部件”对话框，如图 6.2 所示。

（2）在“控件”选项卡中，选定要添加的 ActiveX 控件名称左边的复选框。

（3）单击“确定”按钮，关闭“部件”对话框，所选定的 ActiveX 控件将出现在 VB 控件工具箱中。

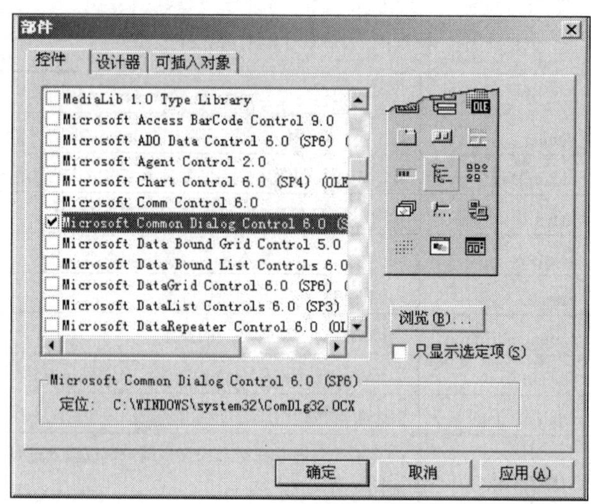

图 6.2 “部件”对话框

3. 可插入对象

可插入对象是指 Windows 应用程序对象。利用可插入对象，就可以在 VB 应用程序中使用其他应用程序的对象。可将所需对象添加到工具箱中，添加后有与标准控件类似的属性，可以同标准控件一样使用。

将可插入对象添加到工具箱的方法与添加 ActiveX 控件的方法相同，此处不再赘述。

6.1.2 控件的通用属性

VB 的每个控件依照其不同的功能，该控件的属性、方法和事件也不同，但有些常用的属性、方法和事件是大部分控件都具有的，例如前面第 2 章提到的控件的名称（Name）属性、值属性等，在此不再赘述。除此之外，在控件设计过程中，需要了解与控件紧密相关的焦点、Tab 顺序、访问键以及容器的概念。

1. 焦点

焦点是接收用户鼠标和键盘输入的能力。当对象具有焦点时，可接收用户的输入。窗体上的控件对象成为活动对象时，称为获得焦点。比如，文本框输入数据时，文本框首先获得焦点，之后才可以输入数据。

1）焦点的事件

当对象得到或失去焦点时，会产生 GotFocus 或 LostFocus 事件。窗体和多数控件支持这些事件。即对象得到焦点时发生 GotFocus 事件，对象失去焦点时发生 LostFocus 事件。

2）获得焦点的方法

使用以下四种方法可以将焦点赋予对象。

（1）运行时用鼠标选择对象。

（2）运行时用快捷键选择对象。

（3）运行时按 Tab 键将焦点移到对象上。

（4）在编写的代码中使用 SetFocus 方法。

在代码中用 SetFocus 方法获得焦点。其语法格式是：

对象.SetFocus

只有在窗体成为活动窗体时，才能设置窗体上对象的焦点。所以，不能在窗体的 Load 事件过程中使用此方法，否则会出现程序运行错误。

不能获得焦点的对象没有此方法，如标签在程序的运行时不能获得焦点，只能显示信息。另外，能否获得焦点还取决于对象的特性，主要是对象的 Enabled 属性和 Visible 属性。当 Enabled 属性为 False 时，该对象不能获得焦点；当 Visible 属性为 False 时，该对象不可见，也无法获得焦点。

大多数控件得到或失去焦点的外观都不相同。例如，命令按钮得到焦点后会在边框部分出现一个虚线框；文本框获得焦点后会出现闪烁的光标，如图 6.3 所示。

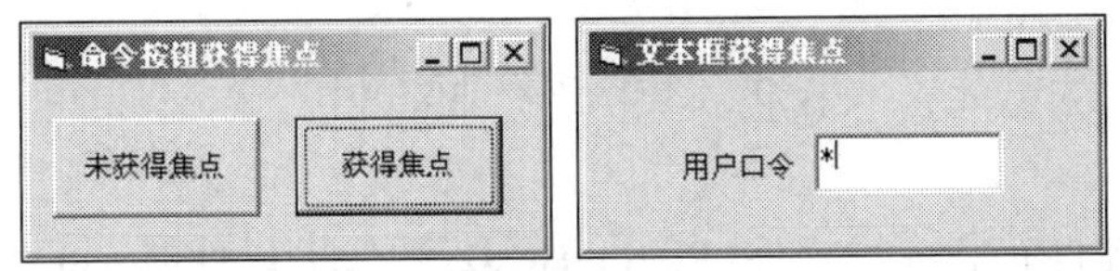

图 6.3 命令按钮及文本框获得焦点状态

说明：

（1）框架（Frame）、标签（Label）、菜单（Menu）、直线（Line）、形状（Shape）、图像框（Image）和时钟（Timer）控件都不能接受焦点。

（2）不能获得焦点的控件，以及无效的（属性 Enabled=False）和不可见的控件（属性 Visible=False）不包含在 Tab 键顺序中，按 Tab 键时，这些控件将被跳过。

2. Tab 顺序

在一组控件对象中，控件如果能立即接收用户输入信息，表明该控件拥有了焦点。在程序运行时，每按一次 Tab 键，可以使焦点从一个控件移到另一个控件，用户可以通过 Tab 键或其他方法控制某控件焦点的获得与失去。

Tab 键顺序是指在用户按下 Tab 键时，焦点在控件间移动的顺序。

窗体中的每一个对象都有自己的 Tab 键序。默认状态下 Tab 键序与窗体上建立这些对象的顺序相同。

如果想更改窗体中对象的 Tab 键序，可以通过修改 TabIndex 属性来完成。控件的 TabIndex 属性决定了它在 Tab 键顺序中的位置。窗体上第一个建立的对象其 TabIndex 属性值为 0，第二个控件的 TabIndex 值为 1，以此类推。当改变了一个控件的 Tab 键顺序位置，VB 自动为其他控件的 Tab 键顺序位置重新编号。如果将 TabStop 属性设计为 False，便可将此控件从 Tab 键顺序中删除。

提示：不能获得焦点的控件，以及无效的和不可见的控件，不包含在 Tab 键顺序中。按下 Tab 键时，这些控件创建的对象将被跳过。

3. 访问键

访问键是通过键盘来访问控件，不仅菜单可具有访问键，命令按钮、复选框和单选按钮都可以创建访问键。

访问键的设置是在控件的 Caption 属性中，用“&”字符加在访问字符的前面。在运行中，这一字符会被自动加上一条下划线，&字符不可见，当按 Alt+访问字符时就和单击该控件一样。

例如，设置两个按钮的属性 Caption 分别为“关闭（&C）”和“&Exit”，运行时可分别按 Alt+C 或 Alt+E 组合键，如图 6.4 所示。

图 6.4 显示访问键

4. 容器

窗体（Form）、框架（Frame）和图片框（PictureBox）等都可以作为其他控件的容器。移动容器，容器中的控件也随之移动。容器中控件的 Left 和 Top 属性值是指其在容器里的位置，而容器的 Left 和 Top 属性值则是指容器在窗体或在屏幕上的位置。

6.2 图 形 控 件

VB 中的图形控件有图片框控件（PictureBox）、图像框控件（Image）、形状控件（Shape）和直线控件（Line）。

窗体、图片框和图像框控件都可以显示来自图形文件的图形或图像。可使用的图形图像文件格式有位图（.bmp、.dib、.cur）、图标（.ico）、图元文件（.wmf）、增强型图元文件（.emf）、JPEG 或 GIF 文件（.jpg 或.gif）。程序开发用户在设计或运行程序时，可以采用不同的途径将图片添加到窗体、图片框或图像框控件中。

6.2.1 图片框控件 PictureBox

图片框控件（PictureBox）和图像框控件（Image）是显示图形和图像的主要控件。二者相比，图片框比图像框功能更强。但图像框装载和显示图形的速度较快。

图片框控件（PictureBox）的主要作用是显示图片和绘制图形，同时，图片框控件是容器类控件，可作为其他控件的容器，同时还支持 Print、Cls、Line 和 Circle 等方法。

1. 图片框的常用属性

1）Picture 属性

Picture 属性是用于设置图片框控件显示图片的文件名属性（包含文件名所在路径），可以在“属性”窗口静态设置，也可以在代码中动态设置。如不对 Picture 属性值进行设置，则图片框中不会显示任何图形。在设计时，将 Picture 属性设置为含路径及其文件名；在运行时显示或替换图片，可以利用 LoadPicture()函数来设置此属性值。

程序代码中使用 LoadPicture()装载图片的格式为：

Object.Picture=LoadPicture("图片文件名")

若要用程序代码删除控件中的图片，只需将 LoadPicture()函数中的图片文件名清空，即

```
Object.Picture=LoadPicture("")
```

说明：

（1）不带参数的 LoadPicture()函数，是使图片框控件不显示任何图像。

（2）“属性”窗口设置的 Picture 属性，会被复制到二进制窗体文件（.frx）中，运行时不依赖源文件。而在程序代码中使用 LoadPicture 调入的图形文件，在运行时要保证函数的参数应该包括图形文件的完整路径和文件名。

提示：清除图片框控件中的图片不能使用 Cls 方法完成，而应该使用函数 LoadPicture()来清除图片框中的图片。

2）AutoSize 属性

AutoSize 属性用于决定图片框控件是否能自动调整大小以显示图片的所有内容。当属性设置为 True 时，图片框控件能自动调整大小与显示的图片匹配；当属性设置为 False 时，图片框控件不能自动改变大小来适应其中的图片。

加载到图片框控件中的图片将保持原始尺寸，这就意味着如果原始图片比控件大，则加载的原始图片超过部分将被裁剪掉。

【例 6.1】 在一个窗体上通过命令改变图片框的 AutoSize 属性值，观察所装载图片的显示效果。

分析：根据题目要求可在窗体上添加一个 PictureBox 控件，通过在不同命令按钮的 Click 事件中编程，设置图片框的大小及 AutoSize 属性值，再使用 LoadPicture()函数装载图片文件，就可观察到 AutoSize 属性值对图片显示效果的影响。当 AutoSize 属性值设置为 False 时，若图片的尺寸大于图片框的尺寸，则超出部分应被裁剪；如图片尺寸小于图片框尺寸，则图片应只占据图片框的部分区域。

步骤：

（1）在磁盘上新建名为“例 6.1”的文件夹，将搜索到的图片文件 dingdang.bmp 放入其中。

（2）在 VB 环境中，单击“文件”→“新建工程”命令，在新建的窗体上添加一个 PictureBox 控件和四个命令按钮。

（3）设置各控件的相关属性，如表 6.2 所示。Picture1 控件的属性取默认值，大小不限。

表 6.2 例 6.1 的各控件相关属性设置

对 象 名	属 性 名	属 性 值
Form1	Caption	图片框属性示例
Command1	Caption	AutoSize=True
Command2	Caption	AutoSize=False
Command3	Caption	清空
Command4	Caption	退出

（4）编制相关控件的事件代码，代码如下：

```
Private Sub Command1_Click()
    Picture1.Width = 1500           '设定图片框的宽度
    Picture1.Height = 1500          '设定图片框的高度
```

```
    Picture1.AutoSize = True          '设置图片框的 AutoSize 属性
    Picture1.Picture = LoadPicture(App.Path + "\dingdang.bmp")
                '使用 LoadPicture 函数装载图片到图片框中
End Sub

Private Sub Command2_Click()
    Picture1.Width = 1500
    Picture1.Height = 1500
    Picture1.AutoSize = False
    Picture1.Picture = LoadPicture(App.Path + "\dingdang.bmp")
End Sub

Private Sub Command3_Click()
    Picture1.Picture = LoadPicture("")  '清空图片框
End Sub

Private Sub Command4_Click()
    End
End Sub
```

（5）将工程文件和窗体文件保存在“例 6.1”文件夹中。

（6）按 F5 功能键，运行程序。单击“AutoSize=True”按钮，运行结果如图 6.5（a）所示；单击“AutoSize=False”按钮，运行结果如图 6.5（b）所示；单击“清空”按钮，可清除图片框中的图片。

说明：App.path 代表系统当前工作目录，即存放工程文件、窗体文件和图片文件等文件的文件夹。

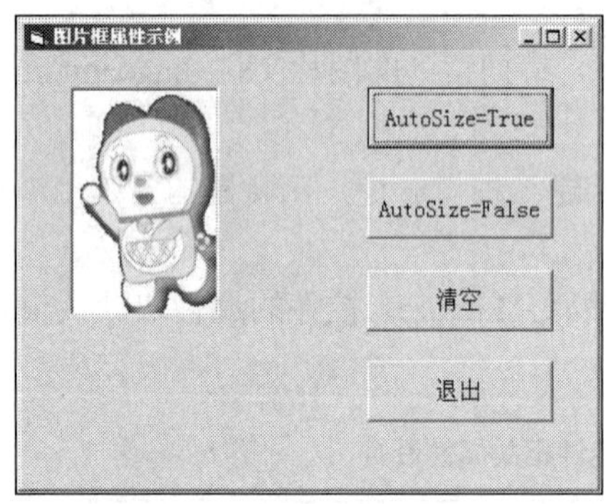

（a）设计效果

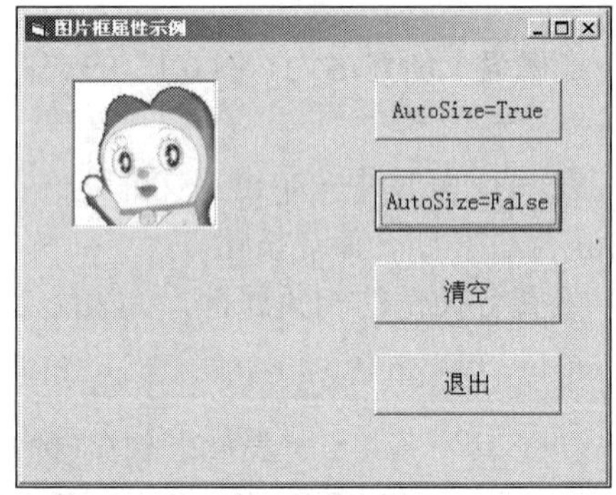

（b）运行效果

图 6.5　图片框属性示例

2. 图片框常用事件和方法

图片框响应的事件较多，有 Click、DblClick 和 Change 等，其中 Change 事件当改变图片框的 Picture 属性时发生。在窗体上 PictureBox 控件与 Image 控件的使用方法基本相同，但相比之下图形框比图像框占用的内存更多。使用 PictureBox 控件的优点在于它可以作为其他控件的“容器”。

1）Print 方法

Print 方法用于在控件中输出文本和数据。

格式：<对象名>.Print [输出项列表]

2）Cls 方法

Cls 方法用于清除在图片框中输出的内容。Cls 只能清除窗体或图片框中由 Print 方法和绘图方法（第 9 章介绍）显示的文本信息和图形，不能清除窗体或图片框中的控件（如形状控件等）以及利用 Picture 属性加载的图片，应该改用 LoadPicture 方法清除。

格式：<对象名>.Cls

6.2.2　图像框控件 Image

图像框控件（Image）可以用来显示图片，但不能作为其他控件的容器，也不接受 Print、Cls、Line 和 Circle 等方法。也就是说，不能在图像框上显示文本和绘制图形。与图片框控件（PictureBox）相比，图像框控件显示图片时占用的内存更少，显示图片的速度更快。

1. 常用属性

1）Picture 属性

Picture 属性用于设置图片的文件名属性（包含文件名所在路径）。在设计时，Picture 属性设置含路径及其文件名；在运行时，显示图片可以利用 LoadPicture()函数来设置此属性值。装载和删除图片的命令格式与 PictureBox 控件中的格式相同，可参考上一节内容。

2）Stretch 属性

Stretch 属性用来指定一个图形是否要调整大小，以适应图像框控件的大小，其值设置为 False 时，图像框可自动改变大小以适应其中的图形；其值设置为 True 时，加载到图像框的图形可自动调整尺寸以适应图像框的大小。

Stretch 属性与图片框（PictureBox）的 AutoSize 属性不同。AutoSize 属性用来调整图片框的大小以适应图片大小，Stretch 属性则用来调整图片以适应图像框的大小，如图 6.6 所示。

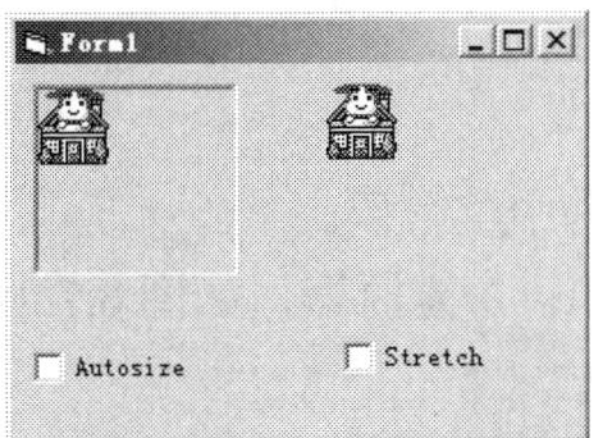

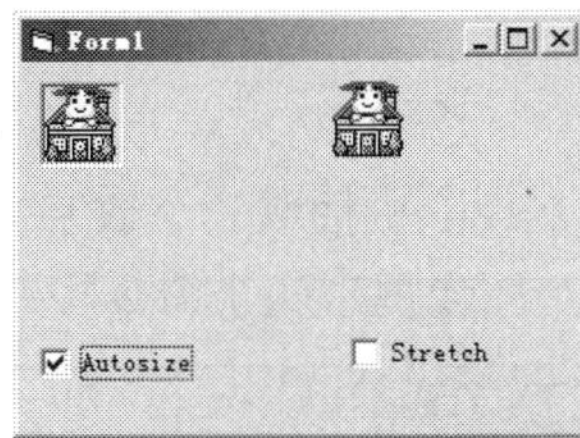

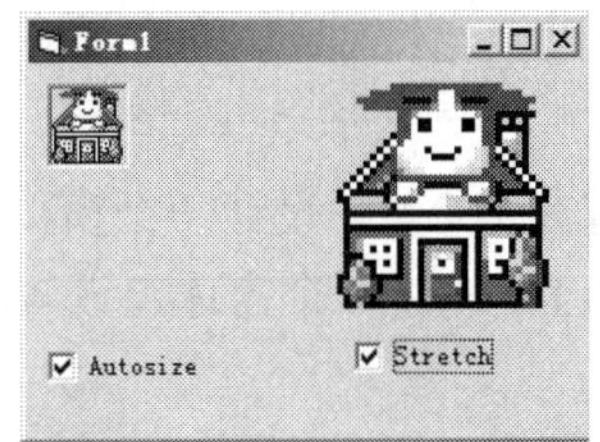

图 6.6　AutoSize 属性和 Stretch 属性的比较

3）BorderStyle 属性

BorderStyle 属性决定了图像框是否有边框。属性值为 0 时无边框（默认值），为 1 时有边框。

包括 Name 属性、Left 属性、Top 属性、Width 属性、Height 属性和 Visible 属性在内的几个属性的意义与用法与其他控件的相同。

2. 常用事件

图像框可以响应 Click、DblClick 和鼠标等事件，和图片框一样，在实际应用中也很少对其编写事件过程。

6.2.3 图片的装入、删除和保存

图片框控件（PictureBox）和图像框控件（Image）加载图片、删除图片、保存图片的方法是相同的，下面进行总结。

1. 装入图形

装入图形使用语句格式如下：

[对象.]Picture = LoadPicture("包含路径的图形文件名")

例如，将把 C 盘控件下 abc.bmp 文件加载到对象名为 Picture1 的图片框内，语句如下：

```
Picture1.Picture=LoadPicture("C:\abc.bmp")
```

说明：在 C 盘根目录下已经存在图片文件 abc.bmp。

2. 删除对象中图形

删除对象中图形使用语句格式如下：

格式 1：[对象.]Picture = LoadPicture()

格式 2：[对象.]Picture = LoadPicture(" ")

3. 保存图片

对于图片框和图像框控件保存图片，可以使用 SavePicture 语句，语句格式如下：

SavePicture [对象.]Picture, FileName

参数 FileName 表示包含路径的图形文件名。

例如，将 Picture1 对象中的图片保存到 D 盘下，并将文件名定义为 abc.jpg。语句如下：

```
SavePicture Picture1. Picture, "D:\abc.jpg"
```

【例 6.2】 设计一个窗体，实现随机抽取三个数字作为中奖号码。

（1）创建一个窗体，设置三个图像框、两个命令按钮和一个定时器，如图 6.7 所示。

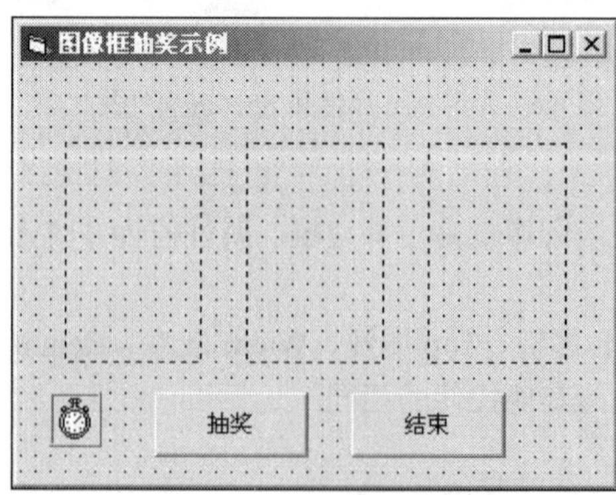

图 6.7 例 6.2 的设计界面

（2）设置各控件的属性，如表 6.3 所示。

表 6.3 例 6.2 的控件属性

对 象 名	属 性 名	属 性 值
Form1	Caption	图像框抽奖示例
Image1	Picture	Shuzi0.jpg
	Strech	True
Image2	Picture	Shuzi0.jpg
	Strech	True
Image3	Picture	Shuzi0.jpg
	Strech	True
Timer1	Interval	1000
Command1	Caption	抽奖
Command2	Caption	结束

（3）程序代码如下：

```
Dim num1 As Integer, num2 As Integer, num3 As Integer
Private Sub Form_Load()
    Timer1.Enabled = False
End Sub
Private Sub Command1_Click()
    Timer1.Enabled = True
End Sub
Private Sub Command2_Click()
    Timer1.Enabled = False
End Sub
Private Sub Timer1_Timer()
    Randomize
    num1 = Int(Rnd * 10)
    Image1.Picture = LoadPicture(App.Path & "\" & num1 & ".jpg")
    Randomize
    num2 = Int(Rnd * 10)
    Image2.Picture = LoadPicture(App.Path & "\" & num2 & ".jpg")
    Randomize
    num3 = Int(Rnd * 10)
    Image3.Picture = LoadPicture(App.Path & "\" & num3 & ".jpg")
End Sub
```

（4）运行程序，单击“抽奖”命令按钮时，图像框中的图像随机抽取，单击“停止”命令按钮时，抽奖结束，显示的数据就是中奖号码，运行结果如图 6.8 所示。

图 6.8 例 6.2 的程序运行结果

6.2.4 形状控件 Shape

形状控件（Shape）可以在窗体、框架或图片框中创建矩形、正方形、椭圆形、圆形、圆角矩形或圆角正方形等图形。形状控件预定义了六种形状，可以通过 Shape 控件的 Shape 属性取值来决定。

形状控件的常用属性如下。

（1）Shape：用来设置控件所显示的几何形状。其属性取值为 0、1、2、3、4、5。如图 6.9 所示，分别对应六种形状。

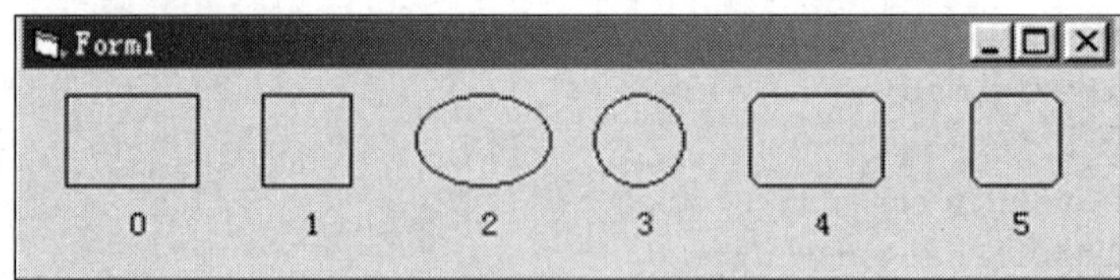

图 6.9 形状控件的 Shape 属性设置

用户也可以在运行时改变 Shape 属性值实现图形绘制，语句如下：

```
[对象.]Shape = [{0|1|2|3|4|5}]
```

（2）FillStyle：用来设置形状内部的填充图案样式，它有八种取值，如图 6.10 所示。当 FillStyle 值为 0 时，用 FillColor 的颜色填充形状。

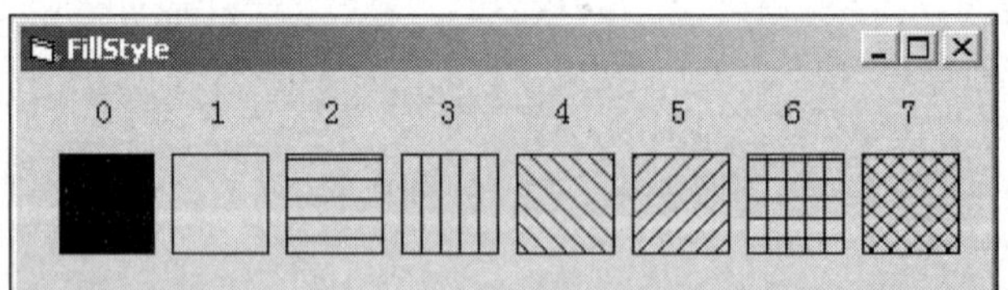

图 6.10 FillStyle 属性决定的内部图案

6.2.5 线条控件 Line

Line 控件是 VB 6.0 的标准控件，可以在某些容器控件（例如，Form、Frame、Picture 等）上画出水平、垂直或斜线图形。Line 控件主要属性说明如下。

（1）X1：线段起点的横坐标。

（2）Y1：线段起点的纵坐标。

（3）X2：线段终点的横坐标。

（4）Y2：线段终点的纵坐标。

（5）BorderColor：线段的颜色，有调色板和系统两种设置模式。

（6）DrawMode：16 种不同的画线样式。

（7）BorderStyle：七种不同的线形。

（8）BoderWidth：以像素为单位设定线的粗细。

图 6.11 显示了在某些容器控件中采用 Line 控件所画的线段。

【例 6.3】 设计程序，当单击窗体时，显示窗体工作区的对角线。程序运行结果如图 6.12 和图 6.13 所示。

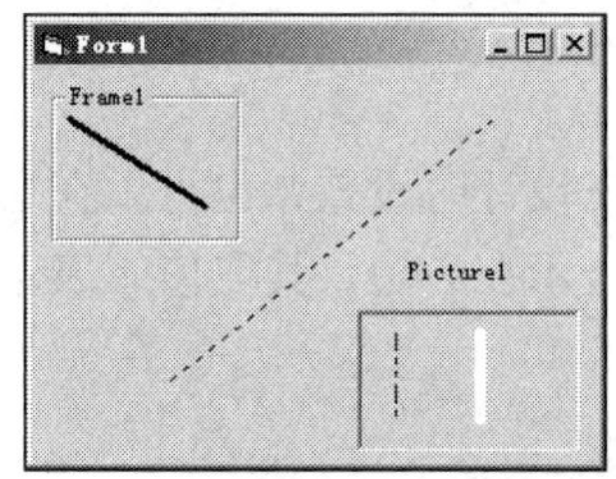

图 6.11 使用 Line 控件生成线段

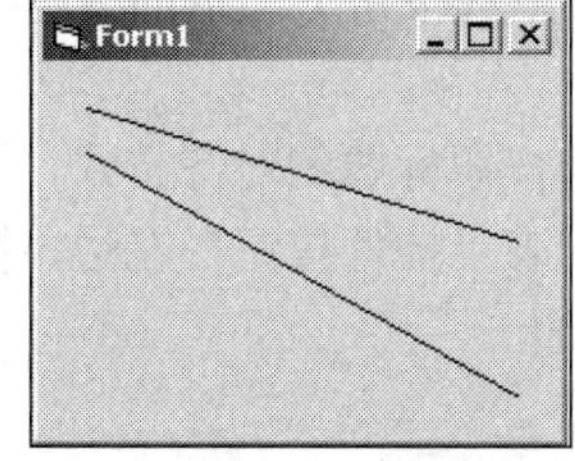

图 6.12 程序运行，单击窗体前

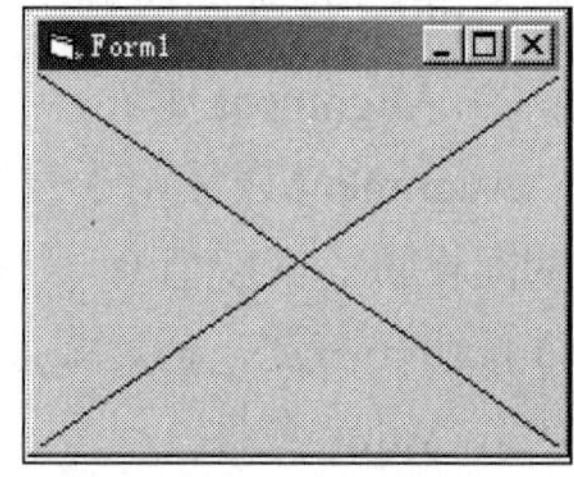

图 6.13 程序运行，单击窗体后

项目设计：在窗体中添加两个 Line 控件，名称分别为 Line1 和 Line2。在窗体的 Click 事件中设置它们的端点坐标，就可以显示窗体工作区的对角线。

程序代码如下：

```
Private Sub Form_Click()
    '显示主对角线
    line1.X1 = 0
    line1.Y1 = 0
    line1.X2 = Form1.ScaleWidth
    line1.Y2 = Form1.ScaleHeight
    '显示副对角线
    line2.X1 = Form1.ScaleWidth
    line2.Y1 = 0
    line2.X2 = 0
    line2.Y2 = Form1.ScaleHeight
End Sub
```

利用线与形状控件，用户可以迅速地显示简单的线与形状或将之打印输出。与其他大部分控件不同的是，这两种控件不会响应任何事件，它们只用来显示或打印。

6.3 单选按钮、复选框、框架

选择控件包括复选框和单选按钮。它们是从界面上众多备选答案中选择所需要答案的控件。也是 VB 程序设计中应用较多的控件。

6.3.1 单选按钮

单选按钮 (OptionButton) 也称为选择按钮。一组单选钮控件可以提供一组彼此相互排斥的选项，任何时刻用户只能从中选择一个选项，实现一种“单项选择”的功能，被选中项目左侧圆圈中会出现一个黑点，其他单选按钮将自动变成未选中。

如果在一个窗体中要建立一个以上的选项组时，则需添加框架（Frame）分组，使置于同一框架中的单选按钮组成一组。

1. 单选按钮的常用属性

1）Caption 属性

Caption 属性的值是用于设置单选按钮上显示的标题。

2）Alignment 属性

Alignment 属性用于设置单选按钮标题的对齐方式，可以在设计时设置，也可以在运行期间设置。其取值 0（默认值）表示控件按钮在左边，标题显示在右边。其取值 1 表示控件按钮在右边，标题显示在左边。

3）Value 属性

Value 属性是默认属性，其值为逻辑类型，表示单选按钮的状态，可以在设计时设置，也可以在运行期间设置。其取值为 True 时，表示单选钮被选定；其取值为 False（默认值）时，表示单选按钮未被选定。

4）Style 属性

Style 属性用来指定单选按钮的显示方式，用于改善视觉效果。其取值为 0（默认值）时，表示标准方式；其取值为 1 时，表示图形方式。当该属性设置为 1（Graphical）时，就可以在 Picture、DownPicture 和 Disabled Picture 中分别设置不同的图标或位图，用三种不同的图形分别表示未选定、选定和禁止选择。

5）Picture 属性

Picture 属性用来返回或设置未选定控件时的图片。可以在设计时设置，也可以在运行期间通过 LoadPicture()函数设置。如果 Caption 属性有值，则同时显示图片和文字。如果图片太大，则自动剪裁。

6）DownPicture 属性

DownPicture 属性用来返回或设置选定控件时的图片。如果该属性为空，则按钮被按下时，只显示 Picture 属性指定的图片。如果 Picture 属性和 Disabled Picture 属性为空，则只显示文字。

7）DisabledPicture 属性

DisabledPicture 属性用来返回或设置禁止选择时的图片。即控件的 Enabled 属性为 False 时控件的图片。图 6.14 所示为不同状态下的单选按钮。

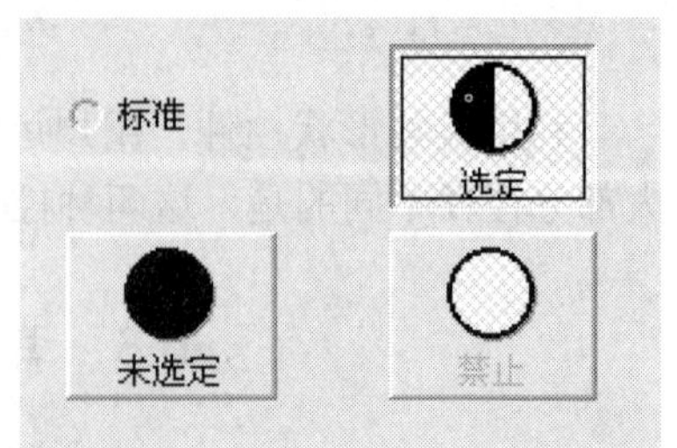

图 6.14 图片风格的单选按钮

2. 单选按钮的常用事件和方法

单选按钮的常用事件为 Click，即当用户在一个单选按钮上单击按钮时发生。单选按钮的方法很少使用。

【例 6.4】　设计一个窗体，模拟单选题测试。

（1）创建一个窗体，在窗体上设置四个单选按钮、一个标签和一个命令按钮。

（2）设置各控件的属性，如表 6.4 所示。

表 6.4　例 6.4 控件的属性

对　象　名	属　性　名	属　性　值
Form1	Caption	单选题
Label1	Caption	下列控件中没有 Caption 属性的是（　　）。
Option1	Caption	A. 框架
Option2	Caption	B. 列表框
Option3	Caption	C. 复选框
Option4	Caption	D. 单选按钮
Command1	Caption	查看答案

（3）程序代码如下：

```
Private Sub Form_Load()
    Option1.Value = False
    Option2.Value = False
    Option3.Value = False
    Option4.Value = False
End Sub
Private Sub Command1_Click()
    If Option2.Value = True Then
        MsgBox "恭喜，你答对了"
    Else
        MsgBox "真遗憾，你选错了"
    End If
End Sub
```

（4）运行程序，首先选择不同的单选按钮，然后单击命令按钮，显示运行结果如图 6.15 所示。

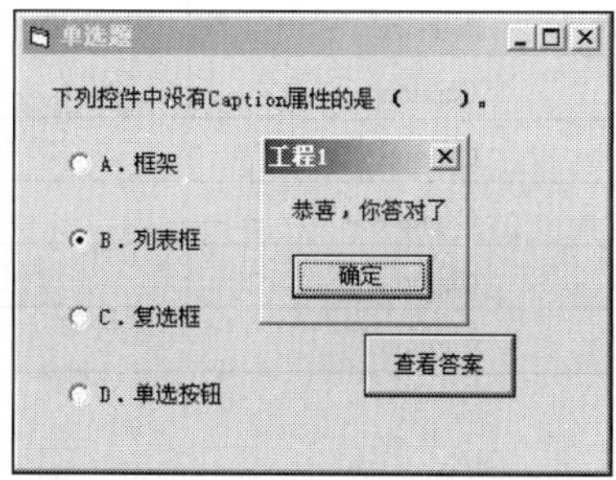

图 6.15　例 6.4 的程序运行结果

6.3.2 复选框

复选框（CheckBox）与单选按钮类似，不同之处是复选框代表多重选择。在列出可供用户选择的多个选项中，用户根据需要可选择一项或多项。当某一项被选中后，其左边的☐就变成☑。

1. 复选框的常用属性

1）Caption 属性

Caption 属性是用来设置复选框上显示的文本。

2）Value 属性

Value 属性是默认属性，其值为整型，表示复选框的状态，其取值 0-vbUnchecked 表示未被选定，是默认值；其取值 1-vbChecked 表示被选定；其取值 2-vbGrayed 表示灰色，禁止用户选择。

3）Style 属性

Style 属性值为整型，用来设置单选按钮的显示方式。

0-Standard（默认值）：标准方式。

1-Graphical：图形方式。

当该属性值为 0-Standard 时，可以显示控件按钮和标题；当该属性为 1-Graphical 时，单选钮外观与命令按钮类似。Style 属性只能在“属性”窗口中进行设置。

2. 复选框常用事件和方法

同单选按钮一样，复选框也能接收 Click 事件。当用户单击后，复选框自动改变状态。复选框的方法很少使用。

【例 6.5】 设计一个窗体，模拟多项选题测试。

（1）创建一个窗体，在窗体上设置一个标签、四个复选框和一个命令按钮。

（2）设置各控件属性值，如表 6.5 所示。

表 6.5 例 6.5 控件的属性

对 象 名	属 性 名	属 性 值
Form1	Caption	多选题
Label1	Caption	空白
	Fontsize	12
Check1	Caption	空白
Check 2	Caption	空白
Check 3	Caption	空白
Check 4	Caption	空白
Command1	Caption	查看答案

（3）程序代码如下：

```
Private Sub Form_Load()
```

```
    Label1.Caption = "在社会主义中国化的过程中，产生了毛泽东思想"& _
    "和中国特色社会主义理论体系，这两大理论体系一脉相承主要体现在，二者"& _
    具有共同的"
    Check1.Caption = "A 马克思主义的理论基础"
    Check2.Caption = "B 革命和建设的根本任务"
    Check3.Caption = "C 实事求是的理论基础"
    Check4.Caption = "D 和平与发展的时代背景"
End Sub

Private Sub Command1_Click()
    If Check1.Value=1 And Check3.Value = 1 And Check2.Value=0 _
    And Check4.Value=0 Then
    MsgBox "恭喜，你选对了！"
    Else
    MsgBox "很遗憾，你选错了！"
    End If
End Sub
```

（4）运行程序，首先选择不同的复选框，然后单击命令按钮，显示运行结果如图 6.16 所示。

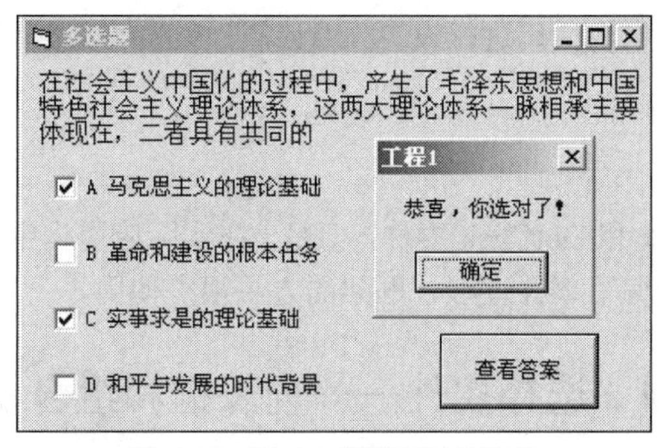

图 6.16　例 6.5 的程序运行结果

6.3.3　框架

框架是一个容器控件，用于将屏幕上的对象分组。主要用于为单选按钮分组。

单选按钮的一个特点是当选择其中的一个后，其余的会自动关闭，而在实际设计当中往往需要在同一窗体中建立几组相对独立的单选按钮，要对这些分属于不同组的单选按钮进行划分组合，VB 中的框架 Frame 控件就提供了此项功能。

此时使用框架就可以将每一组单选按钮分隔开。这样在一个框架内的单选按钮就自动成为一组，对它们的操作将不会影响框架以外的单选按钮。另外，对于其他类型的控件用框架框起来，可提供视觉上的区分和总体的激活或屏蔽特性。

建立框架时需注意以下几点。

（1）在窗体上创建框架及其内部控件时，必须先建立框架，然后在建好的框架中建立各种其他控件，如单选按钮等。

（2）创建控件不能使用双击工具箱上工具的自动方式，而应该先单击工具箱上的工具，然后用出现的“+”指针，在框架中适当位置拖拉出适当大小的控件。

（3）如果要用框架将现有的已存在于窗体的控件分组，则应先选定控件，将它们剪切（Ctrl+X 组合键）到剪贴板，然后选定框架并将剪贴板上的控件粘贴（Ctrl+V 组合键）到框架上。

1. 框架的常用属性

（1）Caption 属性。该属性值为字符串型，用来设置框架的标题。框架的标题位于框架的左上角。如果 Caption 属性值为空字符串，则框架为封闭的矩形框。

（2）Enabled 属性。该属性值为逻辑型，用来设置框架是否有效，即框架内的所有控件是否有效。

True（默认值）：有效。

False：无效。

该属性只能在程序中用代码进行设置。当该属性设置为 False 时，框架的标题为灰色，框架内的所有对象均被屏蔽，不允许用户对其进行操作。

（3）Visible 属性。该属性值为逻辑型，用来设置框架是否可见。

True（默认值）：可见。

False：隐藏。

该属性只能在程序中用代码进行设置，当该属性设置为 False 时，框架及其框架内的所有控件将被隐藏起来。

2. 框架常用事件和方法

框架可以响应 Click 和 DblClick 事件，但是，在实际应用当中常常是将框架作为“容器”使用，一般不需要编写事件过程。框架的方法很少使用。

6.4 选择控件——列表框和组合框

列表框（ListBox）和组合框（ComboBox）是 Windows 应用程序常用的控件，主要用于提供一些可供选择的项目。

6.4.1 列表框

在列表框中通常有多个项目供选择，用户可以通过单击某一项目进行选择。如果项目太多，超出了列表框设计时的长度，则 VB 会自动给列表框加上垂直滚动条。为了能正确操作，列表框的高度应不少于三行。需要注意的是，列表框只能从其中选择，而不能直接修改其中的内容，如图 6.17 所示。

1. 常用属性

1）List 属性

List 属性是一个字符串数组，用于保存列表框中的各个数据项内容。List 数组的下标是从 0 开始的。即 List(0)保存表中的第一个数据项的内容。List(1)保存第二个数据项的内容，以此类推，List(ListCount−1)保存表中的最后一个数据项的内容。语法格式：

列表框名.List(索引号)=项目内容

例如，可以在设计状态设置中，设置 List 属性。如图 6.18 所示，List1.List(0)的值即表示列表框 List1 中 List 属性第一项的项目内容，即“北京”。

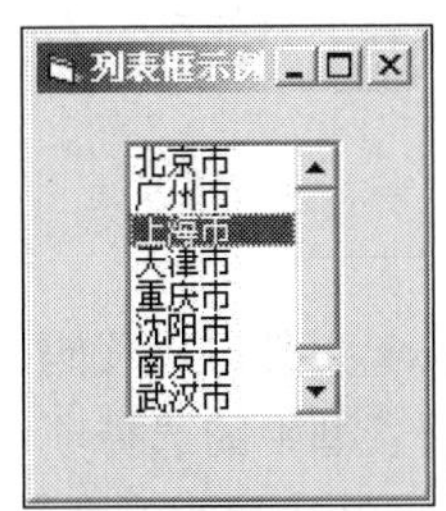

图 6.17 列表框示例

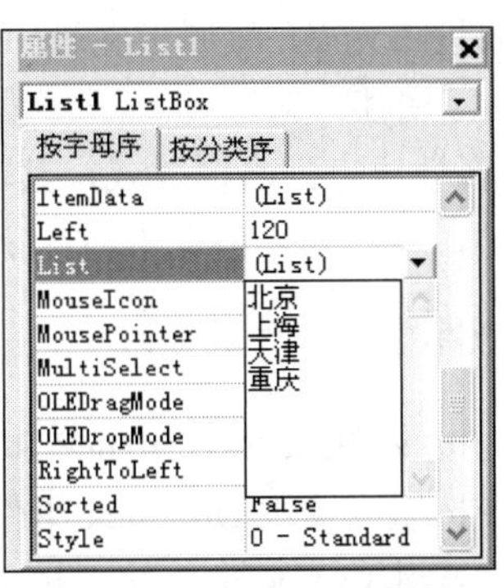

图 6.18 列表框 List 属性

2）ListCount 属性

ListCount 属性表示列表框中有多少列表项。该属性只能在程序中设置或引用。

3）ListIndex 属性

ListIndex 属性返回或设置列表框中当前被选中的项目的序号。序号也是自 0 开始，第 1 个项目的序号为 0，第 2 个项目的序号为 1，以此类推。如果 ListIndex 属性值为-1，则表明没有项目被选中。该属性只能在程序运行时使用。

4）Selected 属性

Selected 属性是一个逻辑数组，用于返回或设置列表框中某一个列表项的选择状态，表示对应的项在程序运行期间是否被选中，只能在运行中设置或引用。

例如，Selected(0)的值为 True 表示第一项被选中，为 False 表示未被选中。

5）Sorted 属性

Sorted 属性设置列表框中各列表项在程序运行期间是否自动按字母顺序排列显示。Sorted 属性只能在设计状态设置。

如果 Sorted 为 True，则项目按字母顺序排列显示；如果 Sorted 为 False，则项目按加入先后顺序排列显示。

6）Text 属性

Text 属性是该控件的默认属性，只能在运行状态中设置或引用，其值是被选定项的文本内容，与表达式 List(ListIndex)的返回值相同。

7）MultiSelect 属性

MultiSelect 属性决定列表框是否支持多选。该属性有三种状态。

0-None（默认值）：禁止多项选择，只能选择一个条目。

1-Simple：简单多项选择，用鼠标单击或按空格键表示选定或取消选定一个选择项。

2-Extended：扩展多项选择，按住 Ctrl 键同时用鼠标单击或按空格键，表示选定或取消选定一个选择项；按住 Shift 键同时单击鼠标，或者按住 Shift 键并且移动光标键，就可以从前一个选定的项扩展选择到当前选择项，即选定多个连续项。

需注意的是，对于复选框样式的列表框（Style=1），虽然其 MultiSelect 属性必须为 0，但仍然可以选中多个项目。

8）Selcount 属性

Selcount 属性值可以表明列表框中当前被选中的条目的总数。如果没有任何条目被选中，则该属性值为 0。该属性在程序运行时只读，设计时不可用。

9）Style 属性

Style 属性决定列表框样式，其取值为 0（默认值）时，表示只显示列表项文本；其取值为 1 时，表示列表项文本前带复选框。

2. 列表框常用事件和方法

列表框接收 Click 和 DblClick 事件。但有时不用编写 Click 事件过程代码，而是当单击一个命令按钮或发生 DblClick 事件时，读取 Text 属性。列表框中的选择项可以简单地在设计状态通过 List 属性设置，也可以在程序中用 AddItem 方法来填写，用 RemoveItem 或 Clear 方法删除。

1）AddItem 方法

AddItem 方法可以向列表框当中添加新条目。其格式如下：

List1.AddItem 字符串表达式 [,index]

说明：可以使用该方法在窗体的 Load 事件过程中对列表框添加初始条目。字符串表达式是将要加入列表框的项目。index 决定新增项目在列表框中的位置。如果 index 省略，则新增项目添加在最后。对于第一个项目，index 为 0。index 不能比现有条目数大，否则会出现错误。

例如，在列表框的第 2 项位置插入一新列表项，内容为“C 语言程序设计”，代码为：

```
List1.AddItem "C 语言程序设计", 1
```

2）RemoveItem 方法

RemoveItem 方法可以从列表框中删除一个项目。其格式如下：

```
List1.RemoveItem  index
```

说明：index 是被删除项目在列表框或组合框中的位置。对于第一个元素，index 为 0。

例如，删除列表框的第 2 项的代码为：

```
List1.RemoveItem 1
```

3）Clear 方法

Clear 方法清除列表框当中所有现有条目。其格式如下：

List1.Clear

说明：对象可以是列表框、组合框或剪贴板，即 Clear 方法适用于列表框、组合框和剪贴板。

【例 6.6】 设计一个窗体，实现学生选课。

（1）创建一个窗体，在窗体上设置两个标签、两个列表框和四个命令按钮。左边列表框中显示所有课程，右边列表框中显示已经选择的课程。其中，“>” 命令按钮用来表示是从左边列表框中把被选中的课程移动到右边列表框中，“>>”命令按钮用来表示是从左边列表框中把所有项目都移动到右边列表框中，“<” 命令按钮用来表示是从右边列表

框中把被选中的课程移动到左边列表框中，“<<”命令按钮用来表示是从右边列表框中把所有项目都移动到左边列表框中

（2）设置各控件的属性，如表 6.6 所示。

表 6.6　例 6.6 控件的属性

对 象 名	属 性 名	属 性 值
Form1	Caption	学生选课
Label1	Caption	本学期开设课程
Label2	Caption	已经选择的课程
Commond1	Caption	>
Commond2	Caption	>>
Commond3	Caption	<
Commond4	Caption	<<
List1	Style	1-Checked
List2	MultiSelect	1-Simple

（3）程序代码如下：

```
Private Sub Form_Load()
    List1.AddItem "C 语言程序设计"
    List1.AddItem "C++程序设计"
    List1.AddItem "数据结构"
    List1.AddItem "数据库原理"
    List1.AddItem "操作系统"
    List1.AddItem "网络工程"
    List1.AddItem "Java 语言"
    List1.AddItem "离散数学"
    List1.AddItem "人工智能"
    List1.AddItem "软件工程"
    List1.AddItem "Visual Basic 程序设计"
    List1.AddItem "计算机组成原理"
    List1.AddItem "汇编语言"
    List1.AddItem "编译原理"
End Sub

Private Sub Command1_Click()
    Dim i As Integer
    For i = List1.ListCount - 1 To 0 Step -1
        If List1.Selected(i) = True Then
            List2.AddItem List1.List(i)
            List1.RemoveItem i
        End If
    Next i
End Sub

Private Sub Command2_Click()
```

```
    Dim i As Integer
    For i = 0 To List1.ListCount - 1
        List2.AddItem List1.List(i)
    Next i
    List1.Clear
End Sub

Private Sub Command3_Click()
    Dim i As Integer
    For i = List2.ListCount - 1 To 0 Step -1
        If List2.Selected(i) = True Then
            List1.AddItem List2.List(i)
            List2.RemoveItem i
        End If
    Next i
End Sub

Private Sub Command4_Click()
    Dim i As Integer
    For i = 0 To List2.ListCount - 1
        List1.AddItem List2.List(i)
    Next i
    List2.Clear
End Sub
```

（4）运行程序，单击“>”命令按钮，把左边列表框中前边有“√”项目移动到右边列表框中，同时还可以在右边列表框中选择多个项目移动到左边列表框中，显示运行结果如图 6.19 所示。

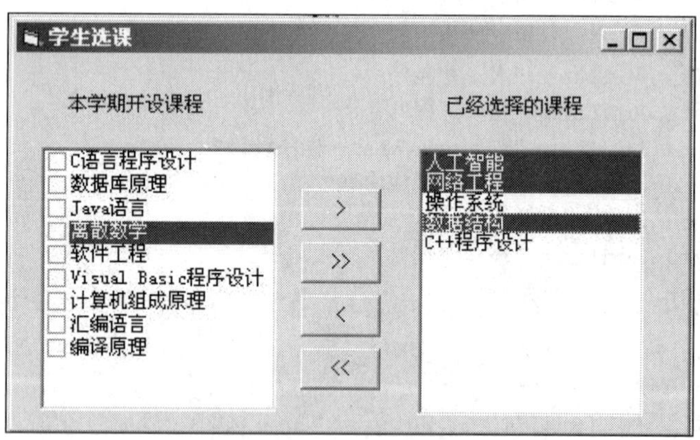

图 6.19　例 6.6 的程序运行界面

6.4.2　组合框

组合框是一种组合了列表框和文本框的特性而成的控件。它可以像列表框一样，让用户通过鼠标选择所需要的项目；也可以像文本框一样，用键入的方式选择项目。

1. 组合框的常用属性

组合框的属性、方法和事件与列表框基本相同，下面介绍几个与列表框有所不同的几个属性。

1）Style 属性

Style 属性是组合框的一个重要属性，其取值为 0、1、2，它决定了组合框三种不同的类型，分别为下拉式组合框、简单组合框和下拉式列表框，如图 6.20 所示。

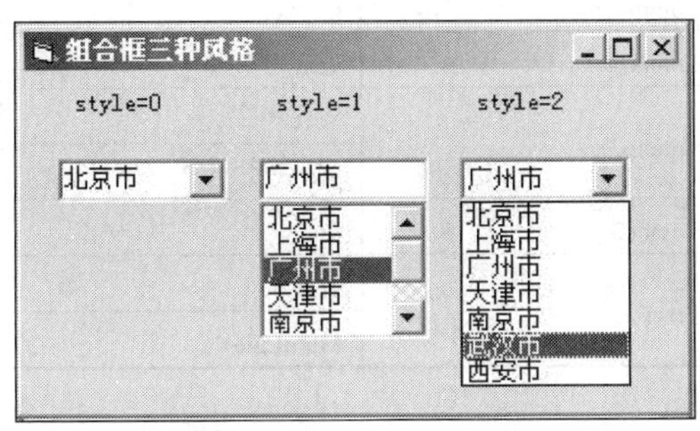

图 6.20　组合框的三种风格

（1）组合框的风格由 Style 属性值决定。当 Style 属性为 0（默认值），表现风格为下拉式组合框，即显示在屏幕上的仅是文本编辑框和一个下拉箭头。

（2）当 Style 属性为 1，表现风格为简单组合框，它列出所有项目供用户选择，右边没有下拉箭头，所列项目不能收起，与文本编辑框一起显示在屏幕上。用户可以在文本框中输入列表框中没有的选项。

（3）Style 属性为 2，表现风格为下拉式列表框，功能类似于下拉式组合框，但不能输入不在列表框里的内容。

2）Text 属性

Text 属性用于获取当前选中项目值。组合框在运行时 Text 属性与最后文本框中显示的文本相对应。

组合框的其他属性与列表框和文本框的大部分属性相同。组合框也有 SelLength、SelStart 和 SelText 这三个文本框特有的属性。

2. 组合框常用事件和方法

组合框所响应的事件依赖于其 Style 属性。单击组合框中向下的箭头时，将触发 DropDown 事件，该事件实际上对应于向下箭头的 Click 事件。一般不针对组合框的事件进行单独编程。

组合框支持的方法与列表框相同，用法也一样，请参考列表框内容介绍。

【例 6.7】　设计一个窗体，使用文本框显示学生所在学院、所学专业和班级。

（1）创建一个窗体，在窗体上设置三个标签、一个文本框、三个组合框和一个命令按钮。组合框 1 中显示学院信息，组合框 2 中显示根据不同学院所开设的专业，组合框 3 中显示班级。

（2）设置各控件的属性，如表 6.7 所示。

表 6.7　例 6.7 控件的属性

对象类型	对　象　名	属　性　名	属　性　值
窗体	Form1	Caption	学生部门
标签	Label1	Caption	所在学院
标签	Label2	Caption	所学专业
标签	Label3	Caption	所在班级
命令按钮	Commond1	Caption	显示
组合框	Combo1	Text	空白
组合框	Combo2	Text	空白
		Style	1-SimpleCombo
组合框	Combo3	Style	2-DropdownList
文本框	Text1	Text	张三是
		MultiLine	True

（3）程序代码如下：

```
Private Sub Form_Load()
    Combo1.AddItem "计算机科学与技术"
    Combo1.AddItem "信息科学与技术"
    Combo1.AddItem "化学工程与技术"
    Combo1.AddItem "环境生物工程与技术"
    Combo3.AddItem "1201"
    Combo3.AddItem "1202"
    Combo3.AddItem "1203"
    Combo3.AddItem "1204"
    Combo3.AddItem "1205"
End Sub

Private Sub Combo1_Click()
    Combo2.Clear
    Select Case Combo1.Text
        Case "计算机科学与技术"
            Combo2.AddItem "计算机科学"
            Combo2.AddItem "网络工程"
            Combo2.AddItem "软件工程"
            Combo2.AddItem "计算机组成"
        Case "信息科学与技术"
            Combo2.AddItem "测控技术与仪器"
            Combo2.AddItem "自动化与仪表"
            Combo2.AddItem "电气工程及其自动化"
        Case "化学工程与技术"
            Combo2.AddItem "化学工程"
            Combo2.AddItem "安全工程"
            Combo2.AddItem "制药工程"
        Case "环境生物工程与技术"
            Combo2.AddItem "生物工程"
            Combo2.AddItem "环境工程"
```

```
    End Select
End Sub

Private Sub Command1_Click()
Text1.Text = Text1.Text & Combo1.Text & "学院" & Combo2.Text & _
"专业" & Combo3.Text & "班学生"
End Sub
```

（4）运行程序，单击“显示”命令按钮，根据不同组合框中所选的信息在文本框中显示，显示运行结果如图 6.21 所示。

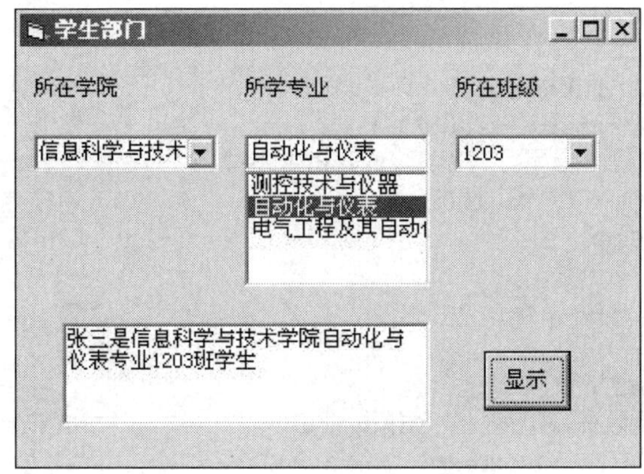

图 6.21　例 6.7 的程序运行结果

6.5　时 钟 控 件

时钟控件（Timer）又称计时器、定时器控件，能够有规律地以一定的时间间隔触发计时器事件（Timer 事件）。一个窗体可以使用多个时钟控件，它们的时间间隔相互独立。适合编写不需要与用户进行交互就可直接执行的代码，如计时、倒计时、动画等。

在程序运行阶段，时钟控件不可见。

1. 时钟的常用属性

1）Interval 属性

Interval 属性决定了两个 Timer 事件之间的时间间隔，时间间隔单位是毫秒。取值范围在 0～64 767 之间（包括这两个数值），单位为毫秒（1ms=0.001s），表示计时间隔。最大的时间间隔约为 65s。若将 Interval 属性设置为 0 或负数，则时钟停止工作。

2）Enabled 属性

Enabled 属性用于决定时钟是否生效，无论何时，只要时钟控件的 Enabled 属性被设置为 True，而且 Interval 属性值大于 0，则计时器开始工作（以 Interval 属性值为间隔，触发 Timer 事件）。通过把 Enabled 属性设置为 False 可使时钟控件无效，即计时器停止工作。

2. 时钟的常用事件和方法

Timer 事件是时钟唯一的一个事件，定时执行的代码都放在该事件过程中。Timer 事件是周期性的事情，间隔多长时间产生一次，由控件的 Interval 属性指定。当规定的时间间隔达到时，就会触发这个事件。

例如，如果希望每隔 1s 执行一次某事件，则须将 Interval 属性设置为 1000。

【例 6.8】 设计一个窗体，实现闹钟的功能。

（1）创建一个窗体，设置五个标签、一个定时器、两个文本框。

（2）设置各控件的属性。

（3）程序代码如下：

```
Dim hour, minute
Sub Timer1_Timer()
   Dim i As Integer
   Label3.Caption = Time$()
   If Mid$(Time$, 1, 5) = hour + ":" + minute Then
      For i = 1 To 100
         Beep
      Next i
   End If
End Sub
Sub Command1_Click()
   hour = Format(Text1.Text, "00")
   minute = Format(Text2.Text, "00")
End Sub
Sub Command2_Click()
   hour = "00"
   minute = "00"
End Sub
Sub Command3_Click()
   End
End Sub
```

（4）运行程序，在两个文本框中输入定时的小时和分，然后单击“定时”按钮启动时钟，时钟以 1s 间隔显示系统时间。“停止”按钮用来制止铃响，“结束”按钮用来终止程序运行。程序运行结果如图 6.22 所示。

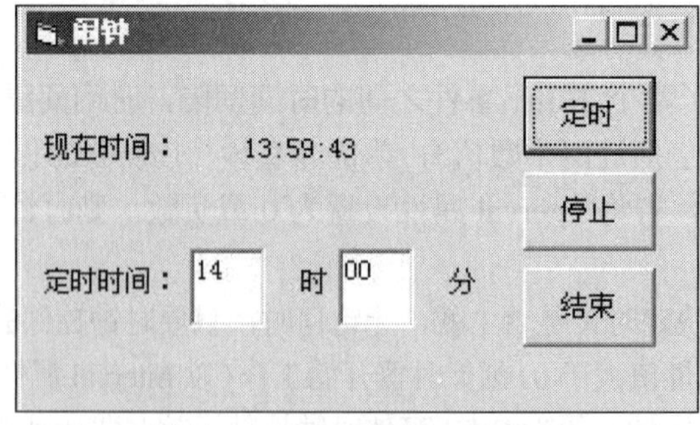

图 6.22　例 6.8 的程序运行结果

6.6 滚动条

滚动条（ScrollBar）通常在窗体上用来协助观察数据或确定位置，也可以作为数据输入的工具，被广泛用于 Windows 应用程序中。

VB 提供的滚动条有水平滚动条（HScrollBar）和垂直滚动条（VScrollBar）两种。除方向不一样外，水平滚动条和垂直滚动条的结构和操作是相同的。滚动条的两端各有一个滚动箭头，在滚动箭头之间有一个滚动框，如图 6.23 所示。

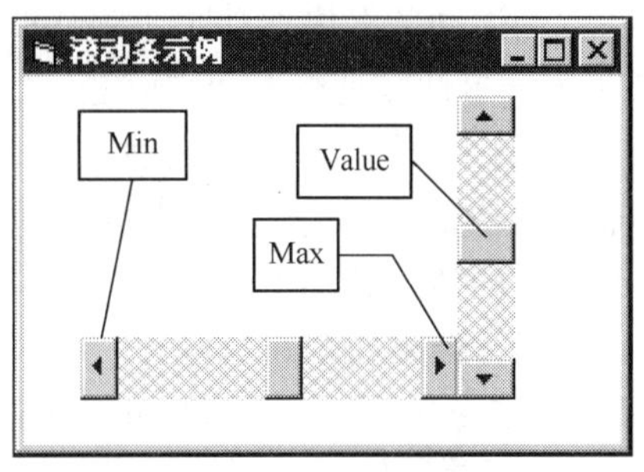

图 6.23 滚动条示例

1. 滚动条的常用属性

1）Max 和 Min 属性

滚动条的坐标系与它当前的尺寸大小无关。可以把每个滚动条当做有数字刻度的直线，从一个整数到另一个整数。这条直线的最小值和最大值分别在该直线的左、右端点或上、下端点，其值分别赋给属性 Min 和 Max。

Max 属性设置或返回滚动块位于水平滚动条最右侧或者垂直滚动条最低端时的值。默认值是 32 767，表示当滑块处于滚动条最大位置时所代表的值。

Min 属性设置或返回滚动块位于水平滚动条最左侧或者垂直滚动条最高端时的值。默认值是 0，表示当滑块处于滚动条最小位置时所代表的值。

2）Value 属性

Value 属性用于设置或返回滚动条当前代表的值。滚动条的值均以整数表示，其取值范围为-32 768～32 767。滚动滑块的位置可以大体反映这个值。无论单击箭头、单击空白区域还是拖动滚动滑块，都会改变这个属性值。对应于滚动块在滚动条中的位置，其值总在 Max 和 Min 之间。

3）LargeChange 和 SmallChange 属性

LargeChange 属性是指当用户在滚动框的空白区域内单击时，滚动条值的改变量。

SmallChange 属性是指当用户单击滚动条两端的滚动按钮时，滚动条值的改变量，通常 SmallChange=1。

2. 滚动条常用事件和方法

滚动条不支持 Click 和 DblClick 事件。与滚动条有关的事件主要是 Scroll 和 Change 事件。

1）Change 事件

Change 事件是滚动条控件中经常使用的事件，Change 事件是在释放滚动块或通过代码改变其 Value 属性值时发生。单击滚动条两端的箭头或空白处也将引发 Change 事件。

2）Scroll 事件

当鼠标拖动滚动条上的滑块时会触发 Scroll 事件。单击滚动条两端的箭头或滚动条空白处均不触发此事件。需要注意 Scroll 事件与 Change 事件的区别在于：

当鼠标在滚动条内拖动滚动框时会触发 Scroll 事件。单击滚动条两端的箭头或滚动条空白处均不能触发此事件。

当滚动条滑块滚动时，Scroll 事件一直发生，可用于跟踪滚动条中的动态变化；而 Change 事件只是在滚动结束之后才发生一次，可用来得到滚动滑块所在的位置值。

【例 6.9】 在一个窗体上建立一个水平滚动条和垂直滚动条的使用示例，用两个文本框分别显示两个滚动条的值，移动滑块或单击滚动箭头，观察值的变化。运行结果如图 6.24 所示。

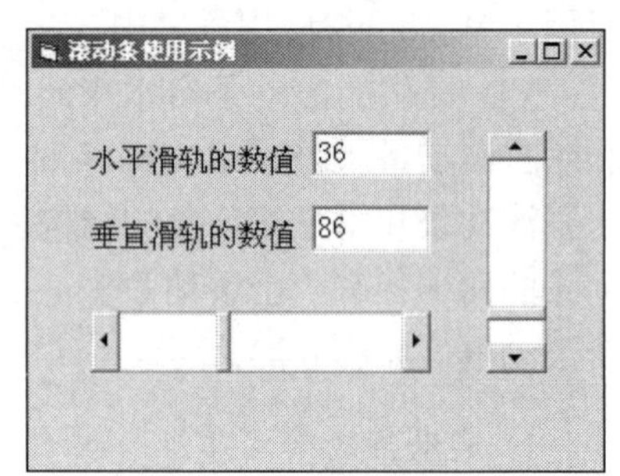

图 6.24 例 6.9 的程序运行结果

分析：在滚动条的 Change 事件中编码，将滚动条的 Value 属性值传递到文本框中显示。

步骤：

（1）在 VB 环境中，单击“文件”→“新建工程”命令，在新建的窗体上添加两个标签、两个文本框、一个水平滚动条控件和一个垂直滚动条控件。

（2）设置各相关控件的属性，如表 6.8 所示。

表 6.8 例 6.9 的各相关控件的属性设置

控件名称	属 性 名	属 性 值	说 明
Form1	Caption	滚动条使用示例	其他控件属性值都选择默认值，对程序运行所需的初始值可在窗体的 Load 事件中编写代码
Label1	Caption	水平滑轨的数值	
Label2	Caption	垂直滑轨的数值	
HScroll1	Max	100	
	Min	0	
	LargeChange	5	
	SmallChange	1	
VScroll1	Max	100	
	Min	0	
	LargeChange	5	
	SmallChange	1	

（3）编写相关控件的事件代码，代码如下：

```
Private Sub Form_Load()
   Text1.Text = 0        '赋初值为 0
   Text2.Text = 0        '赋初值为 0
End Sub

Private Sub HScroll1_Change()
   Text1.Text = HScroll1.Value
       '将水平滚动条的 Value 属性值赋予 Text1 文本框
End Sub
```

```
    Private Sub VScroll1_Change()
        Text2.Text = VScroll1.Value
            '将垂直滚动条的Value属性值赋予Text2文本框
    End Sub
```

（4）按F5功能键，运行程序。单击滚动条两端的箭头按钮，拖动滑块，观察文本框中的数值变化。

【例6.10】 用三个滚动条作为三种基本颜色的输入工具，设计一个调色板的应用程序，合成的颜色显示在右边的颜色区，分别以不同合成颜色设置文本框中文字的前景色和背景色。

分析：设计一个文本框作为三种基本色合成后的颜色区域，用文本框的BackColor属性显示合成的颜色，再设计两个命令按钮，用命令按钮的Click事件分别将三基色合成后的颜色赋予文本框中文字的前景色和背景色。

步骤：

（1）在VB环境中，单击“文件”→“新建工程”命令，在新建的窗体上添加三个标签、三个滚动条、两个文本框和三个命令按钮控件。

（2）设置各相关控件的属性，如表6.9所示。

表6.9 例6.10各相关控件的属性设置

对象名	属性名	属性值	说明
Form1	Caption	调色板	
Label1	Caption	红	
Label2	Caption	绿	
Label3	Caption	蓝	
Scroll1	Max	255	基色最亮度
	Min	0	基色最暗度
	LargeChange	10	大幅变化值
	SmallChange	1	微调值
Scroll2	Max	255	基色最亮度
	Min	0	基色最暗度
	LargeChange	10	大幅变化值
	SmallChange	1	微调值
Scroll3	Max	255	基色最亮度
	Min	0	基色最暗度
	LargeChange	10	大幅变化值
	SmallChange	1	微调值
Command1	Caption	设置前景色	
Command2	Caption	设置背景色	
Command3	Caption	退出	

（3）程序代码如下：

```
Dim red%, green%, blue%       '设置分别代表三种颜色数值的整型变量
'部分控件的属性赋初始值
Private Sub Form_Load()
   Text1.Text = ""
   Text2.Text = "使用调色板选定颜色设置文本框中字体的前景色和背景色"
   HScroll1.Value = 0
   HScroll2.Value = 0
   HScroll3.Value = 0
   red = HScroll1.Value     '将滚动条 HScroll1 的 Value 属性值赋予变量 red
   Label4.Caption = HScroll1.Value
                 '将滚动条 HScroll1 的 Value 属性值通过标签 Label4 显示
   green = HScroll2.Value
   Label5.Caption = HScroll2.Value
   blue = HScroll3.Value
   Label6.Caption = HScroll3.Value
   Text1.BackColor = RGB(red, green, blue)
        '通过 RGB 函数获取三个变量合成的颜色，并赋予 Text1 的 BackColor 属性
End Sub
Private Sub Command1_Click()
   Text2.ForeColor=Text1.BackColor '将 text1 的背景色赋予 Text2 的前景色
End Sub
Private Sub Command2_Click()
   Text2.BackColor = Text1.BackColor
End Sub
Private Sub Command3_Click()
   End
End Sub
Private Sub HScroll1_Change()
   red = HScroll1.Value
   Label4.Caption = HScroll1.Value
   Text1.BackColor = RGB(red, green, blue)
End Sub
Private Sub HScroll2_Change()
   green = HScroll2.Value
   Label5.Caption = HScroll2.Value
   Text1.BackColor = RGB(red, green, blue)
End Sub
Private Sub HScroll3_Change()
   blue = HScroll3.Value
   Label6.Caption = HScroll3.Value
   Text1.BackColor = RGB(red, green, blue)
End Sub
```

（4）按 F5 功能键，运行程序。最终程序的运行效果如图 6.25 所示。

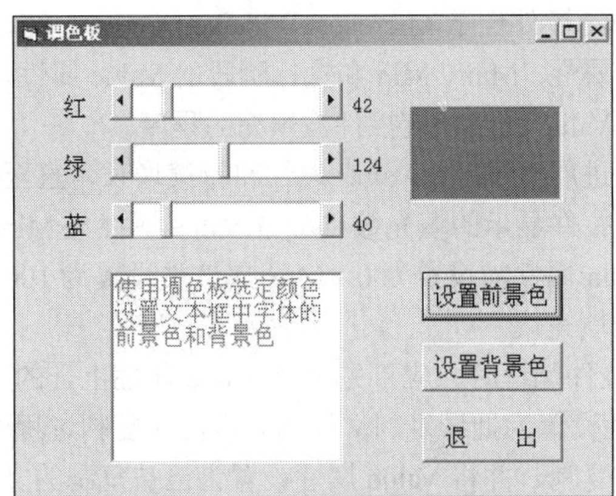

图6.25 例6.10的程序运行结果

6.7 ActiveX控件

VB除了标准控件以外，在应用程序中还可以使用ActiveX控件，ActiveX控件是一种特定的控件，它的使用方法与系统内部控件完全一样，它是由用户设计的或者选购的商品化控件，是系统内部控件的扩展。

VB的许多强大功能可以依靠ActiveX控件获得。程序开发用户可以使用VB自身提供的ActiveX控件以及第三方开发商提供的ActiveX部件。另外，用户也可以自己动手制作部件。

目前，在Internet上有大量的ActiveX部件用户可以下载使用，这样就大大方便了程序设计人员进行程序开发。与集成在VB系统内部的标准控件不同，ActiveX控件是以扩展名为.ocx的文件格式存储，通常存放在Windows的系统文件夹下，需要时可以方便地将其添加到工具箱中，用户就可以像使用标准控件一样在工程中使用。

ActiveX控件是一种可视化的控件，用户在使用ActiveX控件之前需要将控件加载到工具箱中，下面简单地介绍一下添加方法。

（1）在VB集成开发环境中，选择“工程”菜单中的“部件”命令，弹出ActiveX控件对话框。该对话框包含了本机上全部登记注册的ActiveX控件。

（2）选定所需的ActiveX左边的复选框。例如，添加CommonDialog控件（通用对话框）、DataGrid控件等，需要在ActiveX控件中进行选择。

（3）单击“确定”按钮，在工具箱中就添加了选定的ActiveX控件，用户就可以在程序开发过程中正常使用了。

6.7.1 ProgressBar控件

在Windows及其应用程序中，当执行一个耗时较长的操作时，为提供给用户可视的反馈信息，表明这个耗时的操作还要进行多长时间才能完成，通常会用ProgressBar控件（也称为进度条控件）来显示事务处理的进程。例如，通告用户通过网络进行文件传输的进展情况；反映要持续几秒钟以上的过程的进展情况；通告用户正在运行的复杂算法的进展情况等。ProgressBar 控件位于 Microsoft Windows Common Controls 6.0 部件中。

该控件有三个重要属性：Max、Min 和执行阶段的 Value 属性。Max 和 Min 属性用于设置控件的起止界限，Value 属性决定控件被填充的程度。

在显示某个操作的进展情况时，Value 属性将持续增长，直至达到了由 Max 属性定义的最大值。这样，该控件显示的填充数目总是 Value 属性与 Min 和 Max 属性之间范围的比值。例如，如果 Min 属性被设置为 0，Max 属性被设置为 100，Value 属性为 60，那么该控件将显示 60%的填充块。

在对 ProgressBar 控件编程时，应首先确定 Value 属性上升的最大值。例如，批量复制文件，可将 Max 属性设置为批量复制文件的总数，在复制过程中，应用程序必须能够确定已有多少文件已被复制，并将 Value 属性设置为已被复制的文件数。

【例 6.11】 利用进度条控件实现烧开水 5min 定时器功能。

分析：根据题目要求，可在窗体上添加一个时钟控件、一个 ProgressBar 控件、两个命令按钮和一个标签。通过命令按钮启动时钟控件工作，并用变量记下此刻时间。在时钟控件的 Timer 事件中编程检测系统时间和保存在变量中的时间之差是否达到 5min，并把这个差值与 5min 的百分比作为 ProgressBar 控件的值填充。当没有达到 5min 时，可用标签控件显示“请耐心等待，正在进行中……”；当达到 5min 时，可将 PregressBar 控件值置于最大值（100）。最后，停止时钟控件工作，并将标签控件显示改为“水已经烧好了！”。

步骤：

（1）在 VB 环境中，选择“文件”→“新建工程”命令，在新建的窗体上添加一个 ProgressBar 控件、两个命令按钮控件、一个时钟控件和一个标签控件，设计界面如图 6.26 所示。

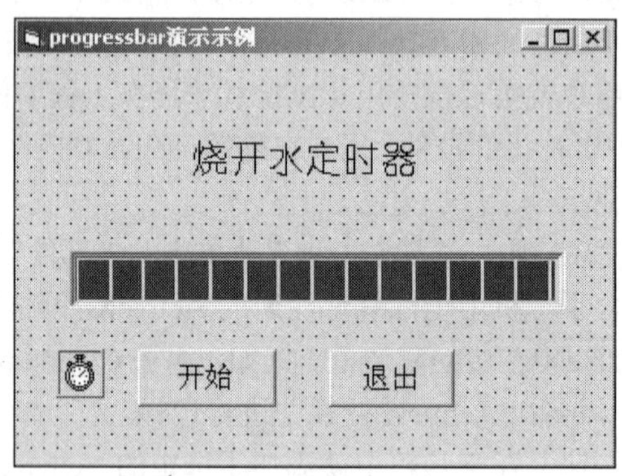

图 6.26 例 6.11 的程序运行结果

（2）设置各相关控件的属性。

（3）程序代码如下：

```
Dim mftime As Single                          '定义时间变量
Private Sub Command1_Click()
   ProgressBar1.Value = 0                     '进度条控件赋初值
   mftime = Timer                             '保存起动时间
   Timer1.Enabled = True                      '启动时钟控件
```

```
    Command1.Enabled = False                         '置开始按钮失效
End Sub

Private Sub Command2_Click()
    Unload Me                                        '卸载窗体
End Sub

Private Sub Timer1_Timer()
    Dim percent                                      '定义进程变量
    percent = 100 * (Timer - mftime) / 300           '计算进程
    If percent < 100 Then                            '判断进程是否已满
       ProgressBar1.Value = percent                  '设置进度条填充量
       Label1.Caption="请耐心等待，正在进行中……"      '设置标签提示
    Else
       ProgressBar1.Value = 100                      '设定进度条值为最高值
       Label1.Caption = "水已经烧好了！"              '设置标签提示
       Beep                                          '响铃
       Timer1.Enabled = False                        '关闭时钟控件
       Command1.Enabled = True                       '置开始按钮有效
    End If
End Sub
```

（4）按 F5 功能键，运行程序。运行中和运行结束界面如图 6.27（a）和（b）所示。

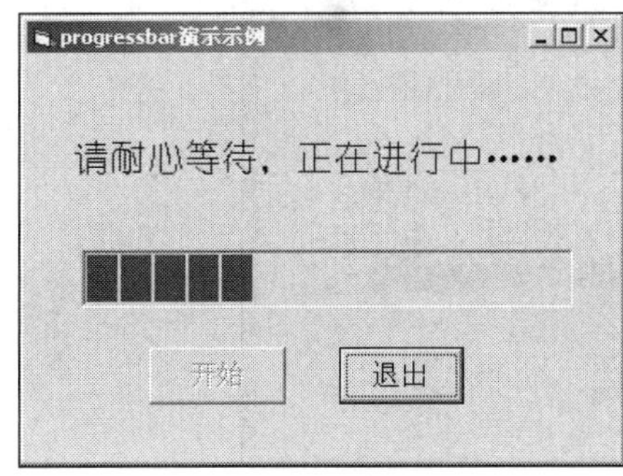

（a）运行中

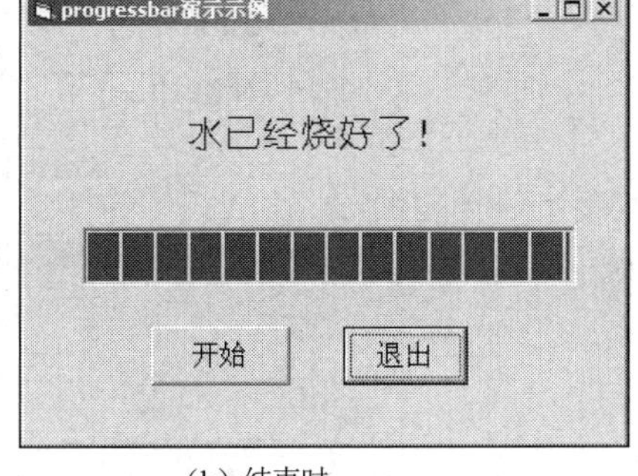

（b）结束时

图 6.27　程序运行中和结束时的界面

6.7.2　UpDown 控件

UpDown 控件也是 Windows 应用程序中一种常用控件，位于 Microsoft Windows Common Controls -2 6.0 部件中。它往往与其他控件“捆绑”在一起使用，方便用户设置与它关联的伙伴控件。图 6.28 所示为与一个文本框关联的 UpDown 控件，当用户单击向上或向下的箭头按钮时，文本框中的值会相应地增加或减少。

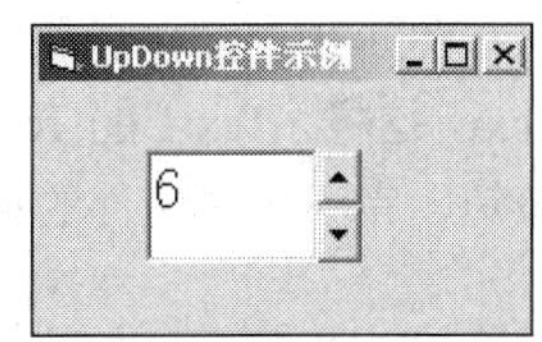

图 6.28　UpDown 控件示例

UpDown 控件主要有以下几个基本属性，如表 6.10 所示。

表 6.10　UpDown 控件的基本属性

属 性 名	属 性 值	描　述
Max	数值	为 UpDown 控件设置或返回变化范围的最大值
Min	数值	为 UpDown 控件设置或返回变化范围的最小值
Increment	数值	设置或返回一个值，它决定控件的 Value 属性在 UpDown 控件的按钮被单击时改变的量，即被“捆绑”控件关联的属性值变化的幅度

UpDown 控件的属性值可以在“属性”窗口中设置，也可以在该控件的“属性页”对话框的“滚动”选项卡中设置。

UpDown 控件能响应 UpClick 和 DownClick 事件，它们分别是在单击向上和向下箭头时发生的事件，一般不需要编写它们的事件代码，因为与 UpDown“捆绑”的控件相关联的属性值会自动发生改变。

使用 UpDown 控件，通常应先将此控件与其他控件“捆绑”关联，下面以要求 UpDown 控件与文本框 Text1 控件关联为例，完成“捆绑”操作如下。

（1）当窗体上已添加 UpDown 控件后，右击此控件，在弹出的快捷菜单中选择“属性”命令，打开 UpDown 控件的“属性页”对话框，选择“合作者”选项卡，如图 6.29 所示。

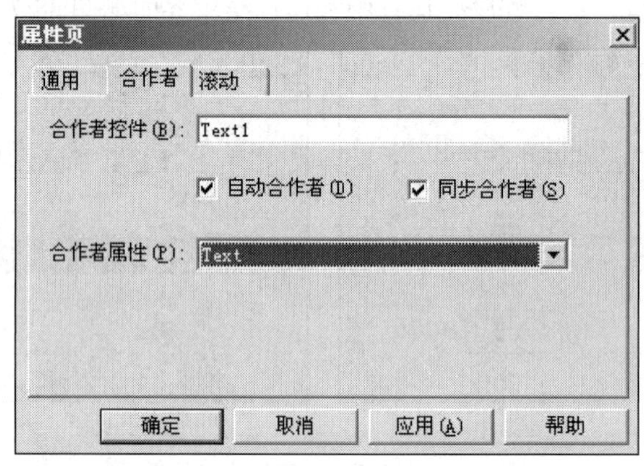

图 6.29　UpDown 控件的“属性页”对话框

（2）在“合作者控件”编辑框中输入欲捆绑关联的控件名称 Text1，如窗体上只有一个文本框控件，也可选中复选框“自动合作者”，系统会自动选定 Text1。

（3）在“合作者属性”下拉列表框中选定要与 UpDown 控件关联的 Text1 属性名 Text，这样，Text1 的 Text 属性将与 UpDown 控件的 Value 属性保持同步。再单击“确定”按钮，完成关联控件的捆绑。

本 章 小 结

本章介绍了 VB 6.0 中的几个常用标准控件：单选钮、复选框、框架、滚动条、列表框、组合框和计时器。其中，单选钮（OptionButton）和复选框（CheckBox）为用户提供唯一性选择和复合性选择的选项；框架（Frame）用于将其他控件对象分组，不仅实现了视觉上的区分，而且可使框架内的控件成为一个整体；滚动条（ScrollBar）用来协助观察数据或确定位置，也可以作为数据输入的工具；列表框（ListBox）和组合框（ComboBox）提供一个显示多个项目的列表，用户可从中进行选择一个或多个项目；计时器是按时间间隔周期性地触发事件的控件，可用来按时间控制某些操作或用于计时。

除了以上控件，本章还介绍了 VB 6.0 中的几个常用图形控件：线、形状、图片框和图像框。其中，Line 和 Shape 控件都可以产生简单的几何图形，图片框（PictureBox）和图像框（Image）的作用主要是显示图片。此外图片框还是容器控件，可以作为其他控件的容器。最后还介绍了 ActiveX 控件的添加以及相关控件的使用方法。

第7章 过　程

本章要点

- 子过程（Sub）的定义及调用。
- 函数过程（Function）的定义及调用。
- 参数传递。
- 变量和过程的作用域。

通过前面几章的学习，读者应该已经能编写简单的 VB 工程了，但有时需要解决的问题比较复杂，把所有的程序代码写到一个过程中，会使这个过程变得庞杂、头绪不清，难于阅读和维护。此外有时工程可能要多次实现相同或相似的操作，就需要重复编写实现此功能的代码，这不仅加大了工作量，而且使程序复杂难以维护。

按照结构化程序设计的原则，可以把某个复杂的任务按功能分解为小的模块，再根据作用细分为小的程序单元。构成这些程序单元的程序被称为“过程”，通常用过程来完成某个特定的功能。前面已经使用系统提供的事件过程和内部函数进行程序设计。事实上，VB 允许用户定义自己的过程和函数。使用自定义过程和函数不仅能够提高编程效率、代码利用率，而且能够使程序结构更规范化、清晰、简洁、便于调试和维护。

在 VB 中，过程分为两类：事件过程和自定义过程。其中事件过程分为两类：窗体事件过程和控件事件过程；自定义过程分为四类：子过程（Sub）、函数过程（Function）、属性过程（Property）和事件过程（Event）。一般来说，通用过程之间、事件过程之间、通用过程与事件过程之间，都可以互相调用。

前面已经多次接触事件过程，事件过程的名称格式为对象名_事件名或 Form_事件名（如果对象是窗体的话），其中事件名只能是从 VB 为该对象提供的众多事件（如 Click、Load、Change 等）中选择的一个，而不是由用户命名的，事件过程是当在对象上发生某个事件时，对象对该事件作出响应的程序段，这种事件过程构成了 VB 应用程序的主体。

自定义过程通常是将程序中需要多次使用的代码独立出来单独作为一个过程，它不能由事件触发但是可以被事件过程或其他通用过程调用。编写大型工程时，使用自定义过程便于分工，并且使程序简练，便于调试和维护。

本书中主要讨论子过程（Sub）和函数过程（Function）。

7.1 子过程的定义和调用

在 VB 中，如果只是为了完成某种功能处理，而不是为了获得某个数值，则可以通过定义并调用子过程来实现。子过程没有返回值。

【例 7.1】　调用子过程输出“欢迎学习 VB”。

定义子过程的名字为 Zprint()，其代码如下：

```
Public Sub Zprint()   '定义子过程 Zprint
    Print "欢迎学习 VB"
End Sub
```

在窗体的单击事件过程中调用子过程进行输出，代码如下：

```
Private Sub Form_Click()
    Call Zprint
End Sub
```

运行程序，单击窗体时，运行结果如图 7.1 所示。

图 7.1　例 7.1 的程序运行结果

7.1.1　子过程的定义

1. 子过程的定义格式

```
[Static|Private|Public] Sub  子过程名[(参数列表)]
    局部变量或常数定义  ┐
    语句块              │
    [Exit Sub]          ├ 过程体
    语句块              ┘
End Sub
```

说明：

（1）子过程又称为 Sub 过程，以 Sub 开头，以 End Sub 结束，在两者之间是描述过程操作的语句块，即“过程体”。

（2）子过程名：命名规则与变量命名规则相同。不能与 VB 中的关键字重名，也不能与 Windows API()函数重名，还不能与同一级别的变量重名。

（3）“形式参数表”列出调用 Sub 过程时传送的变量，多个参数之间用逗号隔开。格式如下：

　　[ByVal|ByRef] 变量名 [As 数据类型]

其中，ByVal 和 ByRef 用于指定参数传递的方式，其区别将在 7.3 节介绍。“As 数据类型”用于指定参数的数据类型，默认类型为变体类型。子过程可以无参数，即使无参数，定义时子过程名后面的括号也不能省略。

（4）[Exit Sub]：表示退出子过程，常常与选择结构（If 或 Select Case 语句）联用，即当满足一定条件时，终止子程序并退出子过程。

（5）[Static|Public|Private]：全局（Public）过程可以被应用程序中的任一过程调用，而私有（Private）过程只能被同一模块中的过程调用，默认为全局（Public）过程。Static

表示过程中的局部变量为“静态”变量。

（6）End Sub：标志着 Sub 过程的结束。为了能正确运行，每个 Sub 过程必须有一个 End Sub 子句。当程序执行到 End Sub 时，将退出该过程，并立即返回到调用位置。此外，在函数体内可以用一个或多个 Exit Sub 语句从过程中退出。

2. 自定义子过程的方法

自定义子过程有以下两种方法。

方法 1：利用“工具”菜单中的“添加过程”命令定义，其操作步骤如下。

（1）打开窗体或标准模块的代码窗口。

（2）选择“工具”菜单中的“添加过程”命令，弹出“添加过程”对话框，如图 7.2 所示。

（3）在“名称”文本框中输入子过程名（过程名中不允许有空格）。

（4）在“类型”选项组中选中“子程序”单选按钮，定义子过程。

（5）在“范围”选项组中选中“公有的”单选按钮，定义一个公共级的全局过程；选中“私有的”单选按钮，则定义一个标准模块级/窗体级的局部过程。

这时，VB 创建了一个子过程的模板，如图 7.3 所示，就可以在其中编写代码了。

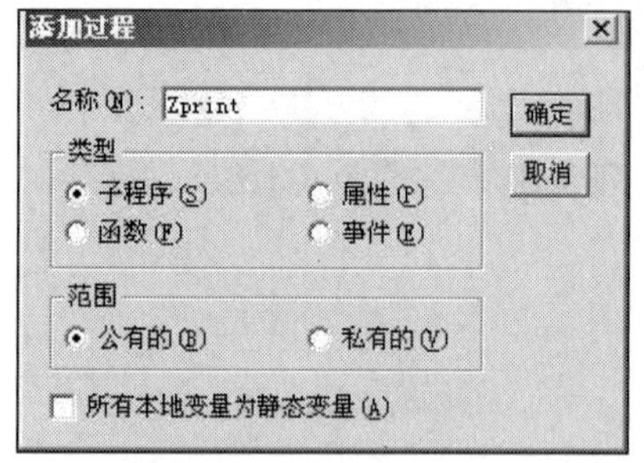

图 7.2 “添加过程”对话框

图 7.3 名为 Zprint 的子过程模板

方法 2：利用代码窗口直接定义。

在窗体或标准模块的代码窗口中，把插入点放在所有现有过程之外，直接输入子过程。

7.1.2 子过程的调用

子过程定义完成后，要使用这些子过程，就必须调用它。在 VB 中，子过程的调用是一个独立的调用语句，有两种形式：

格式 1：

Call 子过程名[(实参列表)]

格式 2：

子过程名 [实参列表]

说明：

（1）格式 1 使用 Call 语句调用时，如果有实参，则实参必须用圆括号括起来；如果没有实参，则圆括号可以省略。

（2）格式 2 无 Call，用子过程名调用时，圆括号必须省略。

（3）调用时，实参的个数、类型、顺序应与形参保持一致（当然，VB 中允许形参与实参的个数不同，将在 7.3.5 节进行介绍）。

（4）有多个实参时，各参数之间用英文逗号分隔，实参可以是与形参同类型的常量、变量、表达式、数组、数组元素和对象。

（5）当参数是数组时，形参与实参在参数声明时应省略其维数，但形参数组的括号不能省略。

注意：若参数传递采用的是引用（传址）的方式，则实参只能是变量或数组，不能是常量、表达式，也不能是对象名。

【例 7.2】　输入两个数值，并按由大到小的顺序进行输出。

分析：输入两个数值后，比较其大小，如果顺序不对则交换，利用子过程实现两个变量数值的交换。子过程命名为 Swap，其代码如下：

```
Public Sub Swap(x As Integer, y As Integer) '定义子过程
    Dim t  As Integer
    t = x
    x = y
    y = t
End Sub
```

在窗体的单击事件中调用子过程 Swap，调用过程代码如下：

```
Private Sub Form_Click()
    Dim a As Integer, b As Integer
    a = InputBox("请输入变量 a 的数值")
    b = InputBox("请输入变量 b 的数值")
    If a < b Then
        Swap a, b  '调用子过程
    End If
    Print "a="; a, "b="; b
End Sub
```

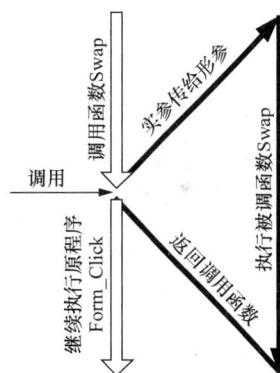

调用函数Swap
实参传给形参
执行被调函数Swap
调用
继续执行原程序 Form_Click
返回调用函数

图 7.4　例 7.2 的子过程执行步骤

运行时，先后输入 a、b 的值，工程会按照由大到小的顺序进行输出。

例 7.2 的子过程执行步骤可用图 7.4 表示。

用户自定义的过程调用步骤如下。

（1）主调过程调用被调过程，实参传递给形参。多个参数传递时，是按照顺序传递的，与参数名字无关。例 7.2 的参数传递如图 7.5 所示。

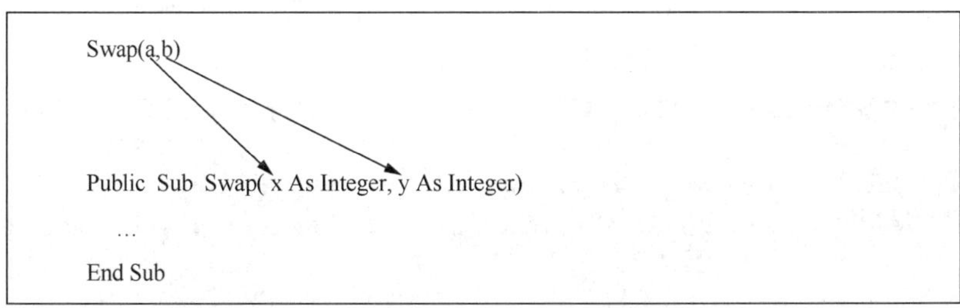

图 7.5　例 7.2 的参数传递

（2）启动被调过程，执行其中语句，此时主调过程被中断，等待被调过程完成。

（3）被调过程完成后，返回主调过程，继续执行主调过程。

【例 7.3】 求两个数组的和，并输出。

分析：工程中会多次用到数组的输入和输出，所以将数组的输入和输出代码独立出来分别用子过程 Sinput 和 Soutput 实现，代码如下：

```
'定义子过程 Sinput,实现数组的输入
Private Sub Sinput(a() As Integer)
    Dim i%
    For i = LBound(a) To UBound(a)
        a(i) = InputBox("请输入第" & i & "个元素的值")
    Next
End Sub

'定义子过程 Soutput,实现数组的输出
Private Sub Soutput(a() As Integer)
    Dim i%
    For i = LBound(a) To UBound(a)
        Print "第"; i; "个元素值为: "; a(i),
    Next
    Print
    Print
End Sub

Private Sub Form_Click()
    Dim a%(1 To 5), b%(1 To 5), c%(1 To 5)
    Call Sinput(a)    '调用子过程 Sinput
    Call Sinput(b)    '调用子过程 Sinput
    For i = 1 To 5
        c(i) = a(i) + b(i)
    Next
    Print "数组 a 中各元素的值为: "
    Soutput a       '调用子过程 Soutput
    Print "数组 b 中各元素的值为: "
    Soutput b       '调用子过程 Soutput
    Print "数组 a 和数组 b 中各元素的和为: "
    Soutput c       '调用子过程 Soutput
End Sub
```

运行程序，调用两次 Sinput()函数，分别输入数组 a、b 中各元素的值（可输入任意整数值），求和后，三次调用 Soutput()函数，分别输出数组 a、b 各元素的值以及数组 a 和数组 b 中各元素的和。运行结果如图 7.6 所示。

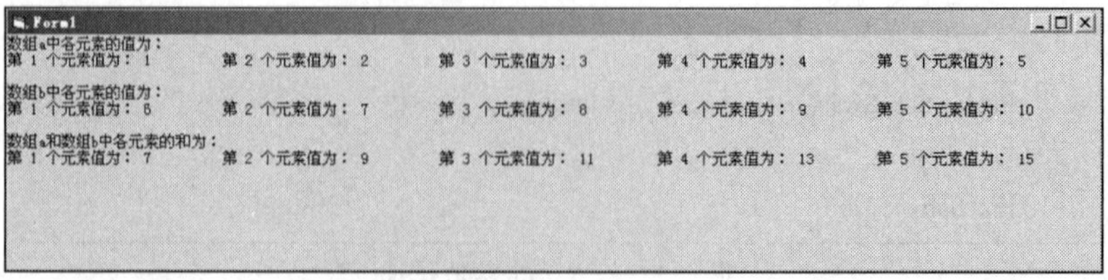

```
Form1
数组a中各元素的值为：
第 1 个元素值为： 1    第 2 个元素值为： 2    第 3 个元素值为： 3    第 4 个元素值为： 4    第 5 个元素值为： 5
数组b中各元素的值为：
第 1 个元素值为： 6    第 2 个元素值为： 7    第 3 个元素值为： 8    第 4 个元素值为： 9    第 5 个元素值为： 10
数组a和数组b中各元素的和为：
第 1 个元素值为： 7    第 2 个元素值为： 9    第 3 个元素值为： 11    第 4 个元素值为： 13    第 5 个元素值为： 15
```

图 7.6　例 7.3 的程序运行结果

7.2　函数过程的定义和调用

在 VB 中，函数分为内部函数和外部函数。其中，内部函数是系统预先编好的、能完成特定功能的一段程序，如 Sqr()、Len()等；外部函数是用户根据需要用 Function 关键字定义的函数过程，调用函数时会得到一个函数返回值。

【例 7.4】　求任意半径的圆的面积。

分析：首先定义一个求圆面积的函数过程，然后调用并求得面积。每次调用时，由主调过程通过参数传递将半径传递给函数。

程序代码如下：

```
Public Function area(r!)
    Dim s#
    s = 3.14 * r ^ 2
    area = s
End Function

Private Sub Form_Click()
    Dim r!
    r = InputBox("请输入圆半径：", "输入")
    Print "area=", area(r);
End Sub
```

运行程序，根据提示输入半径 2，在屏幕上显示计算后的面积，如图 7.7 所示。

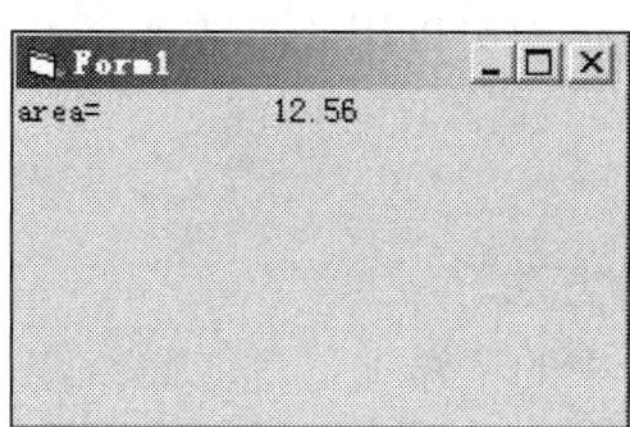

图 7.7　例 7.4 的程序运行结果

7.2.1　函数过程的定义

1. 函数过程的定义格式

```
[Static|Public|Private] Function 函数过程名([参数列表]) [As 类型]
    局部变量或常数定义
    语句块
    函数名=返回值
    [Exit Function]          } 函数体
    语句块
    函数名=返回值
End Function
```

说明：

（1）Function 过程：以 Function 开头，以 End Function 结束，在两者之间是描述过程操作的语句块，即“函数体”。

（2）函数过程名：命名规则与变量命名规则相同。不能与 VB 中的关键字重名，也不要与 Windows API()函数重名，还不能与同一级别的变量重名。

（3）As 类型：指定函数返回值的类型，若省略类型声明，则函数返回变体类型的值。

（4）“形式参数表”列出调用 Function 过程时传送的变量，多个参数之间用逗号隔开。格式如下：

[ByVal|ByRef] 变量名 [As 数据类型]

其中，ByVal 和 ByRef 用于指定参数传递的方式，其区别将在 7.3 节介绍。“As 数据类型”用于指定参数的数据类型，默认类型为变体类型。函数过程可以无参数，但定义函数过程时即使无参数，函数名后面的括号()也不能省略，括号()是函数的标志。

（5）函数的返回值是通过对函数名的赋值语句来实现的，在函数体内至少应对函数名赋值一次。如果没有“函数名=返回值”这条语句，则该函数会返回一个系统默认值。数值型函数的默认返回值为 0，字符型函数的默认返回值为空串（""），可变型函数的默认返回值为空值（Null）。

（6）[Exit Function]：表示退出函数过程，常常与选择结构（If 或 Select Case 语句）联用，即当满足一定条件时，退出函数过程。

（7）[Static|Public|Private]：同子过程。

（8）End Function：标志着 Function 过程的结束。为了能正确运行，每个 Function 过程必须有一个 End Function 子句。当程序执行到 End Function 时，将退出该过程，并立即返回到调用位置。此外，在函数体内可以用一个或多个 Exit Function 语句从过程中退出。

2. 自定义函数过程的方法

自定义函数过程有以下两种方法。

方法 1：利用“工具”菜单中的“添加过程”命令定义，其操作步骤如下。

（1）打开窗体或标准模块的代码窗口。

（2）选择“工具”菜单中的“添加过程”命令，弹出“添加过程”对话框，如图 7.8 所示。

（3）在“名称”文本框中输入函数名（过程名中不允许有空格）。

（4）在“类型”选项组中选中“函数”单选按钮，定义函数。

（5）在“范围”选项组中选中“公有的”单选按钮，定义一个公共级的全局函数；选中“私有的”单选按钮，则定义一个标准模块级/窗体级的局部函数。

这时，VB 创建了一个函数的模板，如图 7.9 所示，就可以在其中编写代码了。

方法 2：利用代码窗口直接定义。

在窗体或标准模块的代码窗口中，把插入点放在所有现有过程之外，直接输入函数过程。

子过程与函数过程的区别及注意事项如下。

（1）函数过程有返回值，有返回值类型；在函数过程体内需对函数过程名赋值以设定函数的返回值。子过程名没有返回值，不能在子过程体内对子过程名赋值。

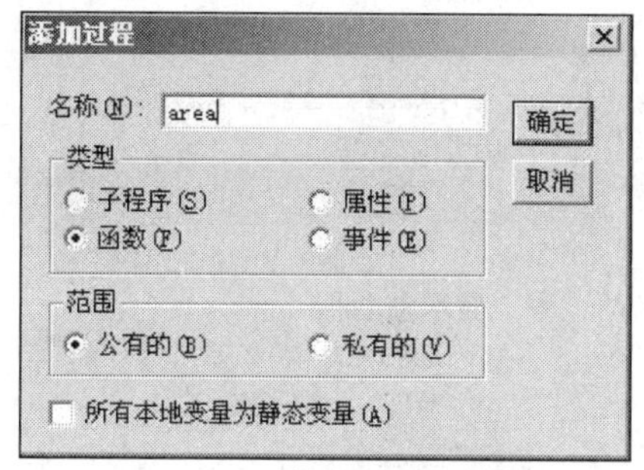

图 7.8 “添加过程”对话框

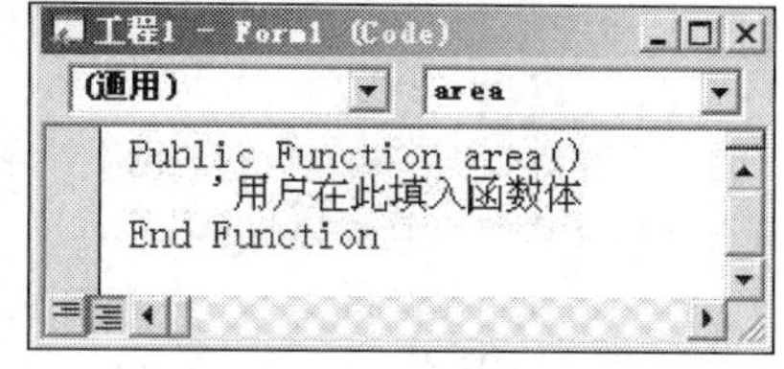

图 7.9 名为 area 的函数模板

（2）仅仅为了实现某个操作，不需要返回结果，用子过程实现。

（3）只有一个返回值时，习惯用函数实现。

（4）有多个返回值时，既可用子过程也可用函数实现，但必须结合全局变量或者传地址（引用）的方式

（5）形参个数的确定。形参是过程与主调程序交互的接口，利用参数可以从主调程序获得初值，或将计算结果返回给主调程序。

（6）形参没有具体的值，只代表了参数的个数、位置及类型。

7.2.2 函数过程的调用

函数过程定义完成后，就可以像内部函数一样来调用，只用调用函数才能使函数过程启动，才能获得函数值。格式如下：

函数过程名([参数列表])

由于函数过程能返回一个值，故函数过程不能作为单独的语句加以调用，必须作为表达式或表达式中的一部分。

最简单的情况是在赋值语句中调用函数过程，将函数返回值赋给变量，格式如下：

变量名=函数过程名([参数列表])

也可以将函数的返回值用做另一个函数调用中的参数，例如：

Print 函数过程名([参数列表])

说明：

（1）调用时，实参的个数、类型、顺序应与形参保持一致（当然，VB 中允许形参与实参的个数不同，在 7.3.5 节进行介绍），必须给参数加上括号，即使没有参数也不可省略括号。

（2）有多个实参的时，参数之间用英文逗号分隔，实参可以是同类型的常量、变量、表达式、数组、数组元素和对象。

（3）当参数是数组时，形参与实参在参数声明时应省略其维数，但形参数组的括号不能省略。

【例 7.5】 求三个任意长、宽的矩形的面积和。

分析：计算三个矩形面积，使用的公式相同，不同的仅仅是长和宽，因此首先定义一个求矩形面积的函数过程，然后像调用标准函数一样多次调用。

程序代码如下：

```
'定义计算矩形面积的函数过程
Private Function area(ch As Single, k As Single) As Double
    area = ch * k
End Function

'在事件过程中输入数据，调用计算圆面积的函数过程，显示总面积
Private Sub form_Click()
    Dim i%, ch!, k!, sum#
    sum = 0
    For i = 1 To 3
        ch = InputBox("请输入矩形的长", "输入")
        k = InputBox("请输入矩形的宽", "输入")
        sum = sum + area(ch, k)
    Next i
    Print "矩形面积和为："; sum
End Sub
```

程序运行的流程：

（1）在 Form_Click 中执行到 area(ch,k)时，事件过程中断，系统记住返回地址，实参和形参结合，如图 7.10 所示。

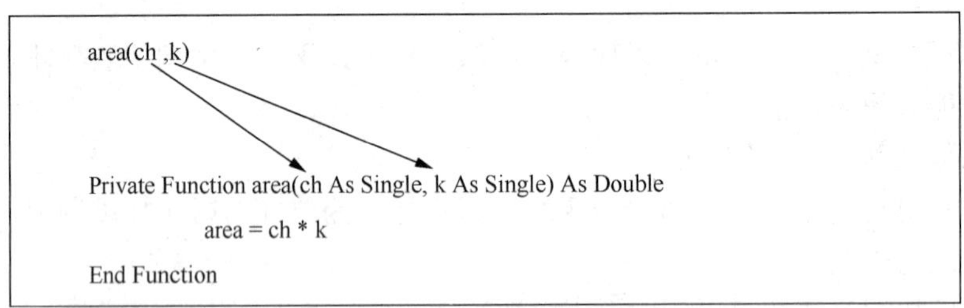

图 7.10　例 7.5 的参数传递

（2）执行 area( )函数过程体，当执行到 End Function 语句时，函数名带着值返回到主调程序 Form1_Click 中断处，继续执行 sum = sum + area(ch, k)，将函数的返回值与 sum 相加后，重新给 sum 赋值。

（3）继续执行余下的语句，遇到下一次调用，重复步骤（1）和步骤（2），直到出现 End Sub 为止。

【例 7.6】 编写程序求任意三个数的最大数。

分析：编写求两个数最大数的函数，多次调用求出三个数的最大数。

程序代码如下：

```
Private Sub Form_Click()
    Dim i%, a%(1 To 3), max3%
    For i = 1 To 3
        a(i) = InputBox("请输入第" & i & "个数")
    Next
    max3 = max(a(1), a(2))   '调用 max()函数
```

```
    max3 = max(max3, a(3))  '再次调用max()函数
    Print a(1), a(2), a(3), "中的最大数为: "; max3
End Sub

'定义求两个数最大值的函数max()
Private Function max(x%, y%)
    If x > y Then
        max = x
    Else
        max = y
    End If
End Function
```

【例 7.7】 编写求任意两个正整数的最大公约数的函数过程 gcd()。

分析：求最大公约数可以使用“辗转相除法”，即以大数 m 作为被除数，小数 n 作为除数，相除后余数为 r。若 r 不为零，则把 n 的值赋给 m，把 r 的值赋给 n，继续相除得到新的 r；若 r 仍不为零，则重复此过程，直到 r=0。最后的 n 就是最大公约数。程序代码如下：

```
Function gcd(byval m%, byval n%) As Integer
    Dim r%, t%
    If m < n Then
        t = m
        m = n
        n = t
    End If
    r = m Mod n
    Do While r <> 0
        m = n
        n = r
        r = m Mod n
    Loop
    gcd = n
End Function

Private Sub form_Click()
    Dim m%, n%
    m = InputBox("请输入m的值", "输入")
    n = InputBox("请输入n的值", "输入")
    '在输出语句中调用函数gcd
    Print m; "和"; n; "的最大公约数为: "; gcd(m, n)
End Sub
```

7.3 参　数

在本章前面的学习中，了解到在调用过程中，过程（被调过程、子程序）和调用它的程序（主调过程、主程序）之间一般都存在数据传递，主调过程需向被调过程传递一些必要的数据，以便被调过程可以执行以得到正确结果。在 VB 中，不同模块（过程）

之间数据传递的方式有以下两种。

（1）使用参数传递。

（2）使用全局变量。

当调用子过程或函数过程时，调用语句中的实参就与定义过程语句中的形参在个数位置上一一对应起来，并以某种方式传递数据，这个过程称为参数传递。本节主要讲解通过参数传递实现数据传递。

7.3.1 形参与实参

1. 形参

形参是指在定义子过程和函数过程时出现在形参表中的变量名、数组名。过程被调用前，形参没有被分配内存，用以说明自变量的类型以及在过程中的作用和角色。形参可以是：

（1）合法变量名，不可以是定长字符串变量。

（2）数组名，后面需跟()括号。

2. 实参

实参是在调用子过程和函数过程时，传送给相应过程的变量名、数组名、常数或表达式。在过程调用中，参数的传递方式是：形参与实参是按位置结合的（除非显式地指出与形参结合的实参，即把形参用“:=”与实参连接起来），形参表和实参表中对应的变量名可以不必相同，但位置必须一一对应起来。

3. 形参与实参的关系

形参如同公式中的符号，实参就是符号具体的值；调用过程即实现形参与实参的结合，也就是把值代入公式进行计算。

VB 提供了实参与形参结合的两种方式，即传址（ByRef）和传值（ByVal）。

7.3.2 传值

传值（定义时加 ByVal）是指按值传递参数（Passed By Value）时，是将实参变量的值复制一个到临时存储单元中，如果在调用过程中改变了形参的值，不会影响实参变量本身，即实参变量保持调用前的值不变。按值传递是单向的，被调过程的操作是在形参临时存储单元中进行的，当过程调用结束时，这些形参所占用的临时存储单元也同时被释放。

【例 7.8】 传值示例。

程序代码如下：

```
Public Sub chzh(ByVal x As Integer)
    x = x + 1
    Print "形参 x="; x
End Sub
```

```
Private Sub Form_Click()
    Dim a%
    a = 5
    Print "调用前实参 a="; a
    Call chzh(a)
    Print "调用后实参 a="; a
End Sub
```

运行程序结果如图 7.11 所示，会发现实参未受形参变化影响，仍保留调用前的值。

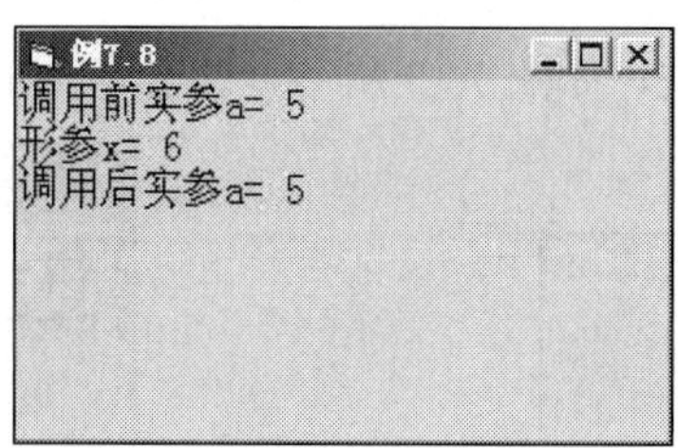

图 7.11　例 7.8 的程序运行结果

7.3.3　传址

传址（定义时没有关键字或带关键字 ByRef）是指按地址传递参数时，把实参变量的地址传送给被调用过程，形参和实参共用同一个内存单元。在被调用过程中，形参的值一旦改变，相应实参的值也跟着改变。因此按址传递是双向的，在被调过程体中对形参的任何操作都变成了对相应实参的操作。

注意：如果实参是一个常数或表达式，VB 会自动按“传值”方式来处理。

【例 7.9】　传址示例，将例 7.8 中的参数改成传址的方式，查看结果。

程序代码如下：

```
Public Sub chzh(x As Integer)
    x = x + 1
    Print "形参 x="; x
End Sub

Private Sub Form_Click()
    Dim a%
    a = 5
    Print "调用前实参 a="; a
    Call chzh(a)
    Print "调用后实参 a="; a
End Sub
```

程序运行结果如图 7.12 所示，会发现实参随形参的变化而变化。

说明：

（1）如果未指定形参变量的数据类型，默认为 Variant 数据类型，形参数据类型由对应的实参数据类型来确定，这样程序的执行效率低，且容易出错。

（2）如果是传址方式，实参与形参的数据类型必须相同。如果是按值传递，实参数据类型与形参数据类型应赋值兼容，系统自动将实参的数据类型转换为形参的数据类型，然后再传递（赋值）给形参；如果实参的数据类型不能转换，则会出错。

（3）在调用子过程或函数过程时，如果实参是常量或表达式，无论在定义时使用按值还是按址传递，此时都是按值传递方式将常量或表达式计算的值传递给形参。如果形参是按址传递方式，但调用时想使实参变量按值传递，可以将实参变量两侧加上圆括号，将其转换为表达式。

（4）如果形参变量是字符串，则只能是变长字符串，不能是定长字符串，但定长字符串可以作为实参传递给过程。

思考下面程序的运行结果，如图 7.13 所示，注意参数的传递方式的区别。

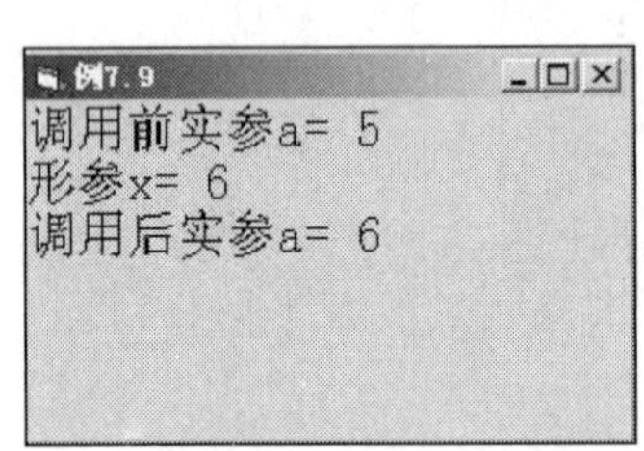

图 7.12　例 7.9 的程序运行结果

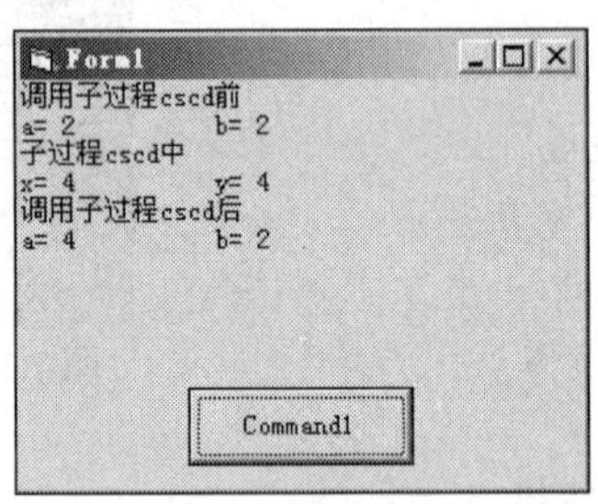

图 7.13　思考题的程序运行结果

```
Private Sub Command1_Click()
    Dim a%, b%
    a = 2
    b = 2
    Print "调用子过程 cscd 前"
    Print "a="; a, "b="; b
    Call cscd(a, b)
    Print "调用子过程 cscd 后"
    Print "a="; a, "b="; b
End Sub

Private Sub cscd(x%, ByVal y%)
    x = x + 2
    y = y + 2
    Print "子过程 cscd 中"
    Print "x="; x, "y="; y
End Sub
```

【例 7.10】 在例 7.2 中编写了交换两个数的过程（与 Swap2 相同），为了搞清传址、传值的区别，此处再作比较。若 Swap1 用传值传递，Swap2 用传址传递，请读者思考哪个过程能真正实现两个数的交换？为什么？两条 Print 语句输出的结果分别是多少？

程序代码如下：

```
Public Sub Swap1(ByVal x As Integer, ByVal y As Integer)
    Dim t As Integer
    t = x
    x = y
    y = t
```

```
End Sub

Public Sub Swap2(x As Integer, y As Integer)
    Dim t As Integer
    t = x
    x = y
    y = t
End Sub

Private Sub Command1_Click()
    Dim a As Integer, b As Integer
    a = 10
    b = 20
    Swap1 a, b
    Print "A1="; a, "B1="; b
    a = 10
    b = 20
    Swap2 a, b
    Print "A2="; a, "B2="; b
End Sub
```

从两种传递参数方式的特点可以总结出：当需要保护实际参数时，应采取按值传递，以防止实际参数被过程改变；当需要获取过程中的操作结果时，应该使用按址传递方式。

【例 7.11】　调用子过程求任意半径三个圆的面积之和。

程序代码如下：

```
Private Sub area(r1!, s1#)
    s1 = 3.14 * r1 ^ 2
End Sub
Private Sub form_Click()
    Dim i%, r!, s#, sum#
    s = 0
    For i = 1 To 3
        r = InputBox("Input r=", "area:")
        area r, s
        sum = sum + s
    Next i
    Print "area="; sum
End Sub
```

7.3.4　数组作为参数

当用数组作为过程的参数时，用的是“传址”方式，而不是“传值”方式，即不把数组的各元素值一一传递给过程，而是把数组的起始地址传给过程，使过程中的数组与作为实参的数组具有相同的起始地址。用数组作为过程的参数时，省略其维数说明，形参数组名的后面应有圆括号，实参数组名后可省去圆括号。

【例 7.12】　编写程序，实现数组作为参数传递。

```
Private Sub Command1_Click()
    Dim a(4) As Integer
```

```
        For i = 0 To 4
            a(i) = i + 1
        Next
        For i = LBound(a) To UBound(a)
            Print a(i);
        Next
        Print
        Call ad(a)                          '调用子过程 ad，数组 a()作为实参
        For i = LBound(a) To UBound(a)
            Print a(i);
        Next
    End Sub
    Public Sub ad(b() As Integer)           '数组 b()被定义为形参
        For i = LBound(b) To UBound(b)
            b(i) = b(i) * 2
        Next
    End Sub
```

对数组参数的调用是按地址引用的，子过程 ad 的作用是将作为实际参数数组的元素重新赋值，因此输出结果为：2　4　6　8　10。

注意：

① 实参数组名后可以省略圆括号，但形参圆括号不能省略。

② 如果被调过程不知道实参数组的上、下界，可用 UBound( )（求数组的最大下标值）和 LBound( )（求数组的最小下标值）函数确定实参数组的上界和下界。

③ 实参与形参都是数组，则类型必须一致，且只能是按址传递。

【例 7.13】 编写函数，将任意数组按由小到大的顺序进行排序。

程序代码如下：

```
    Private Sub Sort(a() As Integer)
        For i = LBound(a) To UBound(a) - 1
            For j = LBound(a) To UBound(a) - i
                If a(j) > a(j + 1) Then
                    temp = a(j)
                    a(j) = a(j + 1)
                    a(j + 1) = temp
                End If
            Next j
        Next i
    End Sub

    Private Sub form_Click()
        Dim a(1 To 10) As Integer
        Cls
        Print "要排序的数组为："
        For i = 1 To 10
            a(i) = InputBox("请输入第" & i & "个整数：")
            Print Tab(i * 4); a(i);
```

```
        Next i
        Print
        Call Sort(a)
        Print "排序后的数组为："
        For i = 1 To 10
            Print Tab(i * 4); a(i);
        Next i
    End Sub
```

运行程序，输入任意大小的 10 个整数，程序会将其按由小到大的顺序排序并输出。

注意：数组元素也可用做实参，用法同普通变量。

【例 7.14】　编写一个子过程求两个数的和，用两个数组元素作为实参。

程序代码如下：

```
Private Sub Form_Click()
    Dim a%(5)
    For i = 0 To 5
        a(i) = i
    Next
    Print Zadd(a(2), a(3))
End Sub

Private Function Zadd(x%, y%)
    Zadd = x + y
End Function
```

运行程序，单击窗体时，在屏幕上输出 5。

7.3.5　可选参数

在一般情况下，一个过程中的形式参数是固定的，调用时提供的实际参数也是固定的。在 VB 中，可以指定一个或多个参数作为可选参数。在调用时，可以有选择地传送不同的参数。

为了定义带可选参数的过程，必须在参数表中使用 Optional 关键字，并在过程体中通过 IsMissing()函数测试调用时是否传送可选参数。

【例 7.15】　可选参数示例。

以下程序表示如果没有参数 z，则 n 为 x*y；如果有参数 z，则 n 为 x*y*z。

```
Function multi(x%, y%, Optional z)
    multi = x * y
    If Not IsMissing(z) Then
        multi = multi * z
    End If
End Function
```

上述过程有三个参数，前两个参数与普通过程中的书写格式相同，最后一个参数有关键字 Optional 指出，且没有指定数据类型，表明该参数是一个可选参数。

调用上面过程时，可以提供两个参数，也可以提供三个参数，都能得到正确结果。

在 Form_Click 事件中调用，运行结果如图 7.14 所示。

```
Private Sub form_Click()
    Print multi(10, 20)
    Print multi(10, 20, 30)
End Sub
```

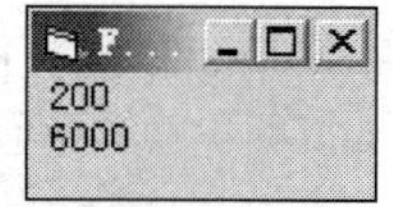

图 7.14 例 7.15 的程序运行结果

注意：过程中如果有可选参数，则该参数必须在参数列表中最后出现，其类型必须是 Variant；通过 IsMissing()函数测试是否向可选参数传送实参值。IsMissing()函数的返回值为 Boolean 类型。在调用过程时，如果没有向可选参数传送实参，则 IsMissing()函数的返回值为 True；否则，返回值为 False。

7.3.6 对象参数

VB 中可以用数值、字符串、数组作为过程的参数，并可把这些类型的实参传送到过程，此外，还可以向过程传送对象，包括窗体和控件。

格式：

[Private|Public|Static] Sub<过程名>[(形式参数表)]
    过程语句
    [Exit Sub]
End Sub

说明：

（1）“形参表”中形参的类型通常为 Control 或 Form。

（2）对象只能通过传址方式传送，因此不能在参数前加关键字 ByVal。

【例 7.16】 以下程序将窗体作为过程参数。设一个工程由两个窗体组成，其名称分别为 Form1 和 Form2，单击 Form1 时，显示 Form2，并在 Form2 上输出“窗体对象做参数”。窗体 Form1 的程序代码如下。

```
Private Sub p(f As Form, x As Integer)
    f.Show
    f.Print "窗体对象做参数"
End Sub

Private Sub form_Click()
    Dim a As Integer
    a = 10
    Call p(Form2, a)
End Sub
```

程序运行结果如图 7.15 所示，单击 Form1 后显示 Form2，并在 Form2 上输出窗体对象做参数。

和窗体参数一样，控件也能作为通用过程的参数，但控件参数的使用比窗体参数要复杂。因为不同的控件所具有的属性不同，所以在用指定的控件调用通用过程时，如果通用过程中的属性不属于控件，则会发生错误。

图 7.15　例 7.16 的程序运行结果

【例 7.17】 窗体上有名称分别为 Text1、Text2 的两个文本框，要求文本框 Text1 中输入的数据必须小于 500，文本框 Text2 中输入的数据必须小于 1000，否则重新输入。

```
Sub CheckInput(t As Control, x As Integer)
    If Val(t.Text) > x Then
        MsgBox "请重新输入!"
        t.SetFocus
    End If
End Sub

Private Sub Text1_LostFocus()
    Call CheckInput(Text1, 500)
End Sub

Private Sub Text2_LostFocus()
    Call CheckInput(Text2, 1000)
End Sub
```

注意： 自定义过程 CheckInput 中形式参数 t 的类型可以为 control，也可以是具体控件的类型，此例中如果将形参表中定义为 t As TextBox，则表示将 t 定义为文本框类型。

7.4　变量和过程的作用域

一个 VB 工程可以包括三种模块，即窗体模块、标准模块和类模块。这些模块一般保存在窗体文件（.frm）、标准模块文件（.bas）和类模块文件（.cls）中。本书主要介绍窗体模块和标准模块。窗体模块包括声明部分、事件过程和通用过程；标准模块包括声明部分和通用过程。VB 应用程序的构成如图 7.16 所示。

1. 窗体模块

窗体模块是 VB 应用程序的基础，一个应用程序可以有多个窗体。窗体模块包括处理事件的过程、通用过程及变量、常量、类型和外部过程的声明。

2. 标准模块

当一个工程中的几个窗体中有需要执行的公共代码，又不希望在多个窗体中重复相同代码时，就需要创建一个独立模块（默认时应用程序中不包含独立模块），它包含实现公共代码过程，这个独立模块就是标准模块。该模块中包含变量、常量、通用过程的声明。

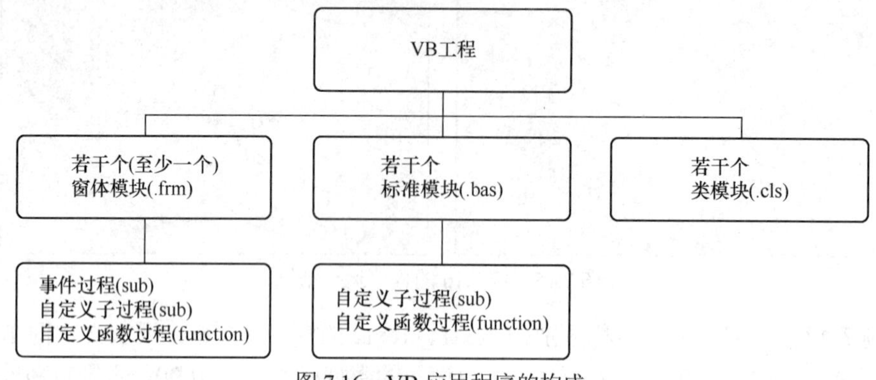

图 7.16 VB 应用程序的构成

注意： 标准模块中没有事件过程。

在工程中添加标准模块的步骤如下。

（1）执行“工程”菜单中的“添加模块”命令，打开“添加模块”对话框，选择“新建”选项卡，如图 7.17 所示。

（2）在该对话框中双击“模块”图标，或选择“模块”图标后单击“打开”按钮，将打开一个新建标准模块的窗口，如图 7.18 所示。

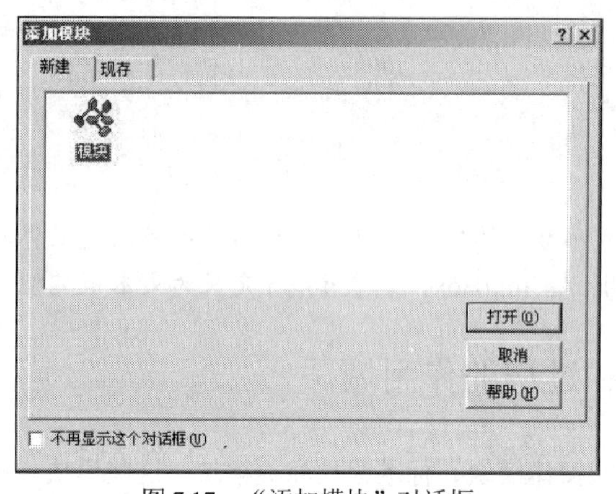

图 7.17 “添加模块”对话框

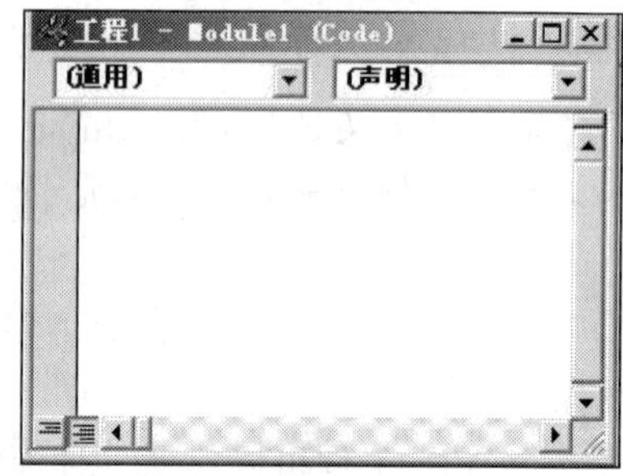

图 7.18 新建标准模块的窗口

（3）新添加的第一个标准模块，其名称为 Module1，可以通过“属性”窗口为标准模块命名。然后可以在其代码窗口中编写标准模块程序。

按上面的步骤，可以向工程中添加多个标准模块，也可以选择“现存”选项卡，将存储器中现存的标准模块（*.bas）添加到工程中。

一个过程既可以定义在一个窗体模块中，也可以定义在一个标准模块中，定义时还可以使用不同关键字（Static、Public 和 Private）；一个变量既可以定义在过程内部，也可以定义在通用部分，定义时还可以使用不同关键字（Dim、Static、Private 和 Public）。一个变量（或过程）定义的位置不同、所使用的关键字不同，可被访问的范围也不同，变量或过程可被访问的范围称为变量（或过程）的作用域。

在 VB 中，按作用范围的不同将变量分为三类：局部变量、模块变量和全局变量。变量的作用域决定了哪些子过程和函数过程可访问该变量。

7.4.1 变量作用域

1. 局部变量

在事件过程或通用过程中，用关键字 Dim 或 Static 声明的变量，或隐式声明的变量，就是局部变量。局部变量的作用范围是所定义的过程内部。

【例 7.18】 局部变量举例，如图 7.14 所示。

程序代码如下：

```
Option Explicit  '强制变量声明
Private Sub Command1_Click()
   Dim x As Integer
   Print x + y
End Sub

Private Sub Form_Load()
   Dim y As Integer
End Sub
```

图 7.19 例 7.18 的程序运行结果

在 Command1_Click()和 Form_Load()事件过程中分别声明的两个变量 x、y 都是局部变量，每个变量只在相应过程内部有效，若在 Command1_Click()中使用变量 y，则系统提示出错，如图 7.19 所示。

注意： VB 允许变量未声明就使用，系统默认为隐式声明方式。例 7.18 为研究变量作用域需在程序中进行强制显式声明变量，方法是在窗体模块或标准模块的通用声明段中加入 Option Explicit。

通过 Dim 声明或直接使用的局部变量随过程的调用而被分配临时的存储单元，并进行变量的初始化，在该过程体内进行数据的存取，一旦该过程运行结束，变量的内容自动消失，占用的临时存储单元被释放。如果工程运行时，多次调用该过程，则每一次调用时，该过程中用 Dim 声明的局部变量就会被分配存储单元、初始化和释放。

【例 7.19】 有如下一段程序，想应用变量 n 记录单击窗体的次数。

程序代码如下：

```
Private Sub Form_Click()
   Dim n As Integer
   n = n + 1
   Print "已单击次数："; n; "次"
End Sub
```

程序运行多次后单击窗体的输出如图 7.20 所示，结果总是“已单击次数 1 次”，因为变量 n 由 Dim 声明为动态局部变量，每次单击窗体时变量 n 都重新初始化为 0，因此输出结果总是“1 次”。若想实现统计单击窗体次数，可以在通用部分用关键字 Dim 或 Private 声明变量 n，这样 n 就是模块级变量，其作用范围是所在模块的所有过程。

2. 模块变量

在窗体模块或标准模块的通用声明段中，用关键字 Dim 或 Private 声明的变量就是模块变量。模块变量的作用范围是所在模块的所有过程。

Dim 与 Private 没有区别，但使用 Private 更好一些，因为便于区分局部变量，从而增加代码的可读性。

【例 7.20】 将例 7.19 中的 n 改为模块级变量，结果如图 7.21 所示。

程序代码如下：

```
Dim n As Integer  '在窗体的通用声明部分定义
Private Sub Form_Click()
    n = n + 1
    Print "已单击次数："; n; "次"
End Sub
```

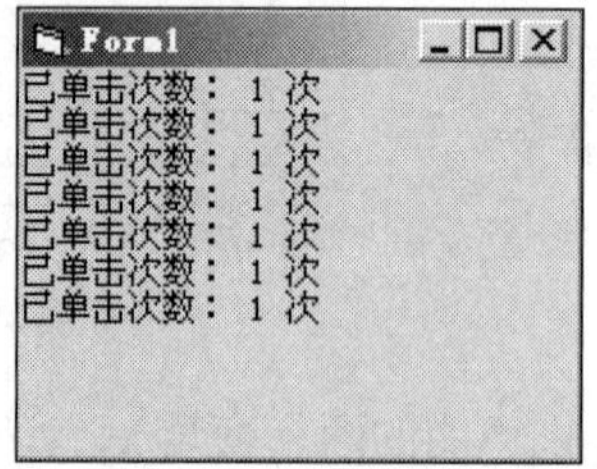

图 7.20 例 7.19 的程序运行结果

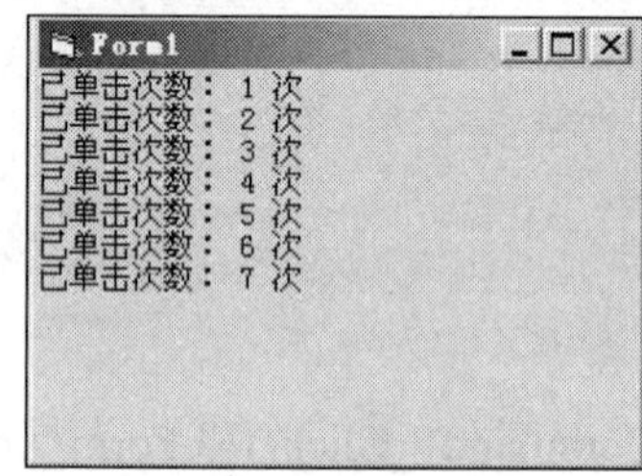

图 7.21 例 7.20 的程序运行结果

定义了模块变量后，该变量就可以被该模块中的所有过程使用，每个过程都可以访问或改变变量的值。

注意：模块级变量，直到该模块运行完毕，变量的值才被释放。

【例 7.21】 模块变量举例，注意观察模块变量 a 的变化。

程序代码如下：

```
Option Explicit
Dim a As Integer
Private Sub Command1_Click()
    a = a + 3
    Print "单击了 Command1,a="; a
End Sub
Private Sub Command2_Click()
    a = a + 2
    Print "单击了 Command2, a="; a
End Sub
```

运行程序，单击 Command1 后单击 Command2，然后再单击 Command1 后单击 Command2。程序运行结果如图 7.22 所示。

在窗体模块 Form1 的通用声明段中声明的变量 a 是模块变量，对下面两个 Command 单击事件过程都有效，每次运行事件过程都会更新变量的值，直到该模块运行完毕，变量 a 的值才被释放。

3. 全局变量

在标准模块的通用声明段中，用关键字 Public 或 Global 声明的变量，或在窗体通用声明段中用关键字 Public 声明的变量，就是全局变量。全局变量的作用范围是整个工程的所有过程。全局变量的值在整个应用程序中始终不会消失或重新初始化，只有当整个应用程序执行结束时，才会消失。

【例 7.22】 全局变量实例。在工程中添加一个窗体模块、一个标准模块，工程资源管理器窗口如图 7.23 所示。

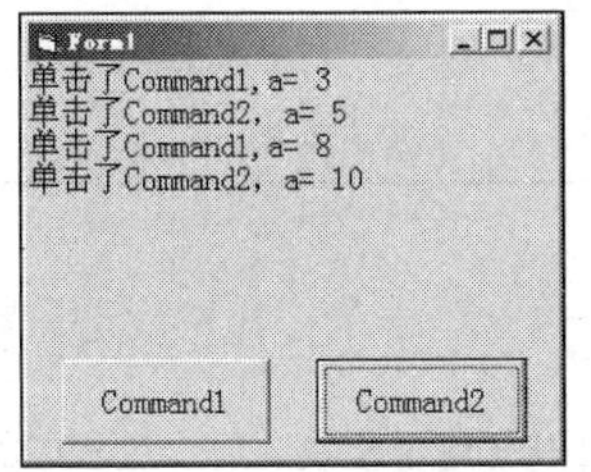

图 7.22　例 7.21 的程序运行结果

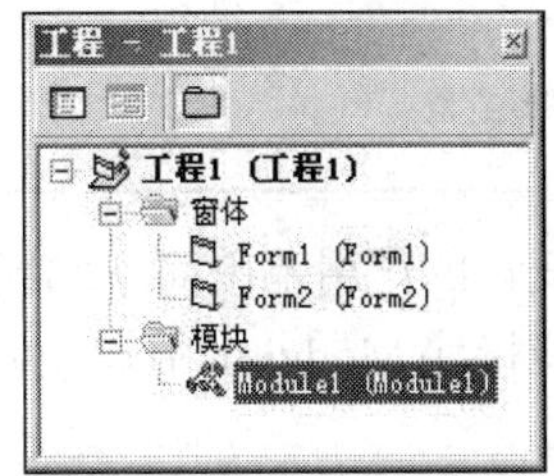

图 7.23　工程资源管理器窗口

各模块的代码如图 7.24～图 7.26 所示。

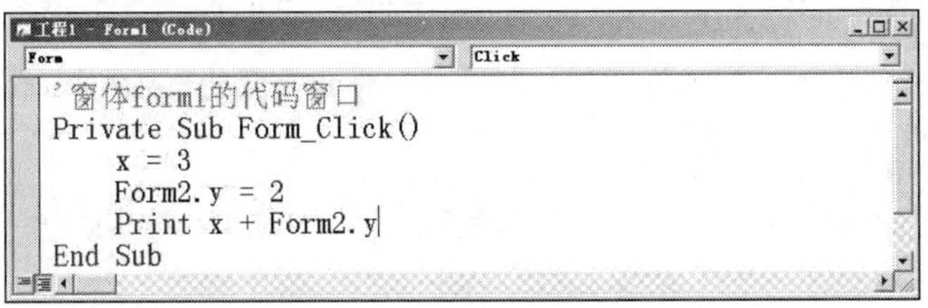

图 7.24　窗体 Form1 的代码窗口

图 7.25　窗体 Form2 的代码窗口

图 7.26　标准模块 Module1 的代码窗口

运行程序，单击窗体 Form1，运行结果如图 7.27 所示。

图 7.27　例 7.22 的程序运行结果

三种变量作用范围及使用规则如表 7.1 所示。

表 7.1　三种变量作用范围及使用规则

作用范围	局部变量	窗体/模块级变量	全局变量	
			窗体	标准模块
声明方式	Dim、Static	Dim、Private	Public	
声明位置	在过程中	窗体/模块的“通用声明”段	窗体/模块的“通用声明”段	
能否被本模块的其他过程存取	不能	能	能	
能否被其他模块存取	不能	不能	能，但需在变量名前加窗体名	能

定义变量的作用范围简单归纳如下。

在标准模块 Module1 中定义的语句：

```
Public x As integer          '全局变量 x 可以在每个模块、每个过程中使用
```

在窗体模块 Form1 中定义的语句：

```
Dim y As string              '模块变量 y 在以下两个过程中都可以使用
Sub Form_Click()
  Dim a%, b!                 '局部变量 a，b 只能在窗体单击过程中使用
End Sub
Sub Command1_Click()
  Static m%, n#          '局部变量 m，n 只能在按钮单击过程中使用
End Sub
```

注意：一般来说，在同一模块中定义了不同级别但同名的变量时，系统优先访问作用域小的变量。

【例 7.23】　不同级别变量同名实例。

程序代码如下：

```
Dim x%
Private Sub Command1_Click()
    Dim x%   '有局部变量 x，使用局部变量 x
    x = 5
    Print "x="; x
End Sub
Private Sub Command2_Click()
    x = x + 1     '没有局部变量 x，使用全局变量 x
    Print "x="; x
End Sub
```

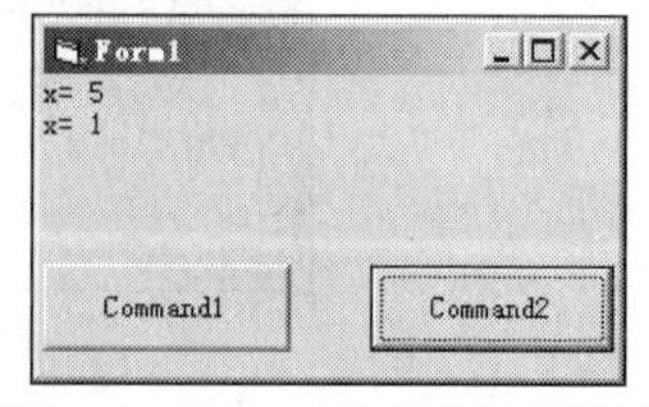

图 7.28　例 7.23 的程序运行结果

运行后，单击 Command1 后单击 Command2，运行结果如图 7.28 所示。

4. 符号常量作用范围

符号常量定义以后，在程序中就可以用常量名代替常量的值。例如，可以用 PI 代替

3.1415926，但是这种替代是有范围的。有效范围由常量定义语句的位置决定，有以下三种情况。

（1）如果在一个过程内部声明一个符号常量，则该符号常量只在该过程中有效。

（2）如果在一个模块的声明段中声明一个符号常量，则该符号常量只在该模块的所有过程中有效。

（3）如果在标准模块的声明段中声明一个符号常量，并在 Const 前面加上 Public 关键字，则该符号常量在整个工程中都有效。

5. 静态变量

全局变量、窗体/模块变量、局部变量是指变量在作用范围（即空间范围）的划分。

变量的值还有一个存活期的问题，即在时间上的划分。全局变量的值的存活期，为整个程序；窗体/模块变量的值的存活期为本模块；Dim 声明局部变量的值的存活期为本过程；而用 Static 声明的变量是静态变量，在空间上属于局部变量，但在时间上它在本工程运行过程中为可保留变量的值。也就是说，用 Static 声明的变量，每次调用过程时保持原来的值；而用 Dim 声明的变量，每次调用过程时重新初始化。

静态变量声明格式如下：

Static 变量名 [As 类型]

【例 7.24】 将例 7.19 中的局部变量 n 定义为静态变量，查看变量 n 能否记录单击窗体的次数。

程序代码如下：

```
Private Sub Form_Click()
    Static n As Integer
    n = n + 1
    Print "已单击次数："; n; "次"
End Sub
```

单击三次窗体，运行结果如图 7.29 所示。

【例 7.25】 测试 Dim 与 Static 的区别。

程序代码如下：

```
Private Sub Command1_Click()
    Dim x As Integer
    Static y As Single
    x = x + 2
    y = y + 2
    Print "x=";x,"y=";y
End Sub
```

每单击一次命令按钮，x 的值都是初始值 0 加 2，而 y 的值却是上一次运行结果加 2，如图 7.30 所示。这就是 Dim 和 Static 的区别，应按其各自的特点在不同情况下使用。

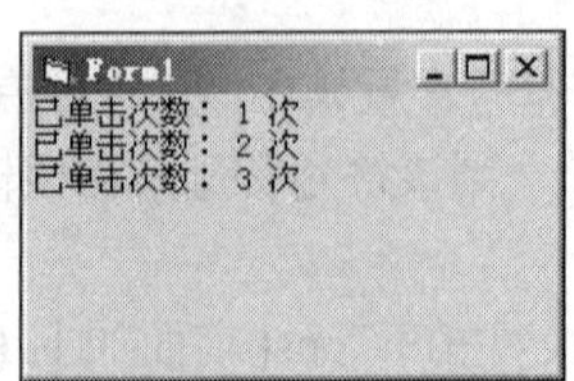

图 7.29 例 7.24 的程序运行结果

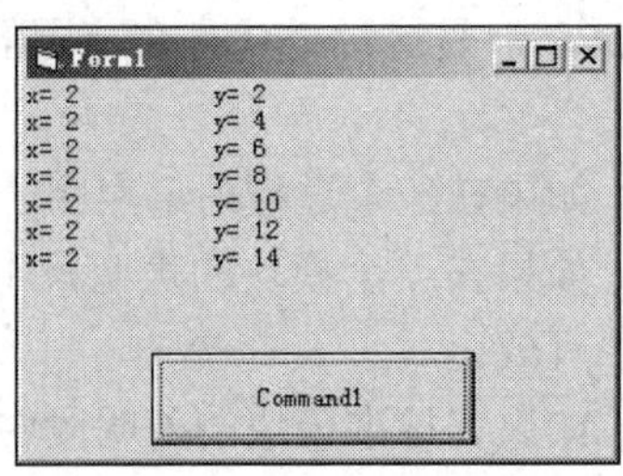

图 7.30 例 7.25 的程序运行结果

7.4.2 过程作用域

根据过程的作用域来划分，过程可分为：窗体/模块级和全局级过程。定义过程时使用关键字 Private，则过程是模块级过程，使用关键字 Public 或省略关键字，则过程是全局级过程。

1. 窗体/模块级过程

窗体/模块级过程是指在窗体或标准模块内通过 Private 关键字定义的过程。该过程只能被模块中的过程调用。

【例 7.26】 调用窗体模块级函数过程求 1～*n* 的和。

程序代码如下：

```
'定义模块级函数过程 qh
Private Function qh(n) As Single
   Dim i%
   For i = 1 To n
     qh = qh + i
   Next i
End Function

Private Sub Command1_Click()
   Dim n%, sum!
   n = InputBox("n=")
   sum = qh(n)
   Print "1+2+…+n="; sum
End Sub

Private Sub Command2_Click()
   Call Command1_Click    '事件过程中可以调用别的事件过程
End Sub
```

2. 全局级过程

全局级过程是指在窗体或标准模块中通过 Public 关键字定义的过程或者省略类型关键字的过程。全局级过程可供该应用程序的所有窗体和所有标准模块中的过程调用，但根据全局级过程所处的位置不同，其调用方式有所区别。

1）在窗体内定义全局过程

如果该过程名是唯一的，则在本窗体模块内可以直接调用，不必加该过程所处的窗体名；其他的模块要调用时，必须在该过程名前加该过程所处的窗体名。

【例 7.27】　在窗体内定义全局过程示例。

工程中有两个窗体模块，各自代码分别如图 7.31 和图 7.32 所示。

```
工程1 - Form1 (Code)
(通用)                fac
'Form1中的过程代码
Public Function fac(n%) As Double '定义全局级过程
    Dim i%, s#
    s = 1
    For i = 1 To n
        s = s * i
    Next i
    fac = s
End Function
Private Sub Command1_Click()
    Dim n%, s#
    n = InputBox("n=")
    s = fac(n)  '本模块中调用全局级过程
    Print "1*2*3*…N="; s
End Sub

Private Sub Command2_Click()
    Form1.Hide
    Form2.Show
End Sub
```

图 7.31　Form1 窗体模块的代码窗口

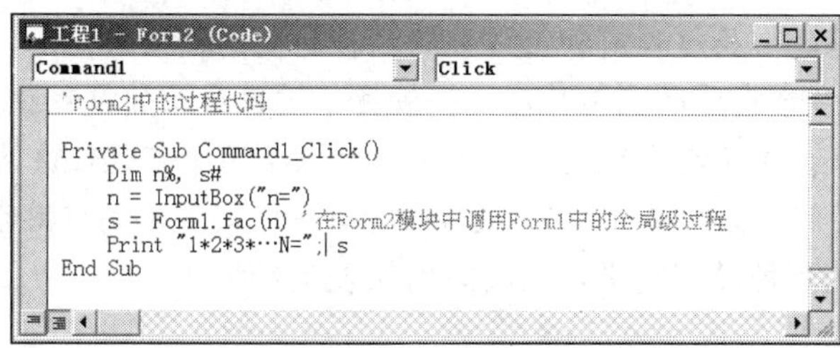

```
工程1 - Form2 (Code)
Command1              Click
'Form2中的过程代码

Private Sub Command1_Click()
    Dim n%, s#
    n = InputBox("n=")
    s = Form1.fac(n) '在Form2模块中调用Form1中的全局级过程
    Print "1*2*3*…N="; s
End Sub
```

图 7.32　Form2 窗体模块的代码窗口

运行工程，显示 Form1，单击 Command1，在输入框中输入 5，显示 1*2*…*N=120；单击 Command2，单击 Form2 的 Command1，在输入框中输入 5，也会显示 1*2*…*N=120。

2）在标准模块内定义全局过程

如果该过程名是唯一的，则在所有模块内可以直接调用，如果全局级过程与其他全局级过程重名，则其他的模块要调用时，必须在该过程名前加该过程所处的模块。

【例 7.28】　在标准模块内定义全局过程示例。

工程中有一个窗体模块、一个标准模块，各自代码分别如图 7.33 和图 7.34 所示。

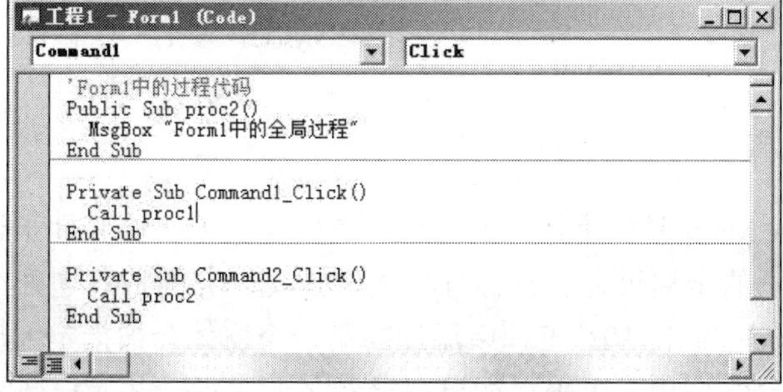

```
工程1 - Form1 (Code)
Command1              Click
'Form1中的过程代码
Public Sub proc2()
  MsgBox "Form1中的全局过程"
End Sub

Private Sub Command1_Click()
  Call proc1
End Sub

Private Sub Command2_Click()
  Call proc2
End Sub
```

图 7.33　Form1 窗体模块的代码窗口

图 7.34 Module1 窗体模块的代码窗口

运行工程，单击 Command1，弹出信息框如图 7.35 所示，单击 Command2，弹出信息框如图 7.36 所示。

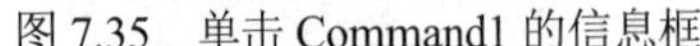
图 7.35 单击 Command1 的信息框

图 7.36 单击 Command2 的信息框

注意：

① 不论全局过程是在窗体模块还是标准模块中定义，也不论多个窗体模块或多个标准模块中的全局过程是否出现同名，为了避免出现错误，则最好指出要调用全局过程的具体位置，即在调用的全局过程前加上该全局过程所处的模块名。

② 如果是包含多个窗体的应用程序，一般把子过程和函数过程放在标准模块中，并用 Public 关键字定义，这样定义的过程可被本应用程序的所有过程访问。VB 应用程序中可以直接添加已经存储的标准模块，通过这个功能，可以实现不同应用程序间代码的共享。

不同作用范围的两种过程定义及调用规则如表 7.2 所示。

表 7.2 不同作用范围的两种过程定义及调用规则

作用范围	模 块 级		全 局 级	
	窗 体	标准模块	窗 体	标准模块
定义方式	过程名前加 Private 例如：Private Sub Mysubl(形参表)		过程名前加 Public 或默认 例如：[Public] Sub Mysub2(形参表)	
能否被本模块其他过程调用	能	能	能	能
能否被本应用程序其他模块调用	不能	不能	能，但必须在过程名前加窗体名，例如：call 窗体名.Mysub2(实参表)	能，但过程名必须唯一，否则要加标准模块名，例如：Call 标准模块名.Mysub2(实参表)

3. Sub Main 过程

在 VB 中，Sub Main 是一个特殊的过程，它的定义方式同其他子过程的定义方式相同，但它必须是唯一的全局过程且在标准模块中定义，它的特殊之处在于它可以被指定为启动对象。在默认情况下 VB 工程中添加的第一个窗体会被指定为启动窗体。程序运行的表现也是启动窗体被显示出来，如果在显示之前进行一些操作或者程序根本就不需要窗体，则可以通过设置 Sub Main 子过程为启动对象来实现。

（1）执行“工程”菜单中的“工程属性”命令，打开“工程属性”对话框，选择“通用”选项卡，如图 7.37 所示。

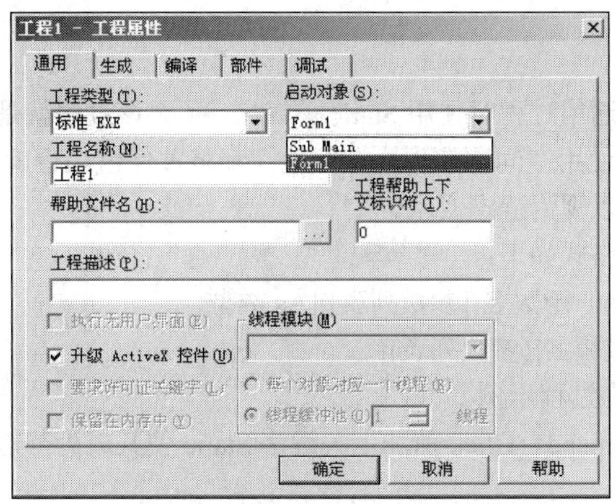

图 7.37　“工程属性”对话框

（2）在“启动对象”下拉列表框中选择 Sub Main 作为启动对象。如果想使用当前工程中的其他窗体作为启动窗体，也同样在这里选择。

【例 7.29】　Sub Main 过程示例。

程序代码如下：

```
'Module1 中的代码
Sub Main()
    Dim r%
    r = InputBox("欢迎选择窗体" & vbNewLine & "请输入要显示的窗体序号:")
    Select Case r
        Case 1
           Form1.Show
        Case 2
           Form2.Show
        Case 3
           Form3.Show
        Case Else
           End
    End Select
End Sub
```

将启动对象设为 Sub Main 过程，运行时先弹出输入框如图 7.38 所示。输入 1～3 中任意数后，工程会显示相应窗体。

图 7.38　例 7.29 的输入框

注意：Main 子过程是一个全局过程只有创建在标准模块中才能被指定为启动过程，其名称是唯一的；其他过程不能使用这个名称，也不能作为启动过程。

4. 静态过程

如果在声明一个通用过程时使用 Static 关键字，那么该过程就是一个静态过程。在这个过程中所有变量的使用空间，在程序运行期间都将被保留。也就是说，在这个过程内声明的所有变量都可以视为静态变量。

静态过程的定义格式如下：

Static Function 函数名([参数列表])[As 类型]

Static Sub 过程名[(参数列表)]

【例 7.30】 静态过程示例。

在事件过程 Command1_Click 前加上关键字 Static 使其成为静态过程，代码如下：

```
Private Static Sub Command1_Click()
    Dim a%
    Static b%
    a = a + 1
    b = b + 1
    Print "a="; a; "b="; b
End Sub
```

运行工程，多次单击 Command1，运行结果如图 7.39 所示。

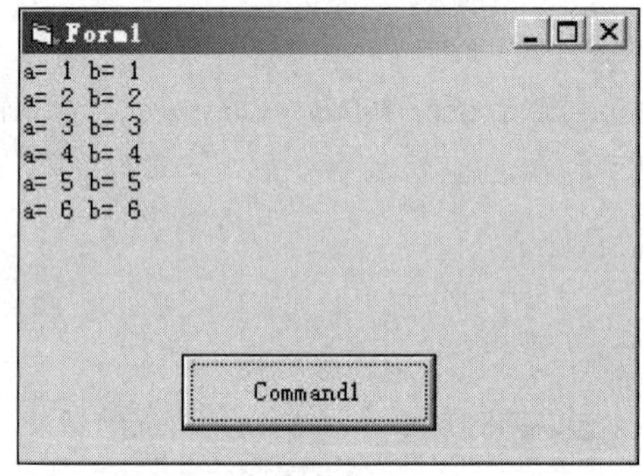

图 7.39 例 7.30 的程序运行结果

由结果可见，由于过程是静态过程，因此无论是用 Dim 定义的局部变量 a，还是用 Static 定义的变量 b 都成为了静态变量。

7.5 递 归

在 VB 中，过程定义都是互相平行和互相独立的，不允许嵌套定义，也就是说，在定义过程时，一个过程的定义内不能包含另一个过程的定义。虽然 VB 中不能嵌套定义过程，但可以嵌套调用过程，即在主程序可以调用子程序，子程序中还可以调用另外的子程序，这种程序结构称为过程嵌套，其中，有一种形式称为“递归”。

7.5.1　递归的概念

通俗地讲，用自身的结构来描述自身就称为“递归”。

递归分为两种类型：直接递归和间接递归。其中，直接递归就是在过程中直接调用过程自身；间接递归是指在某个过程中调用了另一个过程，而被调用的过程又调用本过程。递归是推理和问题求解的一种重要方法。

递归分成“递推”和“回归”两个过程，由于计算机的内存空间有限，递归必须具备两个要素：结束条件和递归表达式，结束条件的目的是避免递归过程溢出；递归表达式要描述出递归的表达形式，并且这种表述向终止条件变化，在有限的步骤内达到终止条件。最典型的例子是对阶乘运算做如下定义：

```
n!=n*(n-1)!
(n-1)!=(n-1)*(n-2)!
```

7.5.2　递归子过程和递归函数

在 VB 中，允许一个自定义子过程（或函数过程）在过程体（或函数体）的内部调用自己，这样的子过程（或函数）称为递归子过程（或函数过程）。在许多问题中具有递归的特性，用递归调用描述就非常方便。

【例 7.31】　编写 fac(n)=n!的递归函数。

$$\text{fac(n)} = \begin{cases} 1 & (n=1) \\ n * \text{fac}(n-1) & (n>1) \end{cases}$$

程序代码如下：

```
Public Function fac(n As Integer) As Double
    If n = 1 Then                          '结束条件
        fac = 1
    Else
        fac = n * fac(n - 1)               '递归表达式
    End If
End Function

Private Sub Command1_Click()               '调用递归函数，显示出 fac(4)=24
    Print "fac(4)="; fac(4)
End Sub
```

在函数 fac(n)的定义中，当 n>1 时，连续调用 fac( )自身共 n−1 次，直到 n=1 结束。假设 n=4，给出 fac(4)的执行过程，如图 7.40 所示。

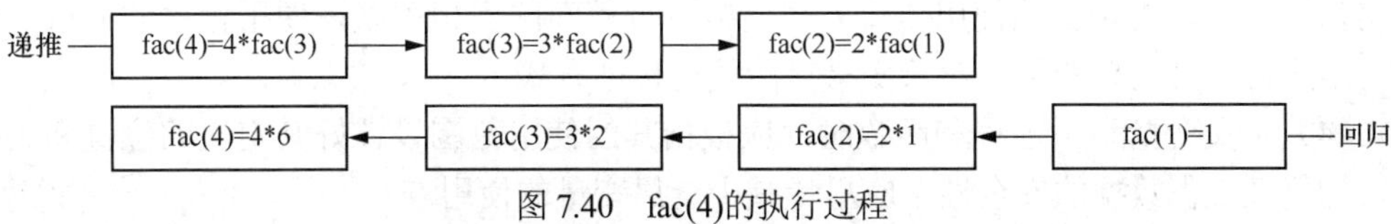

图 7.40　fac(4)的执行过程

（1）递推过程：每调用一次自身，把当前参数（形参、局部变量、返回地址等）压入栈，直到达到递归结束条件。

（2）回归过程：不断从栈中弹出当前的参数，直到栈空。递归算法设计简单，解决同一问题，使用递归算法消耗的机时和占据的内存空间比非递归算法多。

【例 7.32】 用递归和非递归函数实现求最大公约数。

$$\gcd(m,n)=\begin{cases} n & (\text{mMod}n=0) \\ \gcd(n,\text{mMod}n) & (\text{mMod}n\neq 0) \end{cases}$$

递归函数程序如下：

```
Function gcd(m%, n%) As Integer
    If (m Mod n) = 0 Then
        gcd = n
    Else
        gcd = gcd(n, m Mod n)
    End If
End Function

Private Sub Command1_Click()
    Dim x%, y%
    x = InputBox("请输入一个正整数")
    y = InputBox("请输入一个正整数")
    Print x; y; "的最大公约数为: "; gcd(x, y)
End Sub
```

本 章 小 结

本章介绍了 VB 中的函数过程和子过程的定义、调用、参数传递、变量和过程作用域等。这一章的概念比较多，要重点掌握以下几个问题。

（1）过程是构成 VB 程序的基本单位，编写过程的作用是将一个复杂问题分解成若干个简单的小问题，便于“分而治之”，这种方法在以后编写较大规模的程序时非常有用。

（2）函数过程与子过程的主要区别是函数名有一个返回值，子过程名没有返回值，因此函数过程体必须对函数名赋值。

（3）调用过程时，主调过程与被调过程之间将产生参数传递。参数传递有传值和传址方式。两者区别：传值方式是一种单向的数据传递，即调用时只能由实参将值传递给形参，调用结束不能由形参将操作结果返回给实参。传址方式是一种双向的数据传递，即调用时实参将值传递给形参，调用结束时由形参将操作结果返回给实参。在调用过程中具体用传值还是传址，主要考虑的因素是：若要从过程调用中通过形参返回结果，则要用传址方式，否则应该使用传值方式，减少过程间的互相关联，便于程序的调试。数组、用户自定义类型变量、对象变量只能使用传址方式。

（4）定义变量和子过程和函数时，应根据其的使用范围设计好其定义的位置和关键字，为保证工程数据的安全性，应尽量减少全局变量的使用。

（5）递归是推理和问题求解的一种重要方法，在编写递归子过程或函数时，一定要具备两个要素；结束条件和递归表达式。

第 8 章　用户界面设计

本章要点

- 通用对话框。
- 菜单设计。
- 多重窗体。

8.1　通用对话框

8.1.1　对话框概述

对话框（DialogBox）是一种特殊类型的窗体，它主要通过向用户显示信息和获取用户提交的信息与用户进行交流，实现用户与系统“对话”的操作，是用户和计算机交互的主要手段，是应用程序界面的重要组成部分。

在 VB 6.0 应用程序中，对话框分为三种类型：预定义对话框、自定义对话框和通用对话框。

1. 预定义对话框

预定义对话框是由系统提供的，包括输入框和输出框（也称消息框）。通过调用系统函数 InputBox()可以建立输入框，调用系统函数 MsgBox()则可建立输出框。预定义对话框在各种应用程序中的应用非常普遍。

2. 自定义对话框

自定义对话框是由用户根据任务要求自主设计的对话框。通常是在一个窗体上添加一些输入、输出控件，然后编写相应的过程代码，就构成了自定义对话框。

3. 通用对话框

通用对话框 CommonDialog 是一种控件，用于创建一组基于 Windows 的标准对话框界面，如打开文件、保存文件、选择颜色、选择字体、设置打印选项等对话框。这些对话框仅用于应用程序与用户之间进行信息交互，返回用户输入、选择或确认的信息，不能真正实现打开文件、存储文件以及设置颜色、字体及打印等操作功能，以上操作必须通过编写相应的代码才能实现。

在 VB 中，能够实现六种不同类型的通用对话框功能，即打开（Open）、另存为（Save As）、颜色（Color）、字体（Font）、打印（Print）和帮助（Help）对话框。

一般来说，对话框是用户和程序进行数据交换的一种窗体，相对于普通窗体而言，它又有其自身的特点，主要体现在以下几个方面。

（1）用户一般不需要改变对话框的大小，因此其边框是固定的。

（2）对话框中通常没有最大化按钮、最小化按钮和控制菜单框。

（3）对话框中一般有“确定”、“取消”等类似按钮。程序运行时，当单击“确定”等按钮时，表示对话框中的设置或输入有效；当单击“取消”等按钮时，表示对话框中的设置或输入无效。

（4）对话框中控件的属性一般在设计阶段设置，但在特殊情况下，需要在程序运行时根据运行情况进行设置。

8.1.2 通用对话框的使用

通用对话框 CommonDialog 控件在 VB 和 Microsoft Windows 动态连接库 Commdlg.dll 例程之间提供了接口，使用该控件创建对话框必须要求 Commdlg.dll 在 C：\Windows\System 目录下，运行 Windows 帮助引擎时控件还能够显示帮助。

通用对话框 CommonDialog 控件不是标准的控件，它是一种特殊的 ActiveX 控件，位于 C:\Windows\System\Comdlg32.ocx 文件中，名称为 Microsoft Common Dialog Control 6.0。默认情况下，在标准工具箱中找不到该控件，使用时必须先将该控件手动添加到工具箱中。

1. 添加通用对话框控件的方法

（1）在“工程”菜单中，选择“部件”命令，或者右击工具箱，在弹出的菜单中选择“部件”命令，打开“部件”对话框。

（2）在“部件”对话框中选择“控件”选项卡，然后在控件列表中选中 Microsoft Common Dialog Control 6.0 选项（使前面的复选框处于选中状态“√”）。

（3）单击“确定”按钮，通用对话框被添加到了工具箱中。

在窗体上添加通用对话框控件的方法和添加其他控件一样，添加的通用对话框以图标▦的方式显示在窗体中。在窗体设计阶段，窗体上的通用对话框能够显示，但不能改变其大小。在程序运行时，该控件本身被隐藏不可见，需要修改属性 Action 或者用 Show 方法才能够激活而调用对话框，因此无需调整其在窗体上的位置。

2. 通用对话框的基本属性

通用对话框可以显示为“打开”、“另存为”、“颜色”、“字体”、“打印”和“帮助”六种不同类型的对话框，每一种对话框都有自己特有的属性，这些属性可以在“属性”窗口中进行设置，也可以在程序中用代码设置。

以下是通用对话框的基本属性。

1）Action 属性

Action 属性用来设置通用对话框显示的类型，其值为数值型，表 8.1 列出了 Action 属性的各种取值与功能说明。

表 8.1　Action 功能属性

属　性　值	功　　能
0-vbNone	无对话框显示
1-vbOpen	显示“打开”（Open）对话框
2-vbSaveAs	显示“另存为”（Save As）对话框
3-vbColor	显示“颜色”（Color）对话框
4-vbFont	显示“字体”（Font）对话框
5-vbPrint	显示“打印”（Print）对话框
6-vbHelp	显示“帮助”（Help）对话框

该属性不能在“属性”窗口内设置，只能在程序中赋值，用于调出相应的对话框。例如：

```
CommonDialog1.action=2
```

执行此语句将打开“另存为”对话框，其中 CommonDialog1 为通用对话框名称。

2）DialogTitle 属性

DialogTitle 属性用来设置对话框标题，其值为字符串型。不同类型的对话框都有自己的默认标题，例如，“打开”对话框的默认标题是“打开”，“另存为”对话框的默认标题是“另存为”，如果需要改变标题，可以在“属性”窗口更改 DialogTitle 属性的值或者在程序中使用代码设置。例如：

```
CommonDialog1.DialogTitle = "打开文件"
```

执行此语句可以把对话框的标题更改为“打开文件”。另外，此语句需要写在给 Action 属性赋值的语句之前。

3）CancelError 属性

CancelError 属性用来设置当用户按下“取消”按钮时是否显示出错信息，其值为逻辑型。

True：单击“取消”按钮时，将显示出错信息。

False：单击“取消”按钮时，将不显示出错信息，为系统默认设置。

一旦对话框被打开，显示在界面上供用户操作，其中“确定”按钮表示确认，“取消”按钮表示取消。有时为了防止用户在未输入信息时使用取消操作，可用该属性设置出错警告。当该属性设为 True 时，用户对对话框中的“取消”按钮一经操作，自动将错误标示 Err 置为 32 755（cdCancel），供程序判断，以便进行相应的处理。

该属性值在“属性”窗口及程序中均可设置。

4）Name 属性

Name 属性设置通用对话框的名称。

5）Index 属性

Index 属性是由多个对话框组成的控件数组的下标。

6）Left 和 Top 属性

Left 和 Top 两个属性表示通用对话框的位置。

在通用对话框的使用过程中，除了上面的基本属性外，每种对话框还有自己的特殊属性。这些属性可以在“属性”窗口中进行设置，也可以在通用对话框控件的属性对话框中设置。

单击窗体中的通用对话框图标，使之“激活”。再右击，在弹出的对话框中选择“属性”选项，屏幕上弹出“属性页”对话框，如图 8.1 所示。

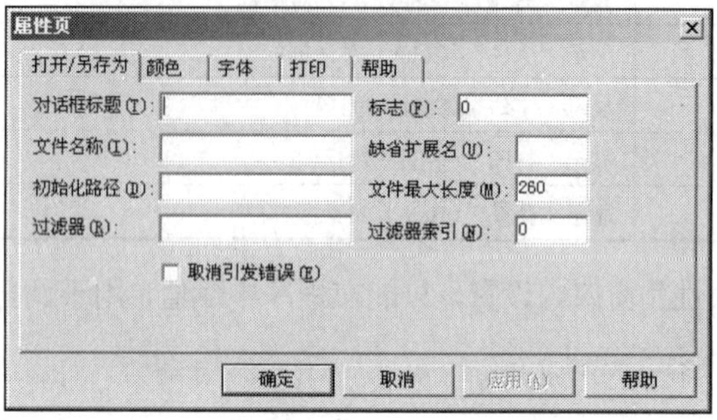

图 8.1 “属性页”对话框

“属性页”窗口中有 5 个选项卡，分别是“打开/另存为”、“颜色”、“字体”、“打印”和“帮助”，用户可以分别对不同类型的对话框设置属性。例如，要对字体对话框设置属性，就选定“字体”选项卡。

3. 通用对话框的基本设置方法

除了使用 Action 属性来设置通用对话框的显示类型外，VB 还提供了一组方法设置其显示类型。

（1）ShowOpen 方法：通用对话框显示为“打开”对话框。

（2）ShowSave 方法：通用对话框显示为“另存为”对话框。

（3）ShowColor 方法：通用对话框显示为“颜色”对话框。

（4）ShowFont 方法：通用对话框显示为“字体”对话框。

（5）ShowPrinter 方法：通用对话框显示为“打印”对话框。

（6）ShowHelp 方法：通用对话框显示为“帮助”对话框。

例如：

```
CommonDialog1. ShowColor
```

执行此语句将显示“颜色”对话框。

下面，将详细讨论用 CommonDialog 控件创建每一种类型的对话框。

1）“打开”对话框

显示“打开”（Open）对话框的方法有两种：调用通用对话框的 ShowOpen 方法，或者将通用对话框的 Action 属性值设为 1。

例如，通用对话框的名称为 CommonDialog1，则可以使用如下代码：

```
CommonDialog1.ShowOpen
```

或

```
CommonDialog1.Action=1
```

执行以上任意一条语句均可打开“打开”对话框，如图 8.2 所示。

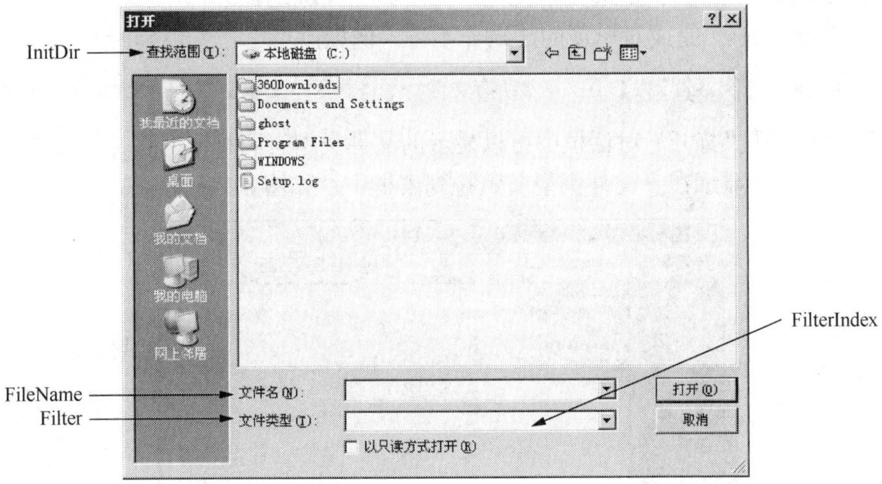

图 8.2　“打开”对话框

利用“打开”对话框，在应用程序中可以实现选择路径以及打开文件的操作。需要注意的是，“打开”对话框并不能真正打开一个文件，它仅仅提供一个打开文件的用户界面，供用户选择所要打开的文件，打开文件的具体工作还是要编程来完成。

“打开”对话框的常用属性如下。

（1）DialogTitle 属性。对话框标题（DialogTitle）属性用来给出对话框的标题内容，默认值为“打开”。

（2）FileName 属性。文件名称（FileName）属性值为字符串型，用来设置或返回要打开文件的路径及文件名。当在“打开”对话框中选中一个文件并单击“打开”按钮时，选中的文件名即作为 FileName 属性值返回。注意，此返回值是一个包含路径名和文件名的字符串。

（3）FileTitle 属性。文件标题（FileTitle）属性值为字符串型，用于返回或设置用户选中的文件名。当用户在对话框中选中所要打开的文件时，该属性就立即得到了该文件的文件名。

FileTitle 属性与 FileName 属性的区别在于，FileTitle 属性所代表的只有选定文件的文件名，不包含路径名；FileName 属性不仅返回文件名，还包含了所选定文件的路径。

例如，当在“打开”对话框中选择了路径 C:\Program Files\Adobe\Photoshop CS3 下的文件 Photoshop.exe 时，FileName 属性值为 C:\Program Files\Adobe\Photoshop CS3\Photoshop.exe，而 FileTitle 属性值为文件名 Photoshop.exe。

（4）Filter 属性。过滤器（Filter）属性用于设置在对话框中显示的文件类型。用该属性可以设置多个文件类型，供用户在对话框的“文件类型”下拉列表框中选择。属性值由一对或多对文本字符串“描述符|过滤符”组成，每对字符串用“|”隔开，其格式为：

描述符 1|过滤符 1|描述符 2|过滤符 2|…

其中，在“|”前面的部分称为“描述符”，是对文件类型的说明，是供用户看的，将按描述符的原样显示出来；后面的部分称为“过滤符”，每个过滤符指定了一种在对话框中显

示的文件类型，过滤符是有严格规定的，一般由通配符和文件扩展名组成，例如："*.*"表示选全部文件，"*.txt"是选文本文件。

"描述符|过滤符"是成对出现的，缺一不可。例如：

```
CommonDialog1.Filter = "所有文件(*.*)|*.*|文本文件(*.TXT)|*.txt"
```

此语句表示在"打开"对话框中可以显示的文件类型有两种：所有文件和文本文件，这两种文件类型将显示在"文件类型"下拉列表框中，如图 8.3 所示。

图 8.3　在"打开"对话框中设置 Filter 属性

（5）FilterIndex 属性。过滤器索引（FilterIndex）属性用于返回用户在"文件类型"列表框中选中选项的序号，即过滤器的序号，其值为整型。用 Filter 属性设置了多个过滤器后，每个过滤器都有一个序号，第 1 个过滤器的序号为 1，第 2 个过滤器的序号为 2，以此类推。如在图 8.3 所示对话框中，如果要将"文本文件（*.txt）"设为默认文件类型，则 FilterIndex 的属性值应该设置为 2。

（6）InitDir 属性。初始化路径（InitDir）属性值为字符串型，用来指定"打开"对话框中的初始路径。若没有设置该属性，则显示当前路径。用户选定的目录也放在此属性中，即用它能设置和返回选中的目录名。

该属性可以在"属性"窗口设置，也可以在程序中使用代码设置，使用代码设置时应写在对话框显示语句之前。

（7）Flags 属性。标志（Flags）属性用于设置对话框的外观和状态。其格式为：

对象.Flags ［=值］

其中，对象为通用对话框的名称；"值"是一个整数，可以使用三种形式：常数、十六进制值及十进制值。

（8）DefaultExt 属性。默认扩展名（DefaultExt）属性用来显示在对话框的默认扩展名（即指定默认的文件类型）。如果用户输入的文件名不带扩展名，则自动将此默认扩展名作为其扩展名，其值是由 1～3 个字符组成的字符串。

（9）MaxFileSize 属性。文件最大长度（MaxFileSize）属性用来指定 FileName 的最大长度，可从 1～2048，默认值为 256。

关于"打开"对话框的属性设置，还可以通过"属性页"对话框完成，如图 8.1 所示。

【例 8.1】　设计一个简单的应用程序，用于打开各种类型的图形文件。

分析：在窗体上放置一个图像框（Image1）用来显示图片，三个命令按钮控件用于打开图形文件（Command1）、清除图像（Command2）和退出应用程序（Command3），两个标签控件用来分别显示图片的 FileTitle 属性值（Label1）和 FileName 属性值（Label2），一个通用对话框控件（CommonDialog1），在程序运行时设置“打开文件”对话框的属性。

步骤：

（1）在窗体上放置一个图像框控件、三个命令按钮控件、两个标签控件和一个通用对话框控件。

（2）设置相关控件的属性，如表 8.2 所示。

表 8.2　例 8.1 的各相关控件的属性设置

控件名称	属　性　名	属　性　值	说　　明
Image1	Picture	默认	图形来源
	Stretch	True	图形充满方框
Command1	Caption	打开	按钮的标题
Command2	Caption	清除	按钮的标题
Command3	Caption	退出	按钮的标题
Label1 Label2	BorderStyle Caption	Fixed Single	单线边框 清空
CommonDialog1			默认设置

（3）编写程序代码如下：

```
Private Sub Command1_Click()
    CommonDialog1.InitDir = "D:\temp\chapter8"
    CommonDialog1.DialogTitle = "打开文件"
    CommonDialog1.Filter="AllFiles(*.*)|*.*|frm文件|*.frm|vbp文件|*.vbp|"
    CommonDialog1.FilterIndex = 2
    CommonDialog1.Flags = 1
    CommonDialog1.Action = 1
    Image1.Picture = LoadPicture(Me.CommonDialog1.FileName)'加载图片
    Label1.Caption = CommonDialog1.FileTitle     '不显示路径的文件名
    Label2.Caption = CommonDialog1.FileName      '显示路径的文件名
End Sub

Private Sub Command2_Click()
    Image1.Picture = LoadPicture()
    Label1.Caption = ""
    Label2.Caption = ""
End Sub

Private Sub Command3_Click()
    End
End Sub
```

（4）运行程序。

（5）单击“打开”按钮，即打开“打开”对话框。在对话框中打开任意图片，即可在图像框中显示相应的图片，在 Label1 和 Label2 中分别显示文件的标题（不包含路径）和文件名（包含路径），如图 8.4 所示。

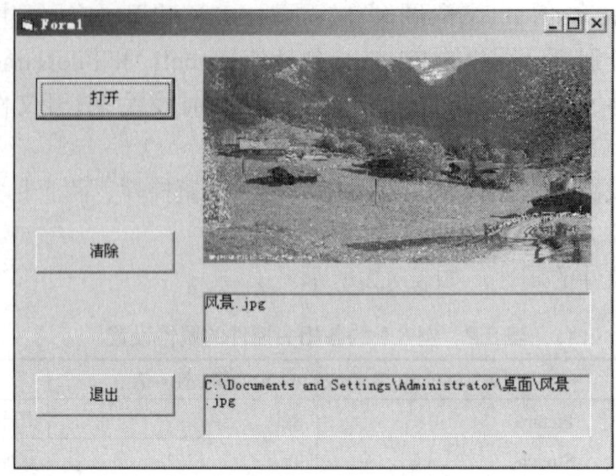

图 8.4 例 8.1 的程序运行结果

2）“另存为”对话框

显示“另存为”（Save As）对话框的方法有两种：调用通用对话框的 ShowSave 方法，或者将通用对话框的 Action 属性值设为 2。例如：

```
    CommonDialog1.ShowSave
```

或

```
    CommonDialog1.Action=2
```

执行以上任意一条语句均可打开“另存为”对话框，如图 8.5 所示。

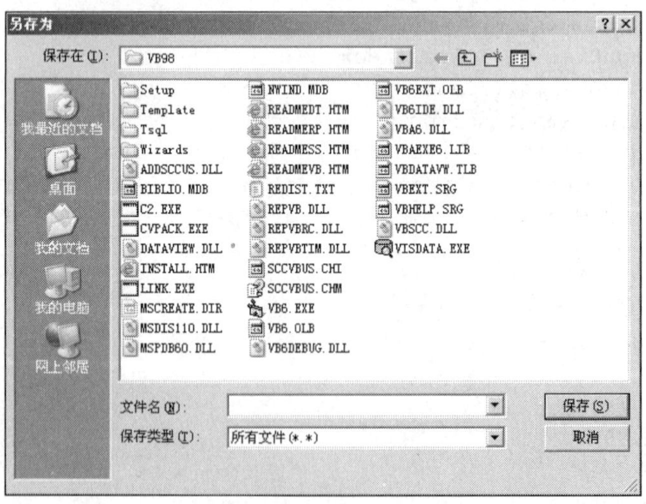

图 8.5 “另存为”对话框

“另存为”对话框为用户在存储文件时提供一个标准用户界面，供用户选择或输入所要存入文件的驱动器、路径和文件名。同样，它并不能提供真正的存储文件操作，存储文件的操作需要编程来完成。

“另存为”对话框的属性和“打开”对话框的属性基本相同。

关于“另存为”对话框的属性设置，还可以通过“属性页”对话框完成，如图 8.1 所示。

【例 8.2】 设计一个简单的应用程序，可以保存文本框中所编辑的文字。默认扩展名时，可将所编辑的文字保存为扩展名为.txt 的文件。

分析：在窗体上放置一个命令按钮控件和一个文本框控件，在文本框控件中写入任意内容，单击命令按钮控件即可实现文本框内信息的存盘。

步骤：

（1）在窗体上放置一个命令按钮控件、一个文本框控件和一个通用对话框控件。

（2）设置相关控件的属性，如表 8.3 所示。

表 8.3　例 8.2 的各相关控件的属性设置

控件名称	属　性　名	属　性　值	说　　明
Command1	Caption	保存	按钮的标题
Text1	Text		清空
	MultiLine	True	允许在文本框输入多行文字
CommonDialog1			默认设置

（3）编写程序代码如下：

```
Private Sub Command1_Click ()
    CommonDialog1.FileName="Default.Txt"         '设置默认文件名
    CommonDialog1.DefaultExt="txt"               '设置默认扩展名
    CommonDialog1.Action = 2                     '打开“另存为”对话框
    Open CommonDialog1.filename For Output As #1 '打开文件供写入数据
    Print #1, Text1.Text
    Close #1                                     '关闭文件
End Sub
```

（4）运行程序，例 8.2 的程序运行结果如图 8.6 所示。

（5）在文本框中输入任意文字，单击“保存”按钮，在弹出的“另存为”对话框中，输入文件名 temp，单击“保存”按钮，即可将文件 temp.txt（.txt 为默认文件格式）保存到所指定的文件夹中。如果不写文件名，则保存为默认文件 Default.txt。

图 8.6　例 8.2 的程序运行结果

3）“颜色”对话框

显示“颜色”（Color）对话框的方法有两种：调用通用对话框的 ShowColor 方法，或者将通用对话框的 Action 属性值设为 3。例如：

```
CommonDialog1.ShowColor
```

或

```
CommonDialog1.Action=3
```

执行以上任意一条语句均可打开“颜色”对话框。

“颜色”对话框具有一些基本属性，如 CancelError、DialogTitle、HelpCommand、HelpContext、HelpFile、HelpKey 等，除此之外，其最主要的属性为 Color 属性，用于返回选定的颜色值。当用户在“颜色”对话框中选中某种颜色时，该颜色值将赋给对话框的 Color 属性。

在对话框的调色板中提供了 48 种基本颜色（Basic Colors），用户还可以单击“规定自定义颜色”按钮，添加自定义颜色。

关于“颜色”对话框的属性设置，还可以通过“属性页”对话框完成，如图 8.1 所示。

4）“字体”对话框

显示“字体”（Font）对话框的方法有两种：调用通用对话框的 ShowFont 方法，或者将通用对话框的 Action 属性值设为 4。例如：

```
CommonDialog1.ShowFont
```

或

```
CommonDialog1.Action=4
```

执行以上任意一条语句均可打开“字体”对话框。

在“字体”对话框中用户可以设置文本的字体、字形、大小、颜色等。

5）“打印”对话框

显示“打印”（Print）对话框的方法有两种：调用通用对话框的 ShowPrinter 方法，或者将通用对话框的 Action 属性值设为 5。例如：

```
CommonDialog1.ShowPrinte
```

或

```
CommonDialog1.Action=5
```

执行以上任意一条语句均可打开“打印”对话框。

用户可以在该对话框中选择打印机，设置打印机属性和打印选项（如打印范围、份数等）。此外，还包含当前安装的打印机的信息，并允许用户配置或重新安装默认打印机。

此对话框并不能真正地将数据送到打印机上，只是一个提供用户选择或设置打印参数的界面，允许用户指定如何打印数据，同时将所选参数存于各属性中，要实现打印数据必须编写代码。

6）“帮助”对话框

显示“帮助”（Help）对话框的方法有两种：调用通用对话框的 ShowHelp 方法，或者将通用对话框的 Action 属性值设为 6。例如：

```
CommonDialog1.ShowHelp
```

或

```
CommonDialog1.Action=6
```

执行以上任意一条语句均可打开“帮助”对话框。

“帮助”对话框为用户提供在线帮助，是一个标准的对话框。它不能制作应用程序的帮助文件，只能将已制作好的帮助文件从磁盘中读出，并与界面连接起来，达到显示并检索帮助信息的目的。若要制作帮助文件需要使用其他的工具，如 Microsoft Windows Help Compiler，即 Help 编辑器。生成帮助文件以后可直接在界面上利用帮助对话框窗口为应用程序提供在线帮助。

8.1.3　综合应用

【例 8.3】　利用通用对话框控件，编写简单的文本文件编辑程序，窗体设计如图 8.7 所示。

说明：

（1）程序运行时，文本框的内容为空。

（2）单击“打开”按钮，会显示“打开”对话框，在“打开”对话框中选择某个文本文件并打开时，则文本文件的内容会在文本框中显示出来。

（3）单击“另存为”按钮，显示“另存为”对话框，能够将文本框的内容保存在一个文本文件中，保存文件的默认名称为 Default.txt。

（4）单击“颜色”按钮，显示“颜色”对话框，可以选择文本框中的文字颜色。

（5）单击“字体”按钮，显示“字体”对话框，可以选择文本框中文字的字体、字号等。

（6）单击“打印”按钮，可以显示“打印”对话框。

（7）单击“结束”按钮，退出程序。

分析：本程序中用到了通用对话框实现相应的功能，所以，应向工程中添加一个通用对话框控件，在各命令按钮的 Click 事件过程中，通过控制其属性或方法以打开不同类型的对话框。另外，应设置文本框的 MultiLine 及 ScrollBars 属性，以允许多行文本以及显示滚动条。

步骤：

（1）创建界面：新建工程，在窗体适当位置添加一个文本框，一个通用对话框控件和六个命令按钮，界面设计如图 8.7 所示。

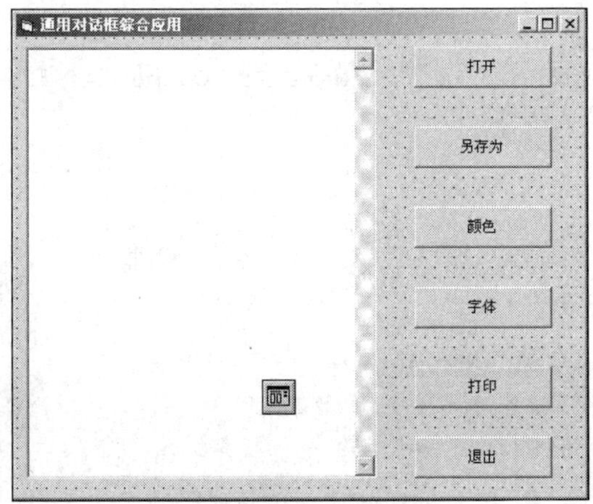

图 8.7　例 8.3 的文本编辑程序界面

（2）设置属性：窗体以及控件的属性设置如表 8.4 所示。

表 8.4　例 8.3 的各控件属性设置

对 象 名	属 性 名	属 性 值
Form1	Caption	通用对话框综合应用
Text1	MultiLine	True
	ScrollBar	2-Vertical
CommonDialog1	FileName	*.Txt
	Filter	Text Files(*.Txt)|*.txt|All Files(*.*)|*.*
Command1	Caption	打开
Command2	Caption	另存为
Command3	Caption	颜色
Command4	Caption	字体
Command5	Caption	打印
Command6	Caption	退出

（3）编写程序代码如下：

```
Private Sub Command1_Click()
    CommonDialog1.InitDir = "d:\"
    CommonDialog1.Action = 1                     '打开"打开"对话框
    If CommonDialog1.FileName = "" Then Exit Sub
    Text1.Text = ""
    Open CommonDialog1.FileName For Input As #1
    Do While Not EOF(1)
        Line Input #1, inputdata
        Text1.Text = Text1.Text + inputdata + Chr(13) + Chr(10)
    Loop
    Close #1
End Sub
Private Sub Command2_Click()
    CommonDialog1.FileName = "Default.Txt"          '设置默认文件名
    CommonDialog1.DefaultExt = "Txt"                '设置默认扩展名
    CommonDialog1.Action = 2                        '打开"另存为"对话框
    Open CommonDialog1.FileName For Output As #2    '打开文件供写入数据
    Print #2, Text1.Text                            '将数据写入文件
    Close #2
End Sub
Private Sub Command3_Click()
    CommonDialog1.Action = 3 '打开颜色对话框
    Text1.ForeColor = CommonDialog1.Color          '设置文件框前景颜色
End Sub
Private Sub Command4_Click()
    CommonDialog1.Flags = cdlCFBoth
    CommonDialog1.Action = 4                       '打开"字体"对话框
    Text1.FontName = CommonDialog1.FontName
    Text1.FontSize = CommonDialog1.FontSize
```

```
    Text1.FontBold = CommonDialog1.FontBold
    Text1.FontItalic = CommonDialog1.FontItalic
    Text1.FontStrikethru = CommonDialog1.FontStrikethru
    Text1.FontUnderline = CommonDialog1.FontUnderline
End Sub
Private Sub Command5_Click()
    CommonDialog1.Action = 5                         '打开"打印"对话框
    For i = 1 To CommonDialog1.Copies
       Printer.Print Text1.Text                      '打印文本框中的内容
    Next i
    Printer.EndDoc                                   '结束文档打印
End Sub
Private Sub Command6_Click()
    End
End Sub
```

8.2　菜 单 设 计

菜单（Menu）是图形化界面一个必不可少的组成元素，通过菜单对各种命令按功能进行分组，使用户能够更加方便、直观地访问这些命令。

菜单的基本作用有两个：一是提供人机对话的接口，以便让用户选择应用系统的各种功能；二是管理应用系统，控制各种功能模块的运行。一个高质量的菜单程序，不仅能使系统美观，而且能使用户使用方便，并可避免由于误操作而带来的严重后果。

菜单按使用形式有以下两种。

（1）下拉式菜单：位于窗口的顶部，由鼠标单击来显示和选择；如图 8.8 所示说明了下拉式菜单系统的组成结构。

（2）弹出式菜单：也称为快捷菜单，独立于菜单栏而显示在窗体上的浮动菜单，如图 8.9 所示。一般来说，不同的区域所“弹出”的菜单内容是不同的。

这两种菜单的设计都要求在“菜单编辑器”中进行。本节将介绍这两种菜单的创建方法。

8.2.1　下拉式菜单

在下拉式菜单系统中，一般有一个主菜单，称为菜单栏。其中包括一个或多个选择项，称为菜单标题。当单击一个菜单标题时，包含菜单项的列表（菜单）即被打开。菜单由若干个命令、分隔条、子菜单标题（其右边含有三角的菜单项）等菜单项组成，如图 8.8 所示。当选择子菜单标题时又会“下拉”出下一级菜单项列表，称为子菜单。VB 的菜单系统最多可达六层。

在 VB 中，一个菜单项（不管是主菜单栏上的菜单名，子菜单上的菜单项，还是分隔线，统称为菜单项）就是一个控件，响应 Click 事件。为菜单项编写程序就是编写它的 Click 事件过程，当用鼠标或键盘选中该菜单控件时，将调用该事件。与其他控件一样，它具有定义它的外观与行为的属性，在设计或运行时可以设置 Caption 属性、Enabled 属性、Visible 属性、Checked 属性以及其他属性。与一般控件不同的是，菜单控件不在 VB

的工具箱中，需要在 VB“菜单编辑器”中进行菜单设计。

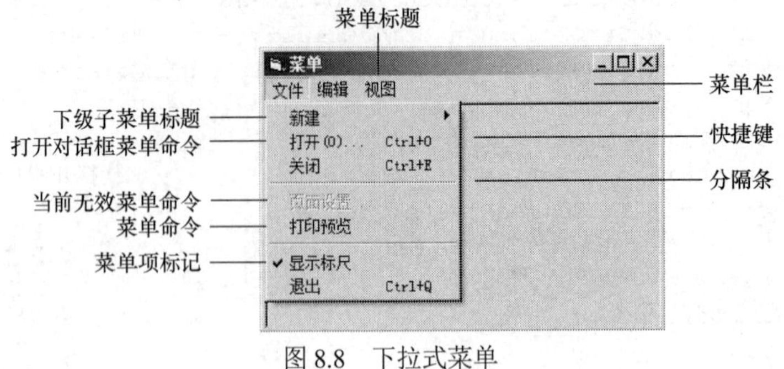

图 8.8　下拉式菜单

8.2.2　弹出式菜单

弹出式菜单又称为“快捷菜单”、“上下文相关菜单”，其位置显示比较灵活。在某一个对象（或空白区域）上右击后弹出的菜单即为弹出式菜单，如图 8.9 所示。

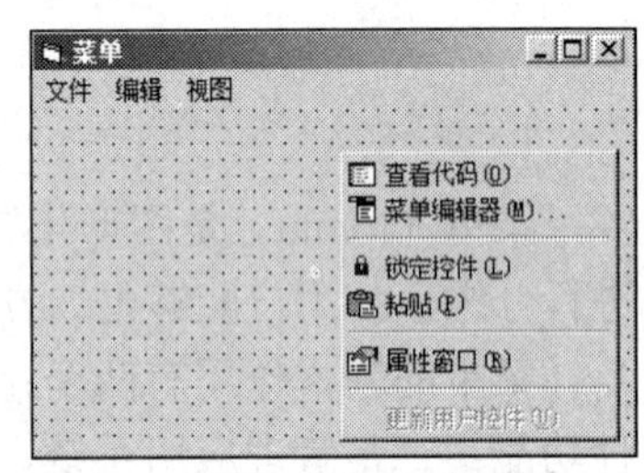

图 8.9　弹出式菜单

弹出式菜单是独立于菜单栏而显示在窗体上的浮动菜单，经常被用来快速地在屏幕上显示若干菜单命令，这些命令一般是当前鼠标所指向的对象的快捷操作命令。

与下拉式菜单不同的是，弹出式菜单的显示位置不同，它的显示位置取决于鼠标单击时指针的位置；显示内容不同，它显示的内容取决于所选对象以及前后的相关操作。

8.2.3　菜单设计的步骤

无论是下拉式菜单还是弹出式菜单，每一个菜单项都是 VB 的一个控件对象，具有和其他控件一样的属性，如 Caption、Name、Checked、Enabled 和 Visible 属性等。所不同的是，菜单控件不在 VB 的工具箱中，而且菜单控件的属性不能在“属性”窗口中修改，只能在菜单编辑器中修改。

设计菜单的一般步骤如下。

（1）根据程序设计的需要进行菜单的界面设计，包括菜单栏中的各菜单标题，各级子菜单中的菜单项，以及它们各自的事件过程。

（2）打开菜单编辑器，建立各级菜单，并设置相应的属性。

（3）编写程序代码。建立菜单项后，为相应的菜单项编写 Click 事件代码。

8.2.4　菜单编辑器

VB 提供的“菜单编辑器”可以非常方便地在应用程序的窗体上建立菜单。

1. 打开菜单编辑器

有四种方法可以打开菜单编辑器。

（1）在设计模式下，执行“工具”菜单中的“菜单编辑器”命令。

（2）使用快捷键 Ctrl+E。

（3）单击工具栏中的“菜单编辑器”按钮。

（4）在要建立菜单的窗体上右击，在弹出的快捷菜单中，执行“菜单编辑器”命令。

以上四种方法均可以打开“菜单编辑器”窗口，如图 8.10 所示。

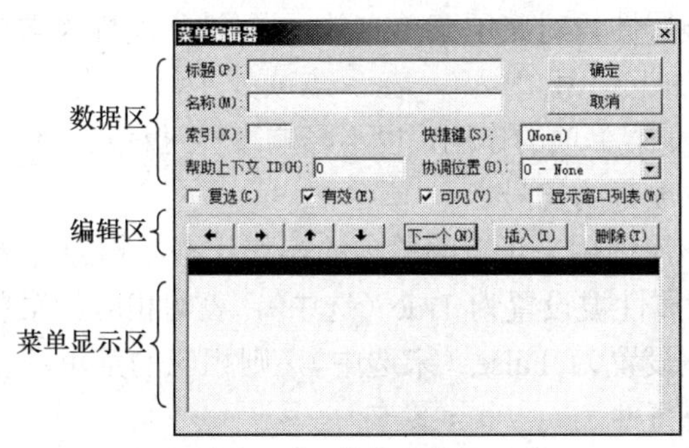

图 8.10　菜单编辑器

2. 菜单编辑器的组成

菜单编辑器窗口由三部分组成：数据区、编辑区和菜单显示区。

1）数据区

也称为菜单控件属性区，位于“菜单编辑器”标题栏的下方，用来设置菜单项的各个属性。用户只要输入各属性的值，就可以创建一个菜单项。每创建一个菜单项，编辑窗口下部的显示区中会显示出来。所有菜单项输入完，单击“确定”按钮即可。

（1）标题（P）。标题（P）是一个文本框，为程序运行时菜单上的说明文字，如“文件”、“格式”等，相当于普通控件的 Caption 属性。若是减号“-”，将在菜单中显示一条分隔线，常用此种方法使菜单项分组。另外，在标题中可以设置热键，即用“Alt+热键”打开菜单。热键的设定是在标题前加上一个“&”和一个作为热键的字母，如标题为 File，可以用&File 指定 F 为热键，显示为 File；若标题为“文件”，可以用“文件(&F)”指定 F 为热键，显示为：文件(F)。

（2）名称（M）。名称（M）是一个文本框，用来标注菜单项的控件名字，这个名字用来在程序中引用菜单项，相当于普通控件的 Name 属性。菜单项的命名规则与控件的命名规则相同，另外，所有菜单项的名称属性必须是唯一的，除非这个菜单项是控件数组中的一个元素。

（3）索引（X）。相当于其他控件的 Index 属性，当把多个菜单项定义为控件数组时，索引是控件数组的下标，控件数组中的菜单项具有相同的 Name 属性，而且是同一个菜单中的相邻菜单项。索引可以不从 0 开始，也可以不连续，但必须按升序排列。

（4）快捷键（S）。快捷键（Shortcut）是一个列表框，非顶层菜单可以有快捷键。快捷键指的是不用打开菜单，直接用快捷键执行菜单命令，注意不要使用 Windows 中已定义的快捷键。快捷键的赋值包括功能键与控制键的组合，如 Ctrl+F1 键或 Ctrl+A 键。它们出现在菜单中相应菜单项的右边。

（5）帮助上下文 ID（H）。帮助信息的上下文编号，在该处键入一个数值，这个值用来在帮助文件中查找相应的帮助主题。

（6）协调位置（O）。协调位置（O）是一个列表框，可以在列表中选择菜单的显示属性，该属性决定是否及如何在容器窗体中显示菜单。0-None：不显示；1-Left：靠左（只对顶级菜单项有效）；2-Middle：居中（只对顶级菜单项有效）；3-Right：靠右（只对顶级菜单项有效）。

（7）复选（C）。该属性只对底层菜单有效。“复选”属性设置为 True（选中）时，可以在相应的菜单项旁加上记号“ √ ”，表示该项处于活动状态，相当于复选框控件的 Checked 属性。它不改变菜单项的作用，也不影响事件过程对于任何对象的执行结果，只是设置或重新设置菜单项旁的符号。

（8）有效（E）。该属性用来设置菜单项的操作状态，相当于普通控件的 Enabled 属性。在默认情况下，该属性被设置为 True（选中），表明相应的菜单项可以对用户事件作出响应。如果该属性被设置为 False（未选中），则相应的菜单项会呈现灰色，表示当前不可用，即不响应用户事件。

（9）可见（V）。该属性设置菜单项是否可见，相当于普通控件的 Visible 属性。在默认情况下，此属性值为 True（选中），表示该菜单项可以执行。如果该属性被设置为 False（未选中），则相应的菜单项将被暂时从菜单中去掉，即不能执行，直到该属性重新被设置为 True 才能使用。

（10）显示窗口列表（W）。在 MDI（多文档窗口）应用程序中，确定菜单控件是否包含一个打开的 MDI 子窗口标题。该属性只对 MDI 窗体和 MDI 子窗体有效，对普通窗体无效。当该选项被设置为 True（选中）时，将显示当前打开的一系列子窗口标题。

2）编辑区

数据区下方的区域是菜单编辑区。编辑区上有七个控制按钮，编辑菜单时要借助于这七个按钮。

（1）左右箭头[←] [→]。提高或降低菜单的级别，产生或取消内缩符号“....”，内缩符号可以确定菜单的层次。单击右箭头，产生内缩符号（....），表示将建立下一级菜单；单击左箭头，删除内缩符号。在 VB 6.0 中最多可建立六级子菜单。

（2）上下箭头[↑] [↓]。用于调整菜单项的上下位置。当位于菜单控件列表框中的菜单项被选中后，可以通过上、下箭头来移动其位置。单击上箭头会把菜单项上移一个选项，单击下箭头会把菜单项下移一个选项。

（3）下一个（N）。开始设置一个新的菜单项。

（4）插入（I）。用来插入一个新的菜单项。

（5）删除（T）。删除条形光标所在的菜单项。

3）菜单显示区

菜单显示区位于菜单设计窗口的下部，用来显示输入的菜单项。显示区上列出了菜单项标题、级别和快捷键等。如果一菜单项相对于上一个菜单项向右缩进，表示它是上一个菜单项的子菜单。向右缩进相同的菜单项属于同一个子菜单。没有缩进的菜单项是顶级菜单项，将显示在菜单栏中。可以在此区域选择要修改的菜单项，用 [←] [→] [↑] [↓] 按钮调整菜单项顺序和缩进。

说明：

（1）“菜单项”包括四个方面的内容：菜单名、菜单命令、分隔线和子菜单。

（2）在输入菜单项时，如果在字母前加上“&”，则显示菜单时在该字母下面加上一条下划线，可以通过按 Alt+“带下划线的字母”组合键打开菜单或执行相应的菜单命令。

（3）内缩符号由四个小数点“....”组成，它表明菜单项所在的层次。一个内缩符号“....”表示一层，两个内缩符号“.... ....”表示两层，内缩符号“....”最多为六层。如果一个菜单项前面没有内缩符号，则该菜单为菜单名，即菜单的第一层。

（4）如果在“标题”栏内只输入一个“-”，则表示产生一个分隔线。

（5）只有菜单名没有菜单项的菜单称为“顶层菜单”，在输入这样的菜单项时，通常在后面加上一个感叹号（!）。

（6）除分隔线外，所有的菜单项都可以接受 Click 事件。

8.2.5　下拉式菜单的操作

1. 下拉式菜单的建立实例

【例 8.4】　在窗体上设计一个下拉菜单，实现字体、字号和颜色的设置。

步骤：

（1）创建一个窗体，在窗体上设置一个下拉菜单和一个文本框控件，文本框的 MultiLine 属性设为 True，ScrollBar 属性设为 3-Both。

（2）打开菜单编辑器，设置各菜单控件的属性，如表 8.5 所示。

表 8.5　例 8.4 的菜单控件的属性

菜单项的层数	菜单项标题	菜单项名称	Shortcut 属性
1	文件(&F)	mnufile	
2	新建	mnunew	Ctrl+N
2	打开	mnuopen	Ctrl+O
2	保存	mnusave	Ctrl+S
2	-	mnuspace	
2	退出	mnuexit	
1	格式	mnuformat	
2	字体	mnufont	
3	楷体_GB2312	mnukaiti	
3	隶书	mnulishu	
3	黑体	mnuheiti	
2	字号	mnusize	
3	14 号	mnu14	
3	16 号	mnu16	
3	18 号	mnu18	
2	颜色(&C)	mnucolor	
3	红色(&R)	mnured	
3	蓝色(&B)	mnublue	
3	绿色(&G)	mnugreen	
1	帮助(&H)	mnuHelp	

（3）菜单编辑完毕之后，即可在窗体上看到菜单的初始状态。

（4）编写程序代码如下：

```
Private Sub Form_Load()
   Text1.Visible = False
   mnulishu.Checked = False
   mnukaiti.Checked = False
   mnuheiti.Checked = False
   mnu14.Checked = False
   mnu16.Checked = False
   mnu18.Checked = False
   mnured.Checked = False
   mnublue.Checked = False
   mnugreen.Checked = False
End Sub
Private Sub mnu14_Click()
   Text1.FontSize = 14
   mnu14.Checked = True
   mnu16.Checked = False
   mnu18.Checked = False
End Sub
Private Sub mnu16_Click()
   Text1.FontSize = 16
   mnu14.Checked = False
   mnu16.Checked = True
   mnu18.Checked = False
End Sub
Private Sub mnu18_Click()
   Text1.FontSize = 18
   mnu14.Checked = False
   mnu16.Checked = False
   mnu18.Checked = True
End Sub
Private Sub mnublue_Click()
   Text1.ForeColor = vbBlue
   mnured.Checked = False
   mnublue.Checked = True
   mnugreen.Checked = False
End Sub
Private Sub mnuexit_Click()
   End
End Sub
Private Sub mnugreen_Click()
   Text1.ForeColor = vbGreen
   mnured.Checked = False
   mnublue.Checked = False
   mnugreen.Checked = True
End Sub
Private Sub mnuheiti_Click()
   Text1.FontName = "黑体"
```

```
        mnulishu.Checked = False
        mnukaiti.Checked = False
        mnuheiti.Checked = True
    End Sub
    Private Sub mnuhelp_Click()
        MsgBox "本系统是测试版"
    End Sub
    Private Sub mnukaiti_Click()
        Text1.FontName = "楷体_GB2312"
        mnulishu.Checked = False
        mnukaiti.Checked = True
        mnuheiti.Checked = False
    End Sub
    Private Sub mnulishu_Click()
        Text1.FontName = "隶书"
        mnulishu.Checked = True
        mnukaiti.Checked = False
        mnuheiti.Checked = False
    End Sub
    Private Sub mnunew_Click()
        Text1.Visible = True
    End Sub
    Private Sub mnured_Click()
        Text1.ForeColor = vbRed
        mnured.Checked = True
        mnublue.Checked = False
        mnugreen.Checked = False
    End Sub
    Private Sub mnusave_Click()
        MsgBox "你单击了保存菜单项"
    End Sub
```

（5）运行程序。文本框的 Visible 属性为 False，当打开“文件”菜单中的“新建”选项时，文本框的 Visible 属性为 True。在文本框中输入“欢迎来到计算机世界”，选择“格式”菜单，设置“字体”、“字号”和“颜色”，同时在选定的菜单项前面加“√”标记，运行结果如图 8.11 所示。

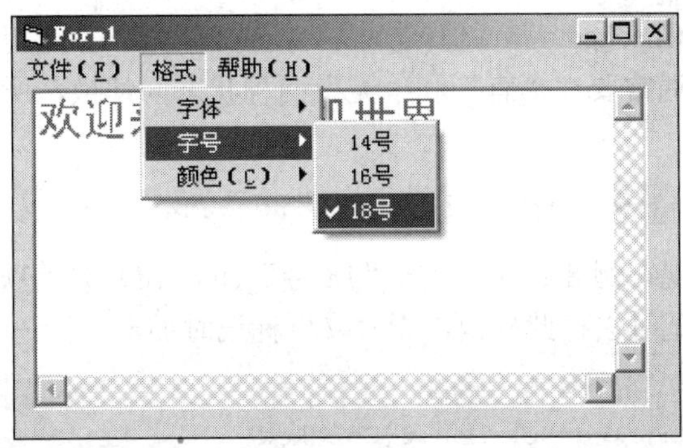

图 8.11　例 8.4 的程序运行结果

2. 有效性控制

所谓“有效性”控制，即可以使菜单项禁止使用（变为灰色），需要时再恢复。被禁止使用的菜单项将不能接收 Click 事件。

以下两种方法可以实现菜单项的有效性控制。

（1）在菜单设计阶段，通过菜单编辑器窗口中的“有效（E）”选项进行设置。

（2）在编写代码阶段，通过设置 Enabled 属性来实现。该属性为 True 时，菜单项可以使用；该属性为 False 时，菜单项不可用（变为灰色）。语句格式如下：

菜单项名称.Enabled=属性值(逻辑型 True/False)

下面的这条语句可使例 8.4 中菜单项“字体”（mnufont）呈灰色，不能接受 Click 事件。

```
mnufont.Enabled = False
```

需要注意的是，VB 中每个菜单项都是一个独立的控件，具有自己的属性和 Click 事件。各级菜单中的菜单项不存在父对象和子对象的关系，各菜单项的父对象都是窗体，所以在程序中引用菜单项时，可以直接引用各菜单项的名称。

例如，可使例 8.4 中菜单项“字体”（mnufont）呈灰色的语句。

正确：mnufont.Enabled = False

错误：mnuformat. mnufont.Enabled=False

原因：菜单项可以直接引用，名称前无需引用上层菜单名。

3. 菜单项标记

所谓菜单项标记，就是在菜单项前面加“ √ ”标记。当菜单项前有此标记时，表示这个菜单项被选择，处于活动状态，即 ON 状态；否则，表示菜单项未被选择，处于非活动状态，即 OFF 状态。

有两种方法可以实现菜单项标记。

（1）在菜单设计阶段，通过菜单编辑器窗口中的“复选（C）”选项进行设置。

（2）在编写代码阶段，通过设置某菜单项的 Checked 属性来实现。该属性为 True 时，菜单项前出现一个“ √ ”标记；该属性为 False 时，菜单项前面无“ √ ”标记。语句格式如下：

菜单项名称.Checked =属性值(逻辑型 True | False)

由于菜单项标记通常要在“有”和“无”两种状态间切换，所以也常采用如下语句来切换两种状态：

```
菜单项名称.Checked =Not 菜单项名称.Checked
```

下面代码用来实现在例 8.4 中，单击“18 号”（mnu18）菜单项，改变此菜单项的复选状态，有“ √ ”标记时去掉此标记，无“ √ ”标记时加上此标记。

```
Private Sub Mnu18_Click()
    Mnu18.Checked=Not Mnu18.Checked
End Sub
```

4. 菜单控件数组

由于 VB 将菜单项看做控件，因此就能运用控件数组的概念。菜单控件数组就是在同一菜单上共享相同名称和事件过程的菜单工程的集合。菜单控件数组的作用主要有两个：一是在运行时用于动态地增删菜单项，但必须是菜单控件数组中的成员；二是简化编程，用一段代码处理多个菜单项。

每个菜单控件数组元素都由唯一的索引值（相当于 Index 属性）来标识，该值在菜单编辑器上“索引（X）”属性框中指定。当一个控件数组成员识别一个事件时，VB 将其 Index 属性作为一个附加的参数传递给事件过程。事件过程必须包含有核对 Index 属性的代码，因而可以判断出正在使用的是哪一个控件。

1）在程序中增加新菜单项的方法

（1）在菜单编辑器中设计菜单时，建立一个菜单控件数组，设置名称、标题、Index 属性值为 0。如建立一个名称为 mnufilelist，Index 为 0 的控件数组元素，设置其 Visible 属性为 False。

（2）设置一个变量 num 来保存当前控件数组元素的位置。

（3）设置变量 title 来存放添加菜单项的标题。

（4）在需要添加菜单项时，执行下面语句：

```
num=num+1                              '下标加 1,指向下一个数组元素
Load mnufilelist (num)                 '建立新的控件数组元素
mnufilelist (num).Caption=title        '设置新数组元素的标题
mnufilelist (num).Visible=True         '使新数组元素可见
```

菜单数组中的每个元素都是一个独立的菜单控件，有相同的名称并共享事件过程。如果新增加的菜单项是一些应用程序的名字（包括路径），为了执行这些应用程序，应编写如下的 mnufilelist 的 Click 事件过程：

```
Private Sub mnufilelist_Click(Index as Integer)
   x=Shell(mnufilelist (Index).Caption,1)
End Sub
```

如果应用程序不在指定的路径下，则应加上完整的路径。

菜单控件数组的各元素在菜单控件列表框中必须是连续的，而且必须是在同一缩进级上。

2）在程序中删除菜单项的方法

（1）选择要删除的菜单项，并将其下标存放在变量 N 中。

（2）从被删除的菜单项开始，用后面的菜单项覆盖前面的菜单项。

```
For I=N to num
   mnufilelist(I).Caption= mnufilelist(I+1).Caption
Next I
```

（3）然后用 Unload 删除最后一个菜单项，并将控件数组的个数减 1。

```
Unload mnufilelist(num)
num=num-1
```

8.2.6 弹出式菜单的操作

弹出式菜单是一种独立于菜单栏而显示在窗体上的浮动菜单，根据用户右击时的位置动态地显示。

弹出式菜单的建立分三步进行。

（1）用菜单编辑器建立主菜单及其子菜单，并且把各菜单所需的程序代码写好。

（2）把菜单标题项的 Visible（可见性）属性设置为 False。

（3）编辑需要弹出菜单对象的 MouseDown 事件。用 PopupMenu 方法显示弹出式菜单。

格式：

[对象名.] PopupMenu 菜单名 [, Flags [, X [, Y [, BoldCommand]]]]

说明：

（1）对象名：需要弹出菜单的对象名称，一般为窗体，省略对象指的是当前窗体。

（2）菜单名：是指通过“菜单编辑器”定义的菜单标题项名称属性 Name。

（3）Flags：位置参数，用来指定弹出式菜单的位置及行为，包含位置常数和行为常数。其中各常数取值及作用如表 8.6 和表 8.7 所示。

表 8.6 位置常数

位置常数	值	作用
vbpopupMenuLeftAlign	0	表示菜单的左上角位于 X（默认值）
vbpopupMenuCenterAlign	4	表示菜单中心位于 X
vbpopupMenuRightAlign	8	表示菜单右上角位于 X

表 8.7 行为常数

行为常数	值	作用
vbpopupMenuLeftButton	0	表示仅当单击左键时选择菜单项（默认值）
vbpopupMenuRightButton	2	表示单击左键或右键都可以选择菜单项

这两组参数可以单独使用，也可以联合使用。联合使用时，每组中取一个值，两值相加。例如，4+2 表示弹出式菜单显示的位置中心在 X 坐标，单击左键或右键都会选择菜单项。

（4）X、Y 是坐标值，表示弹出式菜单在窗体上显示的位置，默认为鼠标坐标。

（5）BoldCommand 用于指定菜单中要以粗体显示的菜单名称。

（6）除菜单名外，其他参数都是可选参数。若省略所有可选参数，运行程序时，在窗体任意位置单击鼠标左键或右键，将弹出一个菜单。

【例 8.5】 用弹出式菜单命令改变标签的背景色。

说明：程序运行后，当在窗体内右击时弹出菜单。选择菜单中的不同菜单项，窗体上标签的背景颜色会发生相应的变化，如图 8.12 所示。

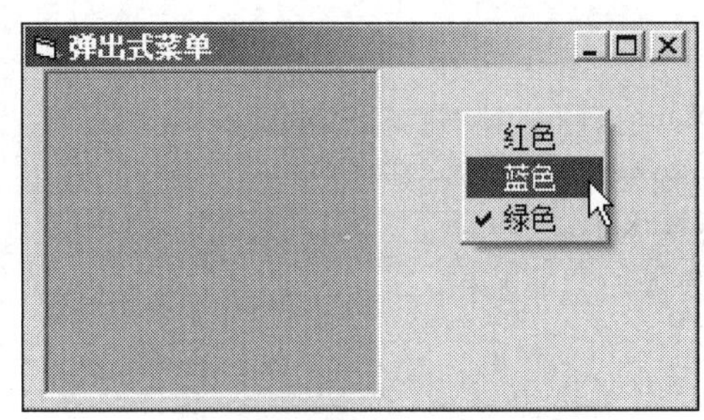

图 8.12　弹出式菜单示例

分析：根据要求，首先利用菜单编辑器生成一个菜单，其中菜单标题的标题属性可以为空，名称属性设置为 Main。此菜单中有三个菜单项，分别为“红色”、“蓝色”、“绿色”，当单击相应命令时，该项加上菜单项标记，同时将标签背景色改为相应颜色。然后利用窗体的鼠标按下事件（Form_MouseDown），使用 PopupMenu 方法显示出菜单。Main 菜单的 Visible 属性初始值应为 False。

步骤：

（1）创建界面：在窗体适当位置添加一个标签 Label1，设置其 Caption 属性为空，BorderStyle 属性为 1（带有固定边框）。

（2）建立菜单：打开菜单编辑器，各菜单属性设置如表 8.8 所示。

表 8.8　例 8.5 的菜单项属性设置

菜单项的层数	菜单项标题	菜单项名称	可见性
1		Main	False
2	红色	Red	True
2	蓝色	Green	True
2	绿色	Blue	True

（3）编写程序代码如下：

```
Private Sub Form_MouseDown(Button As Integer, Shift As Integer,X As_
Single, Y As Single)
    If Button=2 Then                        '右击时弹出菜单
        PopupMenu main
    End If
End Sub

Private Sub red_Click()                     '单击“红色”命令
'如果红色上没有菜单项标记，则添加菜单项标记，同时将其他命令的菜单项标记去掉，
'标签背景改为红色
    If red.Checked = False Then
        red.Checked = True
        blue.Checked = False
        green.Checked = False
        Label1.BackColor = vbRed
    End If
```

```
    End Sub

    Private Sub blue_Click()
        If blue.Checked = False Then
            blue.Checked = True
            red.Checked = False
            green.Checked = False
            Label1.BackColor = vbBlue
        End If
    End Sub

    Private Sub green_Click()
        If green.Checked = False Then
            green.Checked = True
            red.Checked = False
            blue.Checked = False
            Label1.BackColor = vbGreen
        End If
    End Sub
```

8.3 多 重 窗 体

窗体是 VB 开发应用程序中最重要控件之一，用户通过窗体及其可见控件与应用程序进行交互操作。像一些比较简单的软件，如当前时间显示程序只用一个窗体即可。但如果有特殊需要，比如想创造更好的人机界面，单一窗体往往是满足不了需求的，必须要再添加一个或多个窗体，每个窗体有不同的界面，用于实现不同的功能，如 VB 软件、Microsoft Office 系列应用软件等。

多重窗体（Multi-Form）是指一个应用程序中有多个并列的单一窗体，窗体之间存在着调用关系，每个窗体又都有各自的界面和程序代码，实现不同的功能。在实际应用中，特别是一些较复杂的应用程序，必须通过多重窗体来实现。

8.3.1 设置启动对象

一个应用程序若具有多个窗体，它们都是并列关系。在程序运行过程中，首先执行的对象称为启动对象。启动对象既可以是窗体，也可以是 Sub Main 过程。

在默认情况下，应用程序中第一个建立的窗体被 VB 指定为启动窗体，应用程序一经运行，该窗体就被显示出来。因而如果想要在程序启动时优先显示别的窗体，就得重新设置启动窗体。

设置启动窗体，在工程资源管理器中选定工程，右击，在弹出的快捷菜单，选取“工程 1 属性”选项，弹出“工程 1-工程属性”对话框，选择“通用”选项卡，如图 8.13 所示。

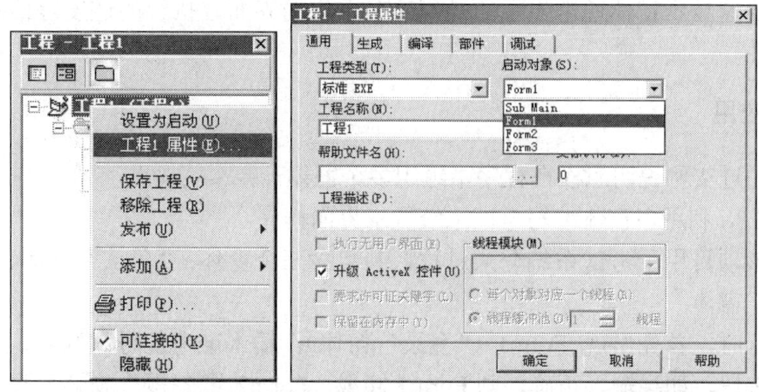

图 8.13　“工程 1 属性”菜单和“工程 1-工程属性”对话框

在“工程 1-工程属性”对话框中，“启动对象”下拉列表框中的选项是用于设置启动窗体的。这是一个下拉列表，显示了该工程所有的窗体和 Sub Main 过程，用户根据需要选择即可。

除了启动窗体以外，其他的窗体不可能自动显示，用户可以通过某个操作才能实现驱动窗口的显示，例如 Show 方法等。

如果启动对象是 Sub Main 过程，则程序启动时，该过程就先于所有窗体模块而首先被执行，然后由该过程根据不同情况决定是否加载或加载哪个窗体。有时候，可能要根据数据文件中的内容来决定最先启动程序的是哪个窗体，比如：商业软件的注册文件，根据注册文件是否有效来决定是否启动注册窗体。

需要注意的是，在设置 Sub Main 为启动对象之前需要添加 Sub Main 子过程，否则在程序运行时将出现报错对话框，如图 8.14 所示。

图 8.14　报错对话框

添加 Sub Main 步骤如下。

（1）在“工程”菜单中，选择“添加模块”命令，添加一个工程模块。

（2）打开模块对象，在模块中直接编写如下代码：

```
Sub Main()
    用户代码
End If
```

上述代码根据用户的注册信息，来决定最先启动的是主窗体还是注册窗体。

说明：

（1）常常用 Sub Main 来完成一些初始化处理，并可以在 Sub Main 过程中指定其他过程的执行顺序。比如：DVD 刻录程序要用到驱动器，而驱动器信息的读取过程通常是一个比较慢的过程，因而程序在启动时即显示第一个窗体之前，就要初始化好 DVD 刻录信息，即读取驱动器的信息。

（2）每个工程中只能有一个 Sub Main 过程。

（3）这个过程必须是一个子过程，且只能在标准模块中定义，不能在窗体模块内定义。

（4）如果启动有一个很长的执行过程，这时可能就需要出现一个启动时的快速显示窗体，这个快速显示窗体通常显示的是程序名、启动界面、执行的进度等信息，来增加程序的友好性。

8.3.2 综合应用

本节将通过实例说明怎样在程序中组织多个窗体。

【例 8.6】 利用多窗体编写考试系统登录界面程序。

说明：该项目用于考试系统登录过程，共包含三个窗体："登录"窗体、"答题"窗体和"提示"窗体。

程序运行时，首先出现 Form1（"登录"窗体），输入准考证号和姓名，单击"开始登录"命令按钮，如果输入正确，则 Form1 卸载，Form2（"答题"窗体）显示；如果输入不正确，则 Form3（"提示"窗体）以模式窗体显示，即只能对该窗体操作，在关闭该窗体之前不能操作其他窗体。单击"退出考试"命令按钮，结束程序运行。

Form2（"答题"窗体）出现时，如果单击"返回登录"命令按钮，则 Form2 卸载，Form1（"登录"窗体）显示；如果单击"☒"命令按钮，结束程序运行。

Form3（"提示"窗体）出现时，如果单击"重新输入"命令按钮，则 Form3 卸载；如果单击"退出考试"命令按钮，结束程序运行。

步骤：

（1）创建界面。新建工程，系统自动创建窗体 Form1。再添加两个窗体，分别为 Form2 和 Form3，在工程资源管理器中的显示如图 8.15 所示。分别向每个窗体添加相应的控件。

（2）设置属性。窗体、标签和命令按钮的 Caption 属性设置参考图 8.16～图 8.18。

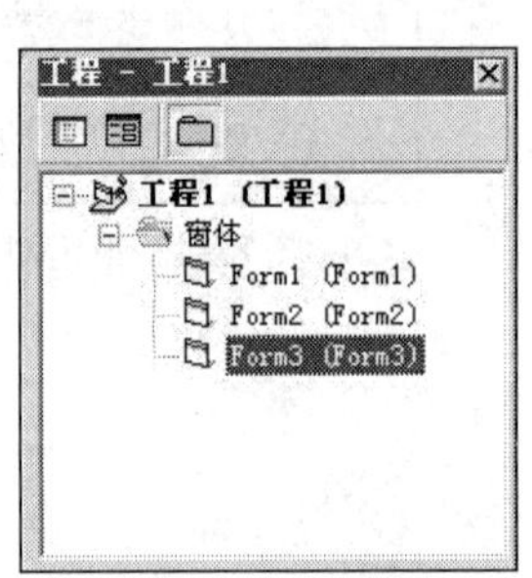

图 8.15 多窗体管理

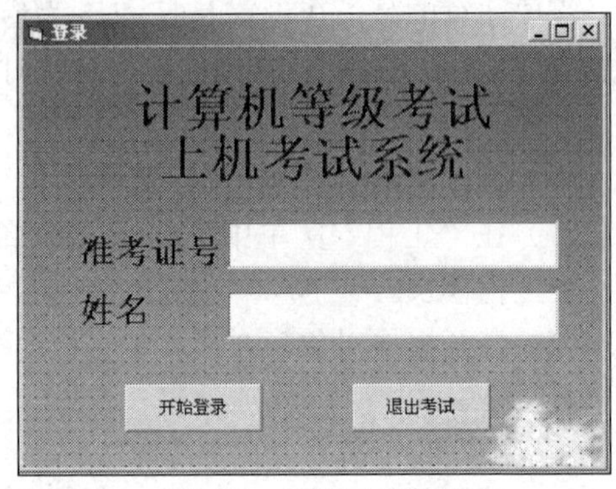

图 8.16 "登录"窗体

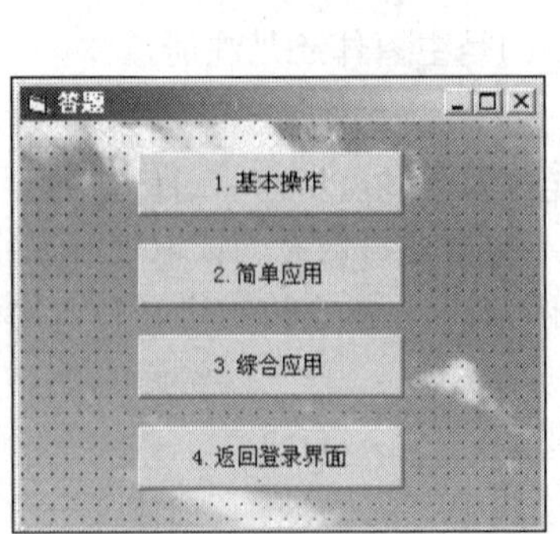

图 8.17 "答题"窗体

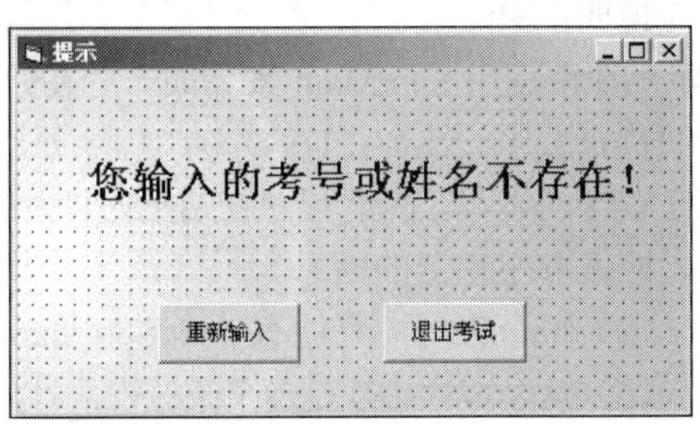

图 8.18 "提示"窗体

其他属性设置如表 8.9 所示。

表 8.9　例 8.6 的部分属性设置

所属窗体	对　象　名	属　性　名	属　性　值
Form1	Form1	Picture	自选图片
	Label1	BackStyle	0–Transpare
	Label2	BackStyle	0–Transpare
	Label3	BackStyle	0–Transpare
	Command1	Caption	开始登录
	Command2	Caption	退出考试
	Text1	Text	空
	Text2	Text	空
Form2	Form2	Caption	答题
	Command1	Caption	1.基本操作
	Command2	Caption	2.简单应用
	Command3	Caption	3.综合应用
	Command4	Caption	4.返回登录界面
Form3	Label1	Caption	您输入的考号或姓名不存在！
	Command1	Default	True
	Command2	Cancel	True

（3）编写程序代码如下：

Form1 代码：

```
Private Sub Command1_Click()
    If Text1.Text = "1234" And Text2.Text = "abcd" Then
        Unload Me
        Form2.Show
    Else
        Form3.Show 1                        'Form3 显示为模式窗体
    End If
End Sub
Private Sub Command2_Click()
    End
End Sub
Private Sub Form_Activate()
    Text1.SetFocus
End Sub
```

Form2 代码：

```
Private Sub Command4_Click()
    Unload Me
    Form1.Show
End Sub
```

Form3 代码：

```
Private Sub Command1_Click()
```

```
        Unload Me
        Form1.Text1.Text = ""
        Form1.Text2.Text = ""
    End Sub
    Private Sub Command2_Click()
        End
    End Sub
```

本 章 小 结

本章主要介绍了通用对话框、菜单和多重窗体的创建和使用。

1. 对话框

在 VB 中，对话框是一种特殊的窗体，它的大小一般不可改变。用户可以利用窗体及一些标准控件自己定义对话框，以满足各种需要。对话框被分为不同的三大类型，预定义对话框、自定义对话框和通用对话框。其中通用对话框是本章的重点，利用通用对话框可以实现程序中绝大多数比较常用的人机交互功能。

通用对话框在程序中使用 Show 方法与 Action 属性来显示相应的对话框，但这些对话框仅用于返回信息，不能真正实现文件打开、保存、字体设置、颜色设置、打印等操作，要实现这些操作，必须通过编程来处理。

另外，利用通用对话框作为过渡，可以实现一些较复杂的程序，结合前面章节学习的内容，应加以重视，灵活掌握。

2. 菜单

在 Windows 环境中，几乎所有的应用程序都提供菜单，并通过菜单来实现各种操作。VB 中菜单有下拉式菜单和弹出式菜单两种。下拉式菜单一般显示在窗口的顶端；弹出式菜单又称为“快捷菜单”，其位置显示得比较灵活。用鼠标在某一个对象（或空白区域）右击后弹出的菜单即为此菜单。

这两种菜单的设计都要求在“菜单编辑器”中进行。无论是下拉式菜单，还是弹出式菜单，每一个菜单项都是 VB 的一个控件对象，其属性可在菜单编辑窗口中进行设置，也可通过程序代码进行设置。菜单控件只有一个 Click 事件。

为了简化程序设计，通常将同一层菜单的几个或全部菜单项设计成菜单数组，菜单数组的名称相同，索引不同。

3. 多重窗体

在编写 VB 程序时，如果有特殊需要，单一窗体往往是满足不了需求的，经常需要创建多个窗体。

多重窗体（Multi-Form）是指一个应用程序中有多个并列的单一窗体，窗体之间存在着调用关系，每个窗体又都有各自的界面和程序代码，实现不同的功能。

在实际应用中，特别是一些较复杂的应用程序，必须通过多重窗体来实现。

第 9 章　鼠标、键盘与绘图

本章要点

- 掌握鼠标事件过程中的参数。
- 掌握键盘事件过程中的参数。
- 掌握自定义坐标系统的方法。
- 掌握点、直线、圆、椭圆和圆弧的绘制方法。
- 理解 PaintPicture 方法在处理图形方面的简单应用。

9.1　鼠标、键盘

近年来，尽管语音输入、手写识别等技术发展迅速，但是鼠标和键盘仍然是人们操纵计算机的主要工具。对鼠标和键盘进行编程是程序设计人员必须要掌握的基本技术。

VB 应用程序能够响应多种鼠标事件和键盘事件。例如，窗体、图像控件等都能检测鼠标指针的位置，并可判定其左、右按钮是否按下，还能响应鼠标按钮与 Shift、Ctrl 或 Alt 键的各种组合。利用键盘事件可以编程响应各种键盘操作，也可以解释、处理 ASCII 字符。

9.1.1　鼠标事件

所谓鼠标事件是由用户操作鼠标而引发的能被 VB 中的各种对象所能识别的事件。窗体、图片框、图像框、命令按钮、标签、文本框、框架、复选框、单选按钮和列表框等都可以响应鼠标事件。除了 Click 和 DblClick 之外，鼠标事件还有 MouseDown、MouseUp 以及 MouseMove 事件。

在程序设计时，需要特别注意的是，这些事件被什么对象识别，即事件发生在什么对象上。当鼠标指针位于窗体中没有控件的区域时，窗体将识别鼠标事件。当鼠标指针位于某个控件上方时，该控件将识别鼠标事件。

1. MouseDown 事件

当鼠标的任意一个按钮被按下时即可触发 MouseDown 事件。

MouseDown 事件对应过程如下：

```
Sub Object_MouseDown(Button As Integer, Shift As Integer, _
X As Single, Y As Single)
```

说明：

（1）Button：是一个三位二进制数表示的十进制整数，表示该事件中哪个鼠标键被按下或释放；最低位、中间位和最高位分别对应于左、右、中三个鼠标按键，如图 9.1 所示，每位用 1、0 表示被按下或释放。三个二进制位转换成十进制，即 Button 的值。表 9.1 所示为按钮与常数值的对应关系。

（2）Shift：是一个三位二进制数的整数，表示在该事件触发时是否还同时按下了 Shift、Ctrl 和 Alt 这三个配合键。对应位为 1 表示相应键被按下，为 0 表示该键未被按下。最低位对应 Shift，中间位对应 Ctrl，最高位对应 Alt，如图 9.2 所示。Shift 参数的取值如表 9.2 所示。

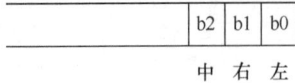

图 9.1 Button 参数的值　　　图 9.2 Shift 参数的值

表 9.1 Button 常数值

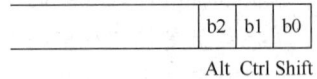

十进制整数	二进制数	内部常数	描　述
0	000		未按下任何键
1	001	vbLeftButton	鼠标左键被按下
2	010	vbRightButton	鼠标右键被按下
4	100	vbMiddleButton	鼠标中间键被按下

表 9.2 Shift 参数取值表

十进制整数	二进制数	内部常数	描　述
0	000		没有按下转换键
1	001	vbShiftMask	按下了 Shift 键
2	010	vbCtrlMask	按下了 Ctrl 键
3	011		同时按下 Shift 键和 Ctrl 键
4	100	vbAltMask	按下了 Alt 键
5	101		同时按下 Shift 键和 Alt 键
6	110		同时按下 Ctrl 键和 Alt 键
7	111		同时按下 Shift 键、Ctrl 键和 Alt 键

（3）X，Y：表示鼠标指针的坐标位置。这两个值对应于当前鼠标的位置，采用 ScaleMode 属性指定的位置。如果鼠标指针在窗体或图片框中，用该对象内部的坐标系，其他控件则使用控件对象所在容器的坐标系。

2. MouseUp 事件

当鼠标的任意一个按钮被释放时即可触发 MouseUp 事件。

MouseUp 事件对应过程如下：

```
Sub Object_MouseUp(Button As Integer, Shift As Integer, X As Single, Y As Single)
```

其中的参数描述与 MouseDown 中的参数描述一致。

【例 9.1】 设计具有以下功能的程序。

（1）当程序运行时按下鼠标键，窗体的背景颜色变为蓝色。

（2）当程序运行时释放鼠标键，窗体的背景颜色变为红色。

步骤：

（1）在 VB 环境中创建工程、窗体。

（2）编写各相关控件的事件程序代码，代码如下：

```
Private Sub Form_MouseDown(Button As Integer, Shift As Integer, _
                           X As Single, Y As Single)
   Me.BackColor = RGB(0, 0, 255)
End Sub
Private Sub Form_MouseUp(Button As Integer, Shift As Integer, _
                         X As Single, Y As Single)
   Me.BackColor = RGB(255, 0, 0)
End Sub
```

（3）按 F5 功能键，运行程序，观察结果。

3. MouseMove 事件

当在窗体或控件上移动鼠标时，触发 MouseMove 事件。MouseMove 事件伴随鼠标指针在窗体上的移动而产生。只要鼠标位置在窗体或控件的边界范围内，该对象就能接收鼠标的 MouseMove 事件。

MouseMove 事件对应过程如下：

Sub Object_MouseMove(Button As Integer, Shift As Integer, X As Single, Y As Single)

其中的参数描述与 MouseDown 事件中的参数描述一致。

【例 9.2】 设计具有以下功能的程序。

（1）鼠标移动时，将鼠标的当前坐标显示在文本框中。

（2）在窗体某个位置单击鼠标左键时，以该位置为圆心，500 为半径画圆。

（3）在单击鼠标的同时如果按下 Shift 键，则圆显示为红色；按下 Ctrl 键，显示为绿色；按下 Alt 键，显示为蓝色。

步骤：

（1）在 VB 环境中创建工程、窗体，在窗体上添加两个标签和两个文本框控件。

（2）设置各相关控件的属性，如表 9.3 所示。

表 9.3　例 9.2 的各相关控件的属性设置

控件名称	属性名	属性值
Label1	Caption	X
Lable2	Caption	Y
Text1	Text	
Text2	Text	

（3）编写各相关控件的事件程序代码，代码如下：

```
Private Sub Form_MouseDown(Button As Integer, Shift As Integer, _
                           X As Single, Y As Single)
```

```
    Dim color As Long
    If Button = 1 Then
        Select Case Shift
          Case 0
            color = RGB(0, 0, 0)                 '黑
          Case 1
            color = RGB(255, 0, 0)               '红
          Case 2
            color = RGB(0, 255, 0)               '绿
          Case 4
           color = RGB(0, 0, 255)                '蓝
        End Select
        Form1.Circle (X, Y), 500, color          '画圆
    End If
End Sub

Private Sub Form_MouseMove(Button As Integer, Shift As Integer, _
                                 X As Single, Y As Single)
    Text1.Text = X
    Text2.Text = Y
End Sub
```

（4）按 F5 功能键，运行程序。其程序运行结果如图 9.3 所示。

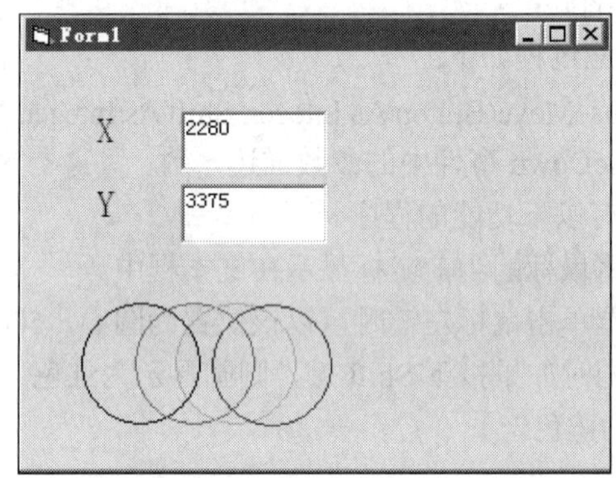

图 9.3　例 9.2 的程序运行结果

9.1.2　键盘事件

虽然在大多数情况下，用户只需使用鼠标器就可以操纵 Windows 应用程序，但是有时也需要使用键盘进行操作。尤其是对于接受文本输入的控件，如文本框，需要控制文本框中输入的内容，处理 ASCII 字符，这就更需要键盘事件编程。

在 VB 中，对象识别的键盘事件有 KeyPress、KeyDown 以及 KeyUp 事件。

1. KeyPress 事件

KeyPress 事件，就是在按下键盘上的键时触发的事件，它属于键盘事件的一种。并不是按下键盘上的任意一个键都会触发 KeyPress 事件，KeyPress 事件只对会产生 ASCII 码的按键有反应，包括数字、大小写字母、Enter、BackSpace、Esc、Tab 等。对于如方向

键这样的不会产生 ASCII 码的按键，KeyPress 事件不会被触发。KeyPress 事件常用于编写文本框的事件处理器，因为该事件发生在字符键按下后和显示在文本框之前。

KeyPress 事件过程形式如下：

Sub Form_KeyPress(KeyAscii As Integer)　　'窗体的事件过程

Sub Object_KeyPress([Index As Integer],KeyAscii As Integer)　'控件的事件过程

说明：

（1）Object 为可以产生 KeyPress 事件的对象。

（2）Index 是一个整数，用来唯一标识一个在控件数组中的控件。

（3）KeyAscii 返回一个标准数字 ANSI 键代码的整数。例如，按下“1”键，KeyAscii 的值为 49；按下“2”键，KeyAscii 的值为 50。KeyAscii 通过引用传递，对它进行改变可给对象发送一个不同的字符。将 KeyAscii 改变为 0 时可以取消按键，这样对象便接收不到所按键的字符。

KeyPress 事件将每个字符的大、小写形式作为不同的键代码解释，即作为两种不同的字符。例如，直接按大写状态的 A 和小写状态的 a 得到的 KeyAscii 参数是不同的，前者 KeyAscii 的值为 65，而后者的 KeyAscii 的值为 97。

一般来说，当用户对当前具有控制焦点的对象进行按下并释放的键盘操作时，直接引发该对象的 KeyPress 事件。但是，如果窗体的 KeyPreview 属性设置为 True，则首先触发窗体的 KeyPress、KeyDown 和 KeyUp 事件，利用这些事件过程可以先滤去一些信息，然后传递给对象的 KeyPress、KeyDown 和 KeyUp 事件。也就是说，如果窗体的 KeyPreview 属性设置设为 True，并且窗体级事件过程修改了 KeyAscii 变量的值，则当前选中对象的 KeyPress 事件将接到修改后的键盘码，如果窗体级事件过程将 KeyAscii 设置为 0，则不再调用对象的 KeyPress 事件过程。

【例 9.3】　在文本框中输入“0”～“9”的数字字符，如果输入了其他字符，则弹出提示信息：“请输入数字”，并且消除该字符。

步骤：

（1）在 VB 环境中创建工程、窗体，在窗体上添加一个文本框 Text1，并将其 Text 属性设为空。

（2）编写文本框 Text1 的事件程序代码，代码如下：

```
Private Sub Text1_KeyPress(KeyAscii As Integer)
    If KeyAscii < Asc("0") Or KeyAscii > Asc("9") Then
        KeyAscii = 0
        MsgBox "请输入数字", , "输入出错"
    End If
End Sub
```

（3）按 F5 功能键，运行程序。在 Text1 中输入非数字，字符都被取消，并弹出提示信息：“请输入数字”，程序运行结果如图 9.4 所示。

2. KeyDown 和 KeyUp 事件

KeyDown 事件在键被按下时触发，KeyUp 事件在键被释放时触发。

图 9.4 例 9.3 的程序运行结果

KeyDown 和 KeyUp 事件过程格式如下：

Sub object_KeyDown(KeyCode As Integer, Shift As Integer)

Sub object_KeyUp(KeyCode As Integer, Shift As Integer)

说明：

（1）KeyCode：该参数用来返回一个键码。键码将键盘上的物理按键与一个数值相对应，并定义了对应的键码常数，如表 9.4 所示。键码的值只与按键在键盘上的物理位置有关，与键盘的大小写状态无关。

表 9.4 键码常数

按键	KeyCode	内部常量	按键	KeyCode	内部常量
Backspace	8	vbKeyBack	空格键	32	vbKeySpace
Enter 键	13	vbKeyEnter	Esc 键	27	vbKeyEscape
Tab 键	9	vbKeyTab	Shift 键	16	bKeyShift
Ctrl 键	17	vbKeyControl	Alt 键	18	vbKeyMenu
Insert 键	45	vbKeyInsert	Delete 键	46	vbKeyDelete
Print Screen 键	42	vbKeyPrint	Num Lock 键	144	vbKeyNumLock
Page Up 键	33	vbKeyPageUp	Home 键	36	vbKeyHome
Page Down 键	34	vbKeyPageDown	End 键	35	vbKeyEnd
A～Z 键	65～90	vbKeyA～vbKeyZ	0 键～9 键	48～57	vbKey0～vbKey9
小键盘 0～9 键	96～105	vbKeyNumPad0～vbKeyNumPad9	小键盘（*）键	106	vbKeyMultiple
小键盘（+）键	107	vbKeyAdd	小键盘 Enter 键	108	vbKeySeparator
小键盘（-）键	109	vbKeySubtract	小键盘（/）键	111	vbKeyDivide

（2）Shift：是一个三位二进制数的整数，表示在该事件触发时是否还同时按下了 Shift、Ctrl 和 Alt 这三个配合键。表达与含义如表 9.2 所示。

【例 9.4】 编写程序，用来测试在文本框 Text1 中键入功能键 F1 时，同时又按下了控制键（Shift、Ctrl 和 Alt 键）中的哪一个。

步骤：

（1）在 VB 环境中创建工程、窗体，在窗体上添加一个文本框 Text1，并将该文本框的 Text 属性设置为空。

（2）编写相关控件的事件程序代码，代码如下：

```
Private Sub Text1_KeyDown(KeyCode As Integer, Shift As Integer)
```

```
    Dim Strl As String
    If KeyCode = vbKeyF1 Then
        Select Case Shift
            Case 1
                Strl = "Shift+"
            Case 2
                Strl = "Ctrl+"
            Case 4
                Strl = "Alt+"
            Case Else
                Strl = ""
        End Select
        Text1.Text = "您按了" & Strl & "F1 键"
    Else
        Text1.Text = ""
    End If
End Sub
```

（3）按 F5 功能键，运行程序。程序运行结果如图 9.5 所示。

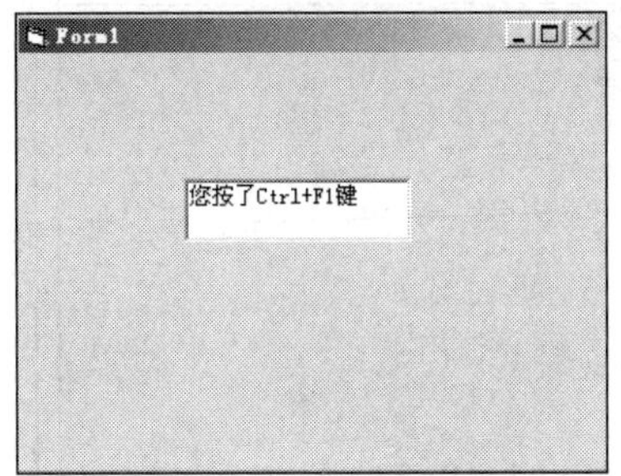

图 9.5　例 9.4 的程序运行结果

3. KeyPreview 属性

窗体有 KeyPreview 属性，当此属性被设置为 True 时，窗体先于该窗体上的控件接收到键盘事件。可以利用此属性，编制窗体的键盘处理程序。

9.2　绘　　图

VB 的显著特点之一是能采用图形化的方法为用户定制应用程序界面。在 VB 中绘图时，可使用系统默认的标准坐标系，也可根据需要自定义坐标系。在实际应用中，可能需要用计算机进行自由绘图，也可能对图像进行一些变换处理（如放大、缩小或裁剪等），VB 提供的典型绘图方法有助于完成不同的工作任务。

9.2.1　坐标系统与颜色

为了定位不同对象所处的位置，VB 引入了坐标系统。每个容器控件都具有自己的坐标系统，并且坐标的作用范围只限定在该容器的工作区内。对于窗体而言，它的工作区是除去标题栏和边框的剩余区域。对于图片框，它的工作区是除去边框的剩余区域。

每个对象都定位于存放它的容器内，每个容器都有一个坐标系，它包括坐标原点，x 坐标轴和 y 坐标轴，默认的坐标原点（0，0）位于容器对象的左上角，X 坐标从左向右递增，Y 坐标从上到下递增。

在 VB 中绘图时，常常需要指定所用的颜色，VB 提供了四种方法供用户选择。

1. 坐标系统

与坐标系有关的主要属性如下。

ScaleWidth 属性和 ScaleHeight 属性，设置容器工作区在坐标系中的宽度和高度。

ScaleLeft 属性和 ScaleTop 属性，设置容器工作区左上角在坐标系中的横纵坐标值。

坐标系默认情况下为系统坐标系，系统坐标系规定容器工作区的左上角为坐标原点，横向向右为 X 轴正向，纵向向下为 Y 轴正向。在系统坐标系中可以选择八种坐标刻度单位，但无论选择哪种单位，都不会改变工作区的实际大小，只是改变工作区在坐标系中的宽度（ScaleWidth）和高度（ScaleHeight）。窗体的系统坐标系如图 9.6 所示。

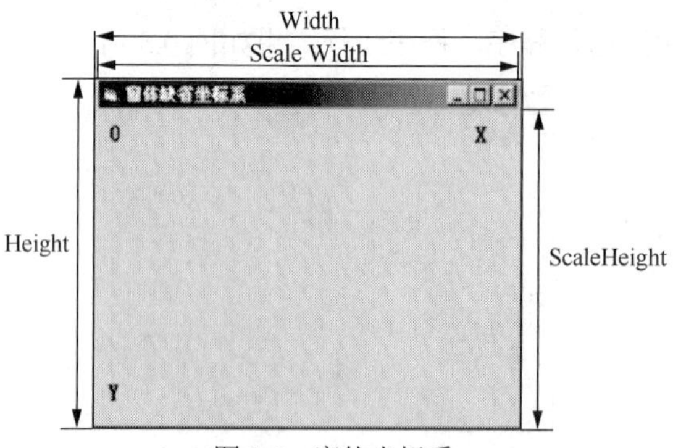

图 9.6 窗体坐标系

在 VB 中，坐标系统的每个轴都有自己的度量单位。如果确定了坐标系和度量单位，则与此相关的对象移动、对象大小调整及图形绘制语句都将以该度量单位为准。需要注意的是，在设定度量单位时，一定要明确针对的容器对象（例如，窗体、框架或图片框）。

坐标刻度单位由容器对象的 ScaleMode 属性决定，其属性设置如表 9.5 所示。当其默认时，坐标刻度单位为 Twip（1440 个 Twip 为 1 英寸，20 个 Twip 为 1 磅）。

表 9.5 ScaleMode 属性取值

属性值	含义
0-User	可设置 ScaleTop、ScaleLeft、ScaleWidth、ScaleHeight 属性的值
1-Twip	系统默认设置，单位是 Twip（缇），1 英寸≈1440 缇
2-Point	磅，1 英寸≈72 磅
3-Pixel	像素，1 像素≈15 缇
4-Character	字符
5-Inch	英寸
6-Milimeter	毫米
7-Centimeter	厘米，1 厘米≈567 缇

在实际应用中，允许用户使用 ScaleMode 属性对坐标的量度单位进行重新设置，其语法格式如下：

对象名.ScaleMode=属性值

自定义规格坐标系统的特点是：VB 允许用户定义自己的坐标系统，包括原点位置，轴线方向和轴线刻度。语法格式如下：

对象名.ScaleLeft=x

对象名.ScaleTop=y

对象名.ScaleWidth=<宽度>

对象名.ScaleHeight=<高度>

例如，以下代码将原点定义在窗体的中心位置：

```
Form1.ScaleMode = vbUser
Form1.ScaleLeft = -1000       '设置对象左边距值
Form1.ScaleTop = -750         '设置对象上边距值
Form1.ScaleWidth = 2000       '设置对象宽度
Form1.ScaleHeight = 1500      '设置对象高度
```

执行上述代码之后，在该对象内的绘图都将基于这个左上角的新坐标值进行。

另一种更简洁的改变坐标系统的途径是使用 Scale 方法，对运行时的图形语句以及控件位置的坐标系统都有影响。Scale 方法用于定义 Form、PictureBox 或 Printer 的坐标系统，其语法格式如下：

Object.Scale (x1, y1)-(x2, y2)

Scale 方法的参数含义如下。

（1）Object：可选的，代表一个对象，如果省略 Object，则默认为当前窗体。

（2）x1, y1：可选的，均为单精度值，指示定义 Object 左上角的水平（X-轴）和垂直（Y-轴）坐标，即代表坐标系的左上角坐标。这些值必须用括号括起。如果省略，则第二组坐标也必须省略。

（3）x2, y2：可选的，均为单精度值，指示定义 Object 右下角的水平（X-轴）和垂直（Y-轴）坐标，即代表坐标系的右下角坐标。这些值必须用括号括起。如果省略，则第一组坐标也必须省略。

使用 Scale 方法定义坐标时，注意（x1, y1） 和 （x2, y2）的符号及取值大小。例如，在 PictureBox 控件（控件名为 Picture1）的中心点为圆心画一个半径为 500 缇的圆，如果用 Scale 方法需采用如下语句定义坐标系：

```
Picture1.Scale (-1000, 1000)-(1000, -1000)
Picture1.Circle (0, 0), 500
```

当 Scale 方法不带任何参数时，则取消用户自定义的坐标系，采用系统默认坐标系。

【例 9.5】 在窗体上，分别在系统默认坐标系和用户自定义坐标系中各画一条起点坐标和终点坐标都相同的线段，观察不同坐标系统对窗体的大小及在屏幕上的位置是否有影响，以及同一线段图形在不同坐标系统中的显示变化，并将当前指针的坐标值显示在文本框中，如图 9.7（a）、（b）所示。

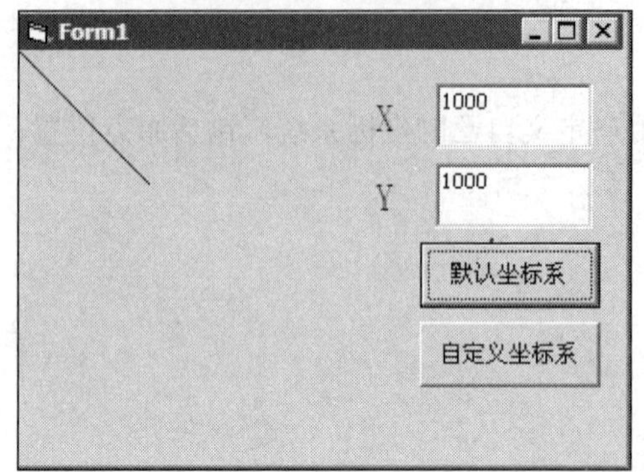

（a）系统默认坐标系

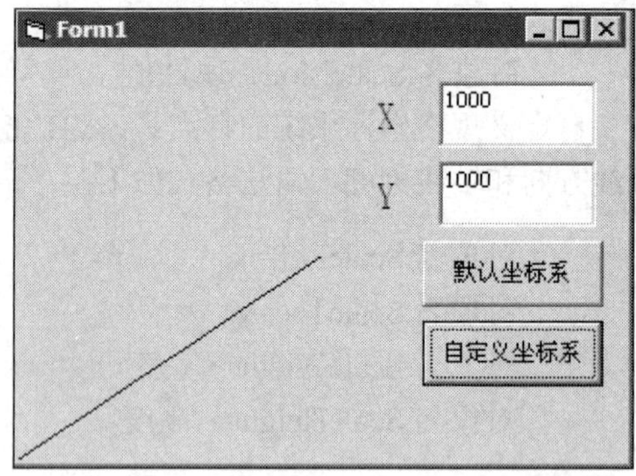

（b）自定义坐标系

图 9.7 例 9.5 的程序运行结果

分析：根据题目要求，可在窗体上通过命令按钮，在 Click 事件中用 Scale 方法分别设置系统默认坐标系和用户自定义坐标系，再用 Line 方法画一线段，运行程序，观察运行效果。

步骤：

（1）在 VB 环境中创建工程、窗体，在窗体上添加两个标签文件、两个文本框控件和两个命令按钮控件。

（2）设置各相关控件的属性。

（3）编写各相关控件的事件程序代码，代码如下：

```
Private Sub Command1_Click()
    Cls                                 '清屏
    Scale                               '恢复系统默认坐标
    Line (0, 0)-(1000, 1000)            '画线
    Text1.Text = CurrentX               '将指针的水平坐标赋予文本框
    Text2.Text = CurrentY               '将指针的垂直坐标赋予文本框
End Sub

Private Sub Command2_Click()
    Cls                                 '清屏
    Scale (0, 2000)-(2000, 0)           '定义用户坐标系
    Line (0, 0)-(1000, 1000)            '画线
    Text1.Text = CurrentX               '将指针的水平坐标赋予文本框
    Text2.Text = CurrentY               '将指针的垂直坐标赋予文本框
End Sub
```

（4）按 F5 功能键，运行程序，观察运行效果。

在本章若无特殊说明，主要基于 VB 系统的默认坐标系统进行绘图。

2. *颜色*

在 VB 中，设置控件的前景色（ForeColor 属性）、背景色（BackColor 属性）及绘制图形或显示文本时，均需要使用 VB 的颜色值，每种颜色都是由一个 Long 型数值来表示。

在 VB 中，表示不同颜色值的方法有四种。

1）RGB()函数

RGB()函数返回一个长整型（Long）整数，用来表示一个颜色值。RGB()函数通过指定红、绿、蓝三元色的相对亮度，生成一个用于显示的特定颜色。其语法如下：

RGB(red，green，blue)

说明：

（1）red：必选参数，0～255 间的整数，代表颜色中的红色成分。

（2）green：必选参数，0～255 间的整数，代表颜色中的绿色成分。

（3）blue：必选参数，0～255 间的整数，代表颜色中的蓝色成分。

表 9.6 给出了一些常见的标准颜色。

表 9.6　RGB()函数表示的常见颜色

颜色	red	green	blue
黑色	0	0	0
蓝色	0	0	255
绿色	0	255	0
红色	255	0	0
黄色	255	255	0
白色	255	255	255

例如，语句 Form1.BackColor = RGB(255, 0, 0)是将窗体的背景色设置为红色。

2）QBColor()函数

QBColor()函数返回一个长整型（Long）数，用来表示对应颜色的 RGB 颜色码，其语法格式如下：

QBColor（color）

说明：Color 是必选参数，是介于 0～15 之间的整数，代表 16 种基本颜色，如表 9.7 所示。

表 9.7　Color 参数设置

数　字	颜　色	数　字	颜　色
0	黑色	8	灰色
1	蓝色	9	浅蓝色
2	绿色	10	淡绿色
3	青色	11	淡青色
4	红色	12	浅红色
5	洋红色	13	浅洋红色
6	黄色	14	淡黄色
7	白色	15	亮白色

3）颜色常量

使用 RGB()或 QBColor()函数虽然可以得到所需的颜色，但是记忆表示颜色的数值比较困难。所以，VB 6.0 为用户提供了许多表示颜色的字符串常量，它们均以 vb 开头，后接表示颜色的英文单词或单词组合，如表 9.8 所示。

表 9.8 VB 6.0 的常用颜色常量

常　量	含　义	常　量	含　义
vbBlack	黑色	vbBlue	蓝色
vbRed	红色	vbMagenta	洋红色
vbGreen	绿色	vbCyan	青色
vbYellow	黄色	vbWhite	白色

4）颜色值

颜色值可以用一个六位的十六进制数表示，这个数从左到右，每两位一组代表一种元色，它们的顺序是蓝绿红，其格式如下：

&HBBGGRR&

其中，BB、GG、RR 分别代表两位十六进制数，表示蓝、绿、红的亮度，它们的取值范围均为 00～FF。例如，&H000000&表示黑色，&H0000FF&表示红色，&H00FF00&表示绿色。

9.2.2 绘图的属性

1. 当前坐标

窗体、图片框或打印机对象的 CurrentX、CurrentY 属性给出这些对象在绘图时的当前坐标，这两个属性只能在程序代码中应用，不能在设计状态下使用。格式如下：

Object.CurrentX[=x]

Object.CurrentY[=y]

在确定的坐标系中，坐标值(x,y)表示容器对象中的绝对坐标位置。如果坐标值前加上关键字 Step，则坐标值 Step(x,y)表示容器对象上的相对坐标位置，表示当前坐标分别为水平平移 x 单位，垂直平移 y 单位，其绝对坐标值为(CurrentX+x,CurrentY+y)。当使用 Cls 方法后，CurrentX、CurrentY 属性值自动为 0。

【例 9.6】 利用 CurrentX、CurrentY 属性在窗体上输出如图 9.8 所示的立体字效果。

分析：在窗体上产生立体字效果，可将同一内容的字符采用不同颜色输出两次，并在第二次输出时，适当地偏移输出的位置。

步骤：

（1）在 VB 环境中创建工程、窗体。

（2）编写窗体的单击事件程序代码，代码如下：

```
Private Sub Form_Click()
   FontSize = 50
   ForeColor = RGB(0, 0, 0)
   CurrentX = 100:  CurrentY = 20  '设置当前点坐标，在（100，20）处输出
   Print "VB 欢迎您！"
   ForeColor = RGB(255, 255, 255)
```

```
    CurrentX = 150:  CurrentY = 40  '设置当前点坐标，在（150，40）处输出
    Print "VB 欢迎您！"
End Sub
```

（3）按 F5 功能键，运行程序。程序运行结果如图 9.8 所示。

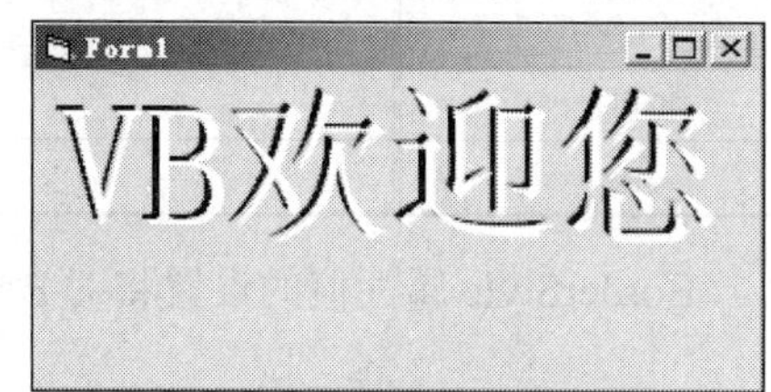

图 9.8　例 9.6 的程序运行结果

2. 线宽

窗体、图形框或打印机的 DrawWidth 属性给出这些对象上所画线的宽度或点的大小。DrawWidth 属性以像素为单位来度量，最小值为 1。格式如下：

Object.DrawWidth=Size

其中，Object 为容器对象，可以是窗体、图片框或打印机等对象。Size 为数值表达式，其范围为 1～32 767，该值以像素为单位表示线宽，默认值为 1，即一个像素宽。

如果使用控件，则通过 BorderWidth 属性定义线的宽度或点的大小。

3. 线形

窗体、图形框或打印机的 DrawStyle 属性给出这些对象上所画线的形状。属性设置意义如表 9.9 所示。

表 9.9　DrawStyle 属性设置

设 置 值	线　形	图　示
0	Solid（实线，默认值）	——————
1	Dash（长划线）	— — — — — —
2	Dot（点线）	………………
3	Dash-Dot（点划线）	—·—·—·—·
4	Dash-Dot-Dot（点点划线）	—··—··—··—
5	Transparent（透明线）	
6	Inside Solid（内实线）	▬▬▬▬▬▬

以上线形仅当 DrawWidth 属性值为 1 时才能产生。当 DrawWidth 的值大于 1 且 DrawStyle 属性值为 1～4 时，都只能产生实线效果。当 DrawWidth 的值大于 1，而 DrawStyle 属性值为 6 时，所画的内实线仅为封闭线时作用。

如果使用控件，则可通过 BorderStyle 属性给出所画线的形状。BorderStyle 属性设置如表 9.10 所示。

表 9.10 BorderStyle 属性设置

设置值	线　形	设置值	线　形
0	透明线	4	点划线
1	实线（默认）	5	点点划线
2	长划线	6	内实线
3	点线	—	—

BorderStyle 默认设置为 1。BorderStyle 属性值的设置将对 BorderWidth 属性产生影响，具体如表 9.11 所示。

表 9.11 BorderStyle 属性值对 BorderWidth 的影响

BorderStyle	对 BorderWidth 的影响
0	BorderWidth 的设置值被忽略
1～5	边界宽度计算或控件的外形测量从边界中心开始
6	边界宽度计算或控件的外形测量从边界外沿开始

4. 填充

封闭图形的填充方式由控件对象的 FillStyle、FillColor 这两个属性来确定。

FillColor 指定填充图案的颜色，默认的颜色与 ForeColor 相同。FillStyle 属性指定填充的图案，共有八种类型，其中，FillStyle 为 0 时是实填充，1 为透明方式。图 9.9 所示为形状控件的 FillStyle 属性设置为 7 时的填充效果。对于窗体和图片框对象，FillStyle 属性设置后并不能看到其填充效果，而只能在使用控件的 Circle 或 Line 图形方法生产封闭的图形（如圆、矩形）时，在封闭图形中显示填充效果。

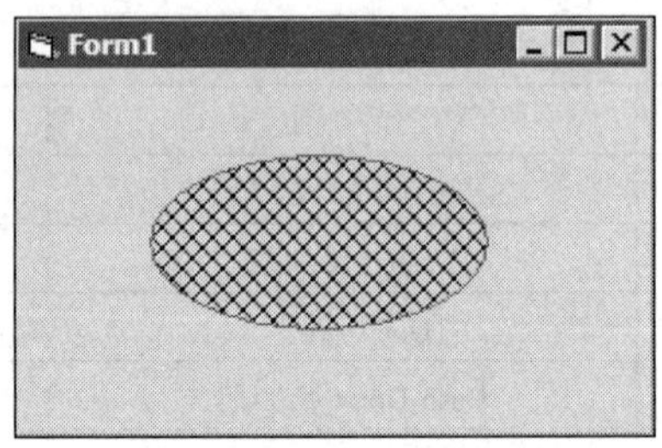

图 9.9 FillStyle 属性设置为 7 时的填充效果

9.2.3 图形绘制方法

在 VB 中，除了使用图形控件装载图形、生成图形之外，还提供了一些创建图形的方法。每一种创建图形方法都是绘制图形输出到窗体、图片框内或 Printer 对象中，通常要在绘图方法前加上窗体或图片框对象的名字，如果省略了该对象的名字，则图形将被画在当前窗体上。创建图形方法需要编写代码实现。在 VB 6.0 环境下，可以进行绘图的对象有窗体和图片框。在窗体或图片框中进行图形处理时，通常使用表 9.12 所示的绘图方法。

表 9.12　VB 6.0 的绘图方法

方法名称	功　能
PSet	在窗体或图片框中画点
Line	在窗体或图片框中画线段
Circle	在窗体或图片框中画圆、圆弧、椭圆等
Point	获取窗体或图片框中指定像素点的颜色值
Cls	清除窗体或图片框中的图形或文本
PaintPicture	在窗体或图片框中显示图像，或对图像进行缩放、平铺及其他效果处理

1. 画点

VB 6.0 环境下在窗体、图片框中画单个点，最常用的是 PSet 方法，其语法格式为：

Object.PSet [Step] (x,y), [color]

PSet 将在指定位置（x,y）处用指定颜色 color 画点。例如：PSet (100,100), vbRed 表示在当前窗体坐标为（100,100）处画一个红色的圆点。为了使画出的圆点比较明显，可在该条语句之前加上 DrawWidth=5。

【例 9.7】　天女散花：单击窗体，在窗体上随机出现 100 个圆点，点的大小在 1～9 缇之间变化，点的颜色也随机变化。

分析：用 PSet 方法和 Rnd()函数可完成圆点的生成，同时设置 DrawWidth 的值。

步骤：

（1）在 VB 环境中创建工程、窗体。

（2）编写窗体的单击事件程序代码，代码如下：

```
Private Sub Form_Click()
    For i = 1 To 100
        PSet(Rnd * Me.Width, Rnd * Me.Height), RGB(Rnd * 256, _
              Rnd * 256, Rnd * 256)
        Me.DrawWidth = Int(Rnd * 9 + 1)
    Next
End Sub
```

（3）按 F5 功能键，运行程序。程序运行结果如图 9.10 所示。

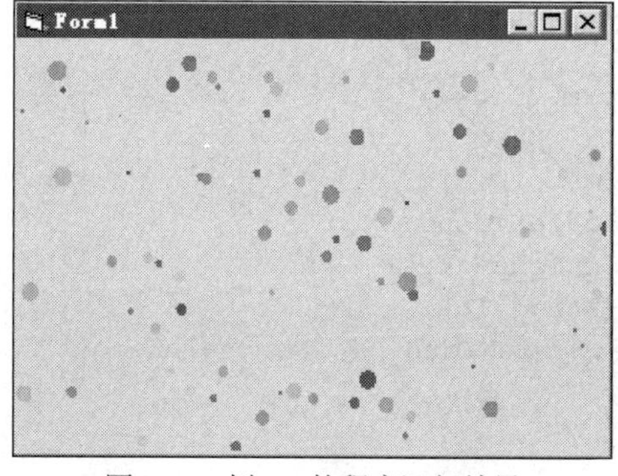

图 9.10　例 9.7 的程序运行结果

2. 画直线

在 VB 6.0 中，用 Line 方法实现画线功能。在窗体或图片框中绘制直线，一般需为该方法提供起点和终点，当起点省略时，默认从当前位置开始画线。Line 方法的语法格式为：

Object.Line[[Step] (x1, y1)]- [Step] (x2, y2)[, [color], [B][F]

说明：

（1）对象可以是窗体、图片框或打印机，默认时为当前窗体。

（2）（x1, y1）为线段的起点坐标或矩形的左上角坐标，（x2, y2）为线段的终点坐标或矩形的右下角坐标。

（3）Step 参数是可选参数。第 1 个 Step 表示起点坐标是相对于 CurrentX 和 CurrentY 属性的相对坐标，即将 CurrentX 和 CurrentY 看做是坐标原点。第 2 个 Step 表示相对于起点坐标的终点坐标，即将起点坐标看做是坐标原点。这里的 CurrentX 和 CurrentY 属性决定绘图时的当前坐标，相当于绘图笔尖的当前位置坐标，如未作设置，它们的默认值为（0,0），它们在设计阶段不能使用。

（4）color 参数是可选参数，代表线或边框的颜色。

（5）关键字 B 表示画矩形。以（x1, y1）和（x2, y2）为对角线坐标画一个矩形。

（6）关键字 F 表示用画矩形的颜色来填充矩形。当省略 F 时，矩形的填充色由对象的 FillColor 属性决定。

例如，画一条从（100，200）到（400, 500）点的直线，可用 Line (100, 200)-(400, 500) 语句实现。从当前位置（由 CurrentX 和 CurrentY 决定）画一条到（800, 200）的直线，可用 Line -(800, 200)语句实现。

【例 9.8】 设计利用 Line 方法在窗体上画随机射线的程序。单击窗体，会以窗体中心同一点为起点画出 100 条不同颜色、不同方向、不同长度的随机射线。

分析：画线需要使用 Line 方法，所有射线都由坐标点(Me.ScaleWidth / 2, Me.ScaleHeight / 2)指向不同象限的不同位置。由于产生射线的颜色、方向、长度等都是随机的，所以需用到随机函数 Rnd()。由随机函数产生 X 坐标与 Y 坐标，然后用 Line (Me.ScaleWidth / 2, Me.ScaleHeight / 2)-(X, Y)画线。

步骤：

（1）在 VB 环境中创建工程、窗体。

（2）编写窗体的单击事件程序代码如下：

```
Private Sub Form_Click()
   For i = 1 To 100
     Randomize
     X = Me.ScaleWidth * Rnd
     Y = Me.ScaleHeight * Rnd
     c = Int(Rnd * 16)
     Line (Me.ScaleWidth / 2, Me.ScaleHeight / 2)-(X, Y), QBColor(c)
   Next i
End Sub
```

（3）按 F5 功能键，运行程序。程序运行结果如图 9.11 所示。

【例 9.9】　利用 PSet 方法和 Line 方法在 PictureBox 控件中绘制 $y=x^2$ 的函数曲线，x 均为单精度型数据，x 取值-5～5。

分析：首先按照按数学中的平面直角坐标系定义 PictureBox 控件的坐标系统，然后用 Line 方法分别绘出 X-轴和 Y-轴，最后根据曲线方程用 PSet 方法画出曲线（曲线可看成是由若干点组成）。应该注意的是，X 轴坐标的取值要密集一些，这样会使绘出的曲线比较平滑。

步骤：

（1）在 VB 环境中创建工程、窗体，在窗体上添加一个 Picture1 控件。

（2）编写窗体的单击事件程序代码如下：

```
Private Sub Form_Click()
    Dim x  As Single, y As Single
    Scale (-15, 30)-(15, -30)              '定义坐标系
    Line (-10, 0)-(10, 0), vbBlack         '画 X 坐标轴
    Line (9, 1)-(10, 0)                    '画 X 坐标轴的箭头
    Line -(9, -1)                          '画 X 坐标轴的箭头
    Print "X"                              '输出坐标轴表示 X
    Line (0, 25)-(0, -25), vbBlack         '画 Y 坐标轴
    Line (-0.5, 23)-(0, 25)                '画 Y 坐标轴的箭头
    Line -(0.5, 23)                        '画 Y 坐标轴的箭头
    Print "Y"                              '输出坐标轴表示 Y
    '描点画函数图像
    For x = -5 To 5 Step 0.001             'X 轴坐标的取值密集一些，会使曲线平滑
       y = x * x
       PSet (x, y), RGB(255, 0, 0)
    Next x
End Sub
```

（3）按 F5 功能键，运行程序。其运行结果如图 9.12 所示。

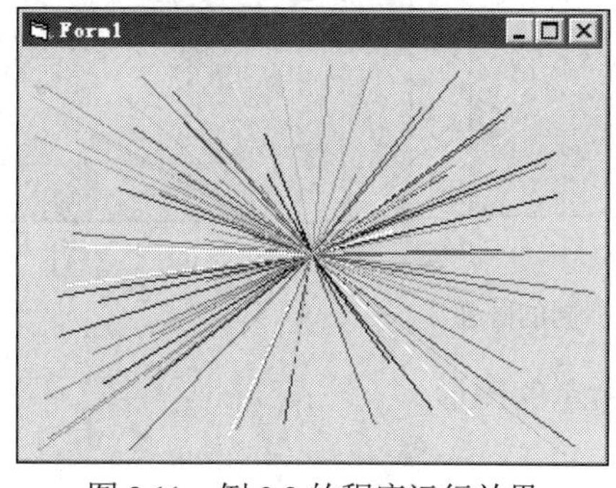

图 9.11　例 9.8 的程序运行效果

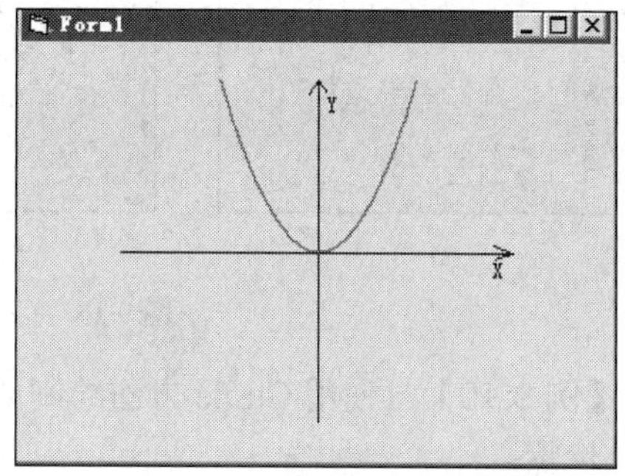

图 9.12　例 9.9 的程序运行结果

3. 画圆、椭圆和圆弧

格式：

Object.Circle [step](x,y),radius[,[Color] [,Start, end [,Aspect]]]

功能：在对象上画圆、椭圆或圆弧。

说明：

（1）对象是指 Circle 方法产生结果所处的容器对象，它可以是窗体、图片框和打印机，默认时为当前窗体。

（2）（x，y）为圆、椭圆或圆弧的中心坐标。带 step 关键字时表示与当前坐标的相对位置。

（3）radius 代表半径，是圆、椭圆或圆弧的半径，如果画椭圆则对应其长轴。

（4）Color 为所画图形轮廓线的颜色。

（5）Start 和 end 代表起点和终点，表示以弧度为单位的圆弧的起点和终点位置，取值在-2π～2π之间。当在起始角、终止角前加负号时，画圆弧后再画一条连接圆心到端点的线。Start 默认值为 0，b 的默认值为 2π。

（6）Aspect 为长短轴比率，等于 1 时为画圆，不等于 1 时为画椭圆。Aspect 可以是整数，也可以是小数。当 Aspect 大于 1 时，沿垂直轴线拉长，而小于 1 时则沿水平轴线拉长。

用 Circle 方法画圆一般只需给出圆心坐标（x,y），半径 radius 以及圆弧颜色等，例如：

```
Circle (ScaleWidth/2, ScaleHeight/2), 1000, vbGreen
```

这行代码是以当前窗体的中心点为圆心，画一个半径为 1000 的绿色圆。

在当前窗体的 Click 事件中分别输入以下三行代码：

```
Circle (ScaleWidth/2, ScaleHeight/2), 1000, vbRed, -3.1415/2, -3.1415
Circle (ScaleWidth/2, ScaleHeight/2), 1000, vbRed, 3.1415/2, 3.1415
Circle (ScaleWidth/2, ScaleHeight/2), 1000, vbRed, -3.1415/2, 3.1415
```

分别运行程序，单击窗体，可分别看到如图 9.13 所示的绘图效果。

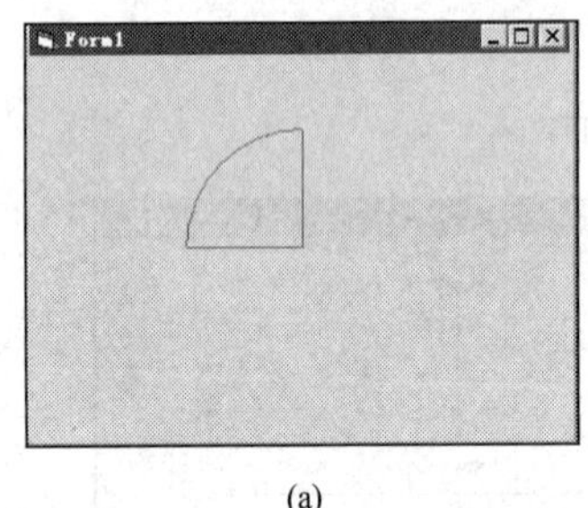

(a)

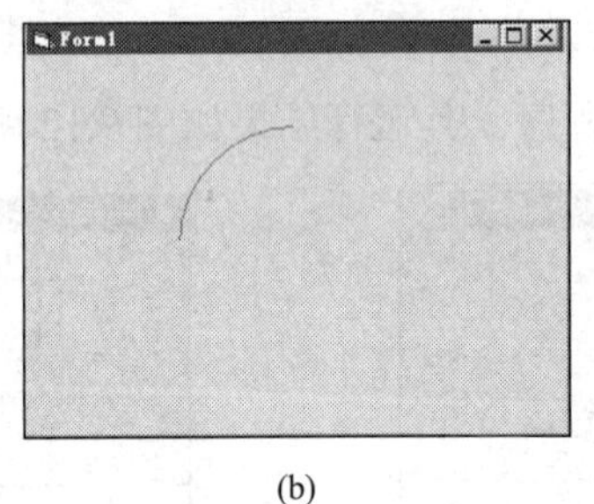

(b)

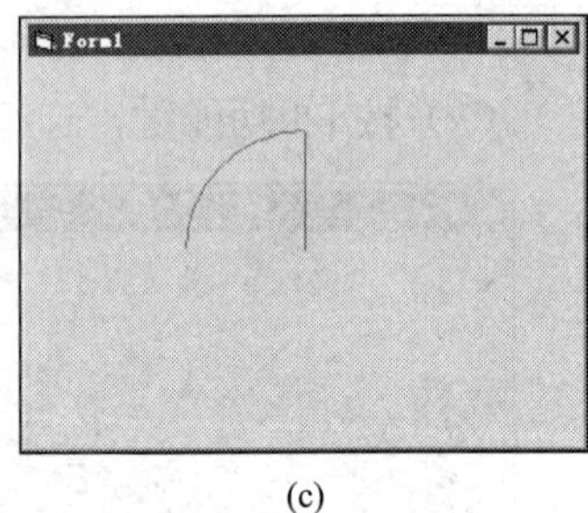

(c)

图 9.13　Circle 方法画不同的圆弧

【例 9.10】　使用 Circle 方法绘制如图 9.14 所示的图形。

步骤：

（1）在 VB 环境中创建工程、窗体。

（2）编写窗体的单击事件程序代码如下：

```
Private Sub Form_Click()
   X = 1000                         '圆心横坐标 1000
   Y = 1000                         '圆心纵坐标 1000
   For r = 100 To 400 Step 20       '半径每次增加 20
       X = X + 50
```

```
            Y = Y + 50
            Circle (X, Y), r                '画出当前圆
        Next r
    End Sub
```

（3）按 F5 功能键，运行程序。

【例 9.11】 在窗体上放置一个图片框 Picture1，背景颜色为白色。自定义图片框的坐标系统：将 Picture1 的坐标系统原点（0，0）设置在图形区域的中心点，并以坐标原点为圆心画半径为 500 缇的圆，圆线为蓝色，线宽为 3，圆心为红色。

分析：本题需要使用自定义坐标系，可以在窗体的 Load 事件中利用 Scale 方法实现自定义坐标系。

步骤：

（1）在 VB 环境中创建工程、窗体，在窗体上添加一个图片框和一个命令按钮控件。

（2）设置各相关控件的属性。

（3）编写各相关控件的事件程序代码如下：

```
    Private Sub Form_Load()
        Picture1.Scale (-1000, 1000)-(1000, -1000)      '自定义坐标系
    End Sub

    Private Sub Command1_Click()
        Picture1.BackColor = vbWhite
        Picture1.Circle (0, 0), 500, vbBlue
        Picture1.DrawWidth = 3
        Picture1.PSet (0, 0), vbRed
    End Sub
```

（4）按 F5 功能键，运行程序。其运行结果如图 9.15 所示。

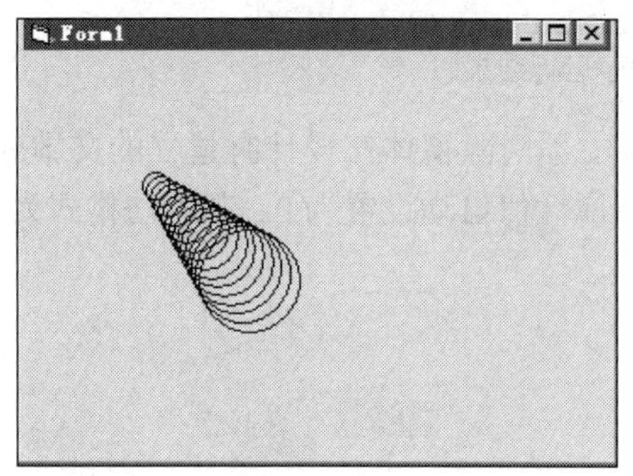

图 9.14　例 9.10 的程序运行结果

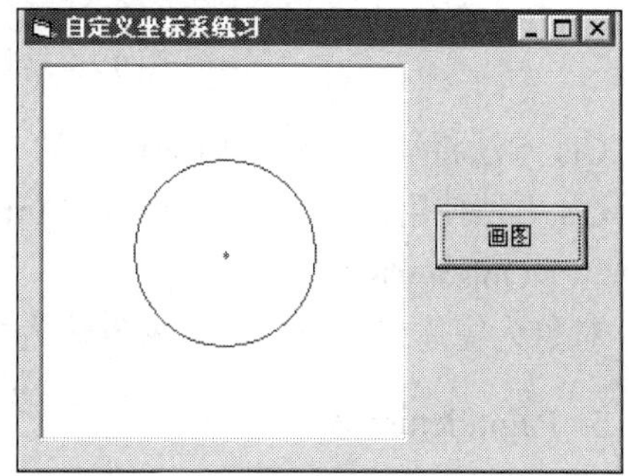

图 9.15　例 9.11 的程序运行效果

4. Point 方法和 Cls 方法

Point 方法可以获取给定点的颜色，其语法格式如下：

　　Object.Point(x, y)

（x，y）代表要获取颜色的点的坐标，均为单精度型数据。若（x，y）坐标所对应的点在对象之外，则返回-1。否则返回 RGB 颜色值，即六位十六进制数。

【例 9.12】 设计程序实现使用 Point 方法获取图片框控件上一个点的颜色值，并将窗体的背景色设为该颜色。

步骤：

（1）在 VB 环境中创建工程、窗体，在窗体上添加一个图片框控件。

（2）设置各相关控件的属性，将 Picture1 控件的 AutoSize 属性设为 True。

（3）编写各相关控件的事件程序代码如下：

```
Private Sub Picture1_MouseDown(Button As Integer, Shift As Integer, _
                               X As Single, Y As Single)
    Dim pcolor
    pcolor = Picture1.Point(X, Y)
    Me.BackColor = pcolor
End Sub
```

（4）按 F5 功能键，运行程序。其运行结果如图 9.16 所示。

图 9.16 例 9.12 的程序运行结果

Cls 方法将清除在运行时所产生的文本和图形，不清除窗体在设计时建立的文本或图形。Cls 方法使用之后，CurrentX 和 CurrentY 坐标属性值自动设置为 0。其语法格式为：

Object.Cls

对象为窗体或图形框，对象省略为窗体。

5. PaintPicture 方法

PaintPicture 方法用于在窗体、图片框或打印机上绘制出图形文件的内容，图形文件类型包括 .bmp、.wmf、.emf、.cur 和.ico 等。

Object.PaintPicture Pic, DestX, DestY, DestWidth, DestHeight, _
ScrX,ScrY, ScrWidth, ScrHeight

PaintPicture 方法的属性含义如下。

（1）Object：指目标对象，可以是 Form、PictureBox 或 Printer，若省略，则默认为当前窗体。

（2）Pic：图片对象，不可以省略。要绘制到 Object 上的图形源，可以是 Form 或 PictureBox 的 Picture 属性指定的图形文件。

（3）DestX，DestY：目标图像位置，不可以省略。均为单精度值，指定在 Object 上绘制 Pic 的左上角坐标。

（4）DestWidth，DestHeight：目标图像尺寸。DestWidth 是可选的，单精度值，指示 Pic 的目标宽度；DestHeight 是可选的，单精度值，指示 Pic 的目标高度。

（5）ScrX，ScrY：原图像的裁剪坐标。ScrX，ScrY 均是可选的，均为单精度值，指示 Pic 内剪贴区的左上角坐标。

（6）ScrWidth，ScrHeight：原图像的裁剪尺寸。ScrWidth 是可选的，单精度值，指示 Pic 内剪贴区的源宽度；ScrHeight 是可选的，单精度值，指示 Pic 内剪贴区的源高度。

9.2.4 综合应用实例

【例 9.13】 模拟地球绕太阳公转，地球运动的轨迹（一个椭圆）方程为：X=x0+rx*cos(alfa) Y=y0+ry*sin(alfa)。其中 x0、y0 为椭圆圆心坐标，rx 为水平半径，ry 为垂直半径，alfa 为圆心角，X、Y 为地球在某一时刻的轨迹坐标。要求在窗体上体现太阳（绿色圆）、地球（红色圆）以及运动轨迹，并让地球沿运动轨迹绕太阳旋转，图 9.17 为地球在某时刻绕太阳公转的示意图。

分析：在窗体上放置两个合适大小的形状控件 Shape1、Shape2 和一个定时器控件。其中 Shape1 表示太阳，放在窗体的任意位置。Shape2 表示地球。窗体的中心即为地球运动轨迹的中心，然后分别求出地球运动轨迹的水平和垂直半径。通过不断修改 Shape2 的 Left 属性和 Top 属性的值，使地球按预定轨迹绕太阳旋转。

步骤：

（1）在 VB 环境中创建工程、窗体，在窗体上添加两个 Shape 控件和一个定时器控件。

（2）设置各相关控件的属性。

（3）编写各相关控件的事件程序代码如下：

```
Dim rx As Single, ry As Single, alfa As Single
Private Sub Form_Load()
    Shape1.Left = Form1.ScaleWidth/2 - Shape1.Width/2
    Shape1.Top = Form1.ScaleHeight/2 - Shape1.Height/2
    '计算椭圆轨道的水平半径 rx 和垂直半径 ry
    rx = Form1.ScaleWidth/2 - Shape2.Width/2
    ry = Form1.ScaleHeight/2 - Shape2.Height/2
    '将表示地球的 Shape2 的初始位置定位在水平轴的 0 刻度位置上
    Shape2.Left = Form1.ScaleWidth/2 + rx - Shape2.Width/2
    Shape2.Top = Form1.ScaleHeight/2 - Shape2.Height/2
End Sub

Private Sub Timer1_Timer()
    alfa = alfa + 0.05                  '绘制地球的运行轨迹
    Circle (Form1.ScaleWidth/2, Form1.ScaleHeight/2), rx, , , , ry/rx
    x = Form1.ScaleWidth/2 + rx * Cos(alfa)
    y = Form1.ScaleHeight/2 + ry * Sin(alfa)
```

```
        Shape2.Left = x - Shape2.Width/2
        Shape2.Top = y - Shape2.Height/2
    End Sub
```

（4）按 F5 功能键，运行程序。其运行结果如图 9.17 所示。

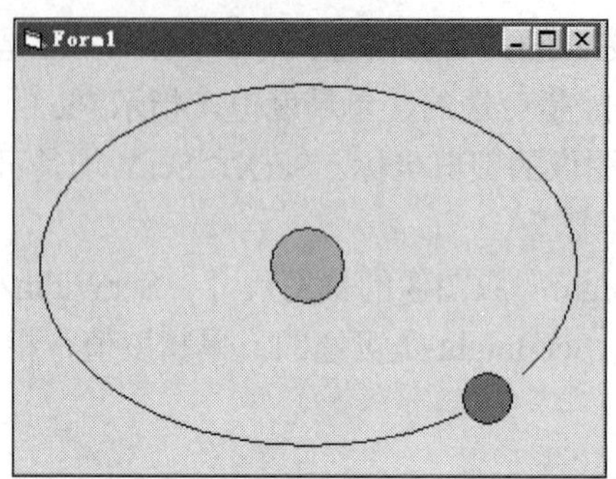

图 9.17 例 9.13 的程序运行结果

本 章 小 结

本章介绍了 VB 中一类重要的事件——鼠标和键盘事件。在应用程序中，需要识别组合键、功能键、光标移动键、小键盘等按键时，必须利用键盘事件。键盘事件包括 KeyPress、KeyDown 和 KeyUp。在程序中应注意 KeyDown 和 KeyPress 事件的区别。KeyDown 和 KeyPress 事件过程的参数不同，能够响应的键盘按键也有所区别。KeyDown 事件主要响应按键为键盘上的功能键及组合键的情况。KeyPress 事件主要响应按键为键盘上的字母键、数字键等可打印字符时的情况，也可以响应 Enter 键、Tab 键和 BackSpace 键。

通过使用鼠标事件，不但可以确定是在对象的哪个位置上单击了鼠标，还可以确定单击的是鼠标的哪个键以及在单击时是否按下了键盘上的某个控制键。常用的鼠标事件有 MouseDown、MouseUp 和 MouseMove。鼠标事件中的参数较多，重点应掌握不同参数的含义及用法。另外，本章也介绍了影响鼠标光标形状的两个属性 MousePointer 和 MouseIcon。

此外本章还介绍了 VB 的绘图功能。在默认情况下，VB 6.0 使用的是系统坐标系，即对象的坐标原点（0,0）在左上角，X 坐标值沿水平方向向右增加，Y 坐标值沿垂直方向向下增加，并且以缇（Twip）为度量单位。用户也可以根据需要自定义坐标系统，Scale 方法可方便实现自定义坐标。在绘图时，可用 RGB()函数、QBColor()函数、颜色常量和颜色值四种方法之一指定颜色。最后介绍了几种应用比较普遍的图形方法，利用不同的图形方法，可以编写显示不同几何图形的程序。

第 10 章　文　　件

本章要点

- 文件系统控件应用。
- 文件分类。
- 顺序访问模式。
- 文件操作语句及函数。

文件是使一个程序可以对不同的输入数据进行加工处理、产生相应的输出结果的常用手段。使用文件可以方便用户，提高上机效率,使用文件可以不受内存大小的限制。因此，使用文件是十分重要的。在某些情况下，不使用文件将很难解决所遇到的实际问题。

文件是指存储在外存上的一组相关数据的集合。VB 具有较强的文件处理的能力，为用户提供了多种处理方法。它既可以直接读写文件，同时又提供了大量与文件操作有关的语句和函数以及文件系统控件，用户可以使用这些手段开发出功能强大的应用程序。

10.1　文件系统控件

VB 提供的文件系统控件有三种：驱动器列表框（DriveListBox）、目录列表框（DirListBox）、文件列表框（FileListBox）。利用这三个控件，可以建立 Windows 中的文件管理器目录窗口界面，本节分别介绍这三种控件的使用方法。

1. 驱动器列表框

驱动器列表框（DriveListBox）是一种下拉列表框，通常显示当前驱动器名称，运行时如果单击列表框右端向下的箭头，就会下拉出该计算机拥有的所有的驱动器名称。在一般情况下，只显示当前的磁盘驱动器名称。单击某个驱动器名，即可把它变为当前驱动器，如图 10.1 所示。驱动器列表框的默认名称为 Drive1。

1）常用属性

常用属性有 Name、Left、Top、Height、Width、Visible、Enabled 等。目录列表框和文件列表框也具有这些常用属性。驱动器列表框的特有属性只有一个 Drive 属性，用来设置或返回所选择的驱动器名称。

格式：[名称.] Drive [=驱动器名]

说明：

（1）“名称”为驱动器列表框的名称。

（2）这里的“驱动器名”是指定的驱动器，如果省略，则 Drive 属性是当前驱动器。

（3）Drive 属性只能用程序代码设置，不能通过“属性”窗口设置。

2）常用事件

驱动器列表框最常用的事件是 Change 事件。每次重新设置 Drive 属性，都会引发 Change 事件。

2. 目录列表框

目录列表框（DirListBox）用来显示当前驱动器上的目录结构及当前目录下的所有子目录，供用户选择其中的某个目录作为当前目录。在目录列表框中，如果用鼠标双击某个目录，就会显示该目录下的所有目录，结果如图 10.2 所示。

在目录列表框中只能显示当前驱动器上的目录。如果要显示其他驱动器上的目录，必须改变路径，即重新设置目录列表框的 Path 属性。目录列表框的默认名称为 Dir1。

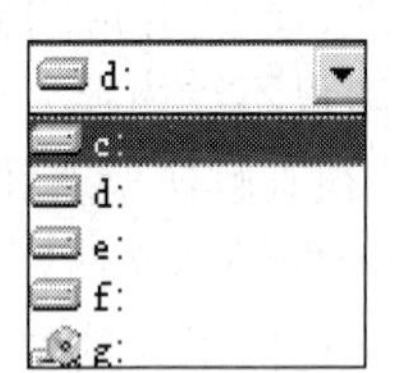

图 10.1 驱动器列表框

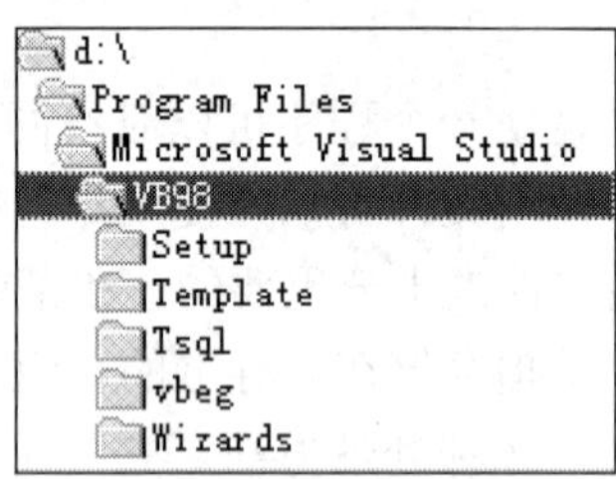

图 10.2 目录列表框

1）常用属性

（1）Path 属性。

格式：[对象.]Path [="路径名"]

功能：该属性适用于目录列表框和文件列表框，用来设置或返回当前驱动器的路径。

说明：

①“对象”为窗体、目录列表框或文件列表框，如果省略了对象名，则为当前窗体。如果省略了路径名，则显示当前路径。“路径”的格式：驱动器名:\文件夹名\……

② Path 属性也可以直接设置限定的网络路径，例如: \\网络计算机名\共享目录名\path。

③ Path 属性只能在程序代码中设置，不能在“属性”窗口中设置。

（2）ListCount 属性。

功能：返回当前展开目录的下一级目录的数目。

（3）List 属性。

功能：返回或设置当前的目录项。例如：

```
Dir1.Path=Dir1.List(0), Dir1.Path=Dir1.List(-2)
```

（4）ListIndex 属性。

功能：目录列表框中的当前目录的 ListIndex 值为-1。紧邻其上的目录的 ListIndex 值为-2，再上一个的 ListIndex 值为-3。

2）常用事件

（1）Click 事件：单击某一目录则改变目录列表框的 ListIndex 属性，并触发 Click 事件。

（2） Change 事件：双击某一目录则将该目录赋给 Path，即改变了当前目录，触发 Chang 事件。文件列表框的 Path 属性改变时，也将引发 Change 事件。

3）驱动器列表框和目录列表框的同步

必须将驱动器列表框与目录列表框同步。在一般情况下，改变驱动器列表框中的驱动器名后，目录列表框中的目录应当随之变为该驱动器上的目录，也就是使驱动器列表框和目录列表框必须产生同步效果。这可以通过一个简单的语句“Dir1.Path=Drive1.Drive”来实现。

3. 文件列表框

文件列表框（FileListBox）是一种下拉列表框，可以用来显示当前目录下的文件，如图 10.3 所示。默认名称为 File1。

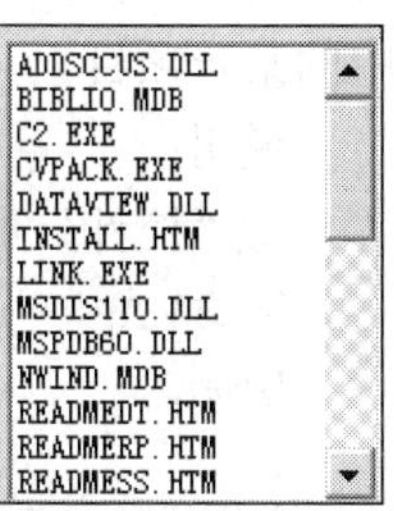

图 10.3　文件列表框

1）常用属性

（1）Pattern 属性。

格式：[窗体.] 文件列表框名.Pattern [=Value]

功能：Pattern 属性用来设置在执行时要显示的某一种类型的文件。

说明：

① 如果省略“窗体”，则指的是当前窗体上的文件列表框。

② Value 指一个文件名字串，如果省略，则显示当前文件列表框的 Pattern 属性值。

③ 它可以在设计阶段用“属性”窗口设置 Pattern，也可以通过程序代码设置。在默认情况下，Pattern 的属性值为*.*，即所有文件。在设计阶段，建立了文件列表框后，查看“属性”窗口中的 Pattern 属性，可以发现其默认值为*.*。如果把它改变为*.doc，则在执行程序时，文件列表框中显示的是*.doc 文件。

当 Pattern 属性改变时，将产生 PatternChange()事件。

（2）FileName 属性。

格式：[窗体.] [文件列表框名.] FileName [=文件名]

功能：FileName 属性用来在文件列表框中设置或返回被选定文件的名称和路径。

说明：

①“文件名”，可以有通配符，因此可用它设置 Drive、Path 或 Pattern 属性。

② 该属性在设计状态不能使用，只能在程序代码中设置。

（3）ListCount 属性。

格式：[窗体.] 控件.ListCount

功能：ListCount 属性返回控件内所列项目的总数。

说明：

① “控件”可以是组合框、目录列表框、驱动器列表框或文件列表框。

② 该属性只能在程序代码中使用，不能在“属性”窗口中设置。

（4）ListIndex 属性。

格式：[窗体.] 控件.ListIndex [=索引值]

功能：用来设置或返回当前控件上所选择的项目的“索引值”（即下标）。

说明：

①“控件”可以是组合框、列表框、驱动器列表框、目录列表框或文件列表框。

② 在文件列表框中，第一项的索引值为 0，第二项为 1，以此类推。如果没有选中任何项，则 ListIndex 属性的值将被设置为-1。

③ 该属性只能在程序代码中使用，不能在“属性”窗口设置。

（5）List 属性。

格式：[窗体.] 控件.List（索引）[=字符串表达式]

功能：在 List 属性中存有文件列表框中所有项目的数组，可用来设置或返回列表框中的某一项目。

说明：

①“控件”可以是组合框列表框、驱动器列表框、目录列表框或文件列表框。

② 格式中的“索引”是某种列表框中项目的下标（从 0 开始）。

例如：

```
For i=0 To Dir1.ListCount-1
    Print Dir1.List(i)
Next i
```

该例用 List 属性来输出目录列表框中的所有项目。循环终值 Dir1.ListCount 指的是目录列表框中的项目总数，而 Dir1.List(i)指的是每一个项目。

又如：

```
For i=0 to File1.ListCount-1
    Print File1.List(i)
Next i
```

该例用 For 循环输出文件列表框 File1 中的所有项目。File1.ListCount 表示列表框中所有文件的总数，File1.List(i)指的是每一个文件名。

再如：

```
Print File1.ListIndex
Print File1.List(File1.ListIndex)
```

第一个语句用来输出文件列表框中某一被选中的项目索引值（下标）。第二个语句显示以该索引值为下标的项目。

（6）Archive 属性。

功能：该属性决定是否显示文档文件。

（7）Normal 属性。

功能：该属性决定是否显示正常标准文件。

（8）Hidden 属性。

功能：该属性决定是否显示隐含文件。

（9）System 属性。

功能：该属性决定是否显示系统文件。

（10）ReadOnly 属性。

功能：该属性决定是否显示只读文件。

2）驱动器列表框、目录列表框及文件列表框的同步

在实际应用中，驱动器列表框、目录列表框和文件列表框往往需要同步操作，这可以通过 Path 属性的改变引发 Change 事件来实现。例如：

```
Private Sub Dir1_Change()
    File1.Path=Dir1.Path
End Sub
```

该事件过程使窗体上的目录列表框 Dir1 和文件列表框 File1 产生同步。因为目录列表框 Path 属性的改变将产生 Change 事件，所以在 Dir1_Change 事件过程中，把 Dir1.Path 赋给 File1.Path，就可以产生同步效果。

类似地，增加下面的事件过程，就可以使三种列表框同步操作。例如：

```
Private Sub Drive1_Change()
    Dir1.Path=Drive1.Drive
End Sub
```

该过程使驱动器列表框和目录列表框同步，前面的过程使目录列表框和文件列表框同步，从而使三种列表框同步。

3）执行文件

文件列表框接收 DblClick 事件。利用这一点，可以执行文件列表框中的某个可执行文件。也就是说，只要双击文件列表框中的某个可执行文件，就能执行该文件。这可以通过 Shell()函数来实现。例如：

```
Private Sub File1_DblClick()
    x=Shell(File1.FileName,1)
End Sub
```

过程中的 FileName 是文件列表框中被选择的可执行文件的名字，双击该文件名就能执行。

例如，下面的事件过程是当在文件列表框中单击某个文件名时，输出该文件名。

```
Private Sub File1_Click()
    File1.Pattern="*.Frm"
        MsgBox "选中的文件是："+File1.FileName
End Sub
```

【例 10.1】 驱动器列表框、目录列表框及文件列表框的同步，并在文件列表框中双击某个可执行文件，就能执行该文件。把 File1 的 Pattern 属性设置为 "*.exe"。运行后在驱动器列表框中选择 c:，在目录列表框中选择 WINDOWS 目录，双击文件列表框中的 explorer.exe 文件，可以启动 IE 浏览器。运行界面如图 10.4 所示。

```
Private Sub Dir1_Change()
    File1.Path = Dir1.Path
End Sub
```

```
Private Sub Drive1_Change()
    Dir1.Path = Drive1.Drive
End Sub

Private Sub File1_DblClick()
    x = Shell(File1.FileName, 1)
End Sub
```

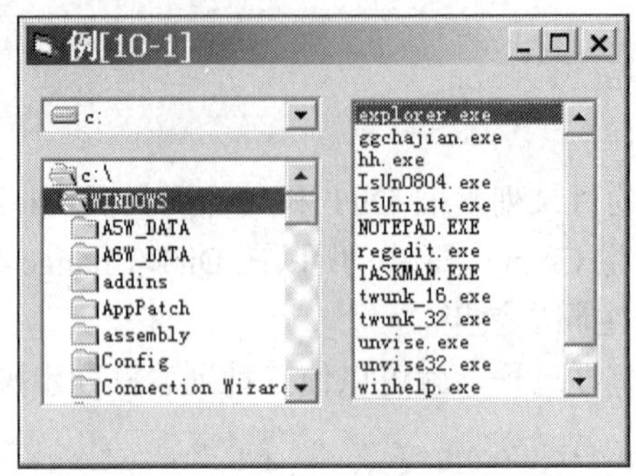

图 10.4　例 10.1 的程序运行界面

10.2　文 件 操 作

在 VB 中，对数据文件的基本操作一般按照“打开文件”、“读/写操作”、“关闭文件”这样的步骤来进行。而对文件的打开和读写操作要根据文件类型的不同而采用不同的操作语句。首先需要知道文件的结构及文件的分类方法，之后再区别对待不同的文件进行相应的操作。

10.2.1　文件结构及分类

1. 文件的结构

为了有效地存取数据，数据必须以某种特定的方式存放，这种特定的方式称为文件结构。VB 文件是由记录组成的，记录是由字段组成的，字段是由字符组成的。

（1）字符（Character）：是构成文件的最基本单位。字符可以是数字、字母、特殊符号或单一字节。这里所说的“字符”一般为西文字符，一个西文字符用一个字节存放。如果为汉字字符，包括汉字和“全角”字符，则通常用两个字节存放。也就是说，一个汉字字符相当于两个西文字符。一般把用一个字节存放的西文字符称为“半角”字符，而把汉字和用两个字节存放的字符称为“全角”字符。注意，VB 6.0 支持双字节字符，当计算字符串长度时，一个西文字符和一个汉字都作为一个字符计算，但它们所占的内存空间是不一样的。例如，字符串“VB 程序设计”的长度为 6，而所占的字节数为 10。

（2）字段（Field）：也称域。字段由若干个字符组成，用来表示一项数据。例如，邮政编码“120084”就是一个字段，它由六个字符组成。而姓名“马千里”也是一个字段，它由三个汉字组成。

（3）记录（Record）：由一组相关的字段组成。例如在通信录中，每个人的姓名、单位、地址、电话号码、邮政编码等构成一条记录。在 VB 中，以记录为单位处理数据。

（4）文件（File）：文件由记录构成，一个文件含有一条以上的记录。例如，在通信录文件中有 100 个人的信息，每个人的信息是一条记录，100 个记录构成一个文件。

2. 文件的分类

根据不同的分类标准，文件可分为不同的类型。

1）按数据性质分类

按数据性质，文件可分为程序文件和数据文件。

（1）程序文件（Program File）：这种文件存放的是可以由计算机执行的程序，包括源文件和可执行文件。在 VB 中，扩展名为.exe、.frm、.vbp、.vbg、.bas、.cls 等的文件都是程序文件。

（2）数据文件（Data File）：数据文件用来存放普通的数据。例如，学生考试成绩、职工工资、商品库存等。这类数据必须通过程序来存取和管理。

2）按数据的存取方式和结构分类

按数据的存取方式和结构，文件可分为顺序文件和随机文件。

（1）顺序文件（Sequential File）：顺序文件是普通的文本文件，它结构比较简单，文件中的记录按顺序一个接一个地存放。在这种文件中，只知道第一个记录的存放位置，其他记录的位置无从知道。读写文件存取记录时，都必须按记录顺序逐个进行。一行一条记录（一项数据），记录可长可短，以“换行”字符为分隔符号，如表 10.1 所示。

表 10.1　顺序文件结构

记录 1	记录 2	…	记录 N	文件结束标志

优点：顺序文件的组织比较简单，只要把数据记录一个接一个地写到文件中即可，占用空间少，容易使用。

缺点：维护困难，为了修改文件中的某个记录，必须把整个文件读入内存，修改完后再重新写入磁盘。顺序文件不能灵活地存取和增减数据，因而适用于有一定规律且不经常修改的数据。

（2）随机存取文件（Random Access File）：又称直接存取文件，简称随机文件或直接文件。在随机文件中，每个记录的长度是固定的，记录中的每个字段的长度也是固定的。此外，随机文件的每个记录都有一个记录号，如表 10.2 所示。在写入数据时，只要指定记录号，就可以把数据直接存入指定位置。而在读取数据时，只要给出记录号，就能直接读取该记录。在随机文件中，可以同时进行读、写操作，因而能快速地查找到每个记录，不必为修改某个记录而对整个文件进行读、写操作。

表 10.2　随机文件结构

#1 记录 1	#2 记录 2	…	#N 记录 N

优点：数据的存取较为灵活、方便，速度较快，容易修改。

缺点：占空间较大，数据组织较复杂。

3）按数据的编码方式分类

按数据的编码方式，文件可以分为 ASCII 文件和二进制文件。

（1）ASCII 文件：又称文本文件，它是以 ASCII 方式保存的文件。这种文件可以用字处理软件建立和修改（必须按纯文本文件保存）。

（2）二进制文件（Binary File）：它是用二进制方式保存的文件。二进制文件不能用普通的字处理软件编辑，占空间较小。

10.2.2 顺序访问模式

顺序文件的读写操作与标准输入、输出十分类似。其中读操作是把文件中的数据读到内存，标准输入是从键盘上输入数据，而键盘设备也可以看做是一个文件。写操作是把内存中的数据输出到屏幕上，而屏幕设备也可以看做是一个文件。

1. 顺序文件的打开操作

打开顺序文件可以用 Open 语句。常用如下格式：

Open 文件名 For 模式 As [#]文件号

说明：

（1）文件名：是字符串表达式，该文件名可能还包括目录、文件夹及驱动器。

（2）“模式”可以是下列三种之一。

① OutPut（写）：新建或打开一个文件，进行写操作。文件若存在，则打开，写入信息覆盖原有信息；文件若不存在，则新建。

② Input（读）：打开一个文件，进行读操作。文件必须存在，否则出错。

③ Append（追加）：新建或打开一个文件，进行写操作。文件若存在，则打开，写入信息追加在原有信息之后；文件若不存在，则新建。

（3）文件号：给打开的文件分配一个有效的文件编号，范围在 1 到 511 之间。使用 FreeFile()函数可得到下一个可用的文件号。

2. 顺序文件的写操作

对顺序文件进行写操作可以由 Print#或 Write#语句来实现。

1）Print # 语句

语法：Print #文件号, [表达式列表]

功能：将格式化显示的数据写入顺序文件中。

说明：

（1）如果省略参数“表达式列表”，而且文件号之后只含有一个列表分隔符，则将一空白行打印到文件中。多个表达式之间可用一个空白或一个分号或逗号隔开。

（2）对于Boolean类型的数据，打印的是 True 或 False。

（3）使用操作系统所能够辨认的标准短日期格式可将 Date 类型的数据写入文件中。在未指定日期或时间部分或这些部分的设置为零时，只将指定的部分写入文件中。

（4）如果“表达式列表”的数据是Empty，则不将任何数据写入文件。但是，如果数据是Null，则将 Null 写入文件。

（5）用 Print # 写入文件的所有数据都是国际通用的。也就是说，可以正确利用十进制分隔符将这些数据格式化。

（6）因为 Print # 将数据的图像写入文件，所以必须将各项数据分隔开来，以便正确打印。如果使用无参数的 Tab 将打印位置移动到下一个打印区，则 Print #也会将打印字段之间的空白写入文件中。

（7）通常用 Line Input # 或 Input 读出 Print #在文件中写入的数据。

【例 10.2】 使用 Print # 语句将数据写入一个文件。

运行后单击命令按钮后，在当前目录下建立了一个文件"f1.txt"，f1 中的内容如图 10.5 所示。

```
Private Sub Command1_Click()
    '打开当前目录下的"f1.txt"文件供写操作，不存在则新建
    Open App.Path & "\f1.txt" For Output As #1
    Print #1, "写入第一个字符串"                ' 将文本数据写入文件
    Print #1, "第一列"; Tab; "第二列"          ' 数据写入两个区
    Print #1, "Hello"; " "; "World"           ' 以空格隔开两个字符串
    Print #1, Tab(10); "你好"                 ' 将数据写在第十列。
    MyBool = False: MyDate = #2/12/1969#: MyNull = Null
    Print #1, MyBool        '写入逻辑值
    Print #1, MyDate             '写入日期值
    Print #1, MyNull             '写入 Null
    Print #1, 10, 20, 30         '以标准格式写入数据
    Print #1, 10; 20; 30         '以标准格式写入数据
    Close #1                     '关闭文件
End Sub
```

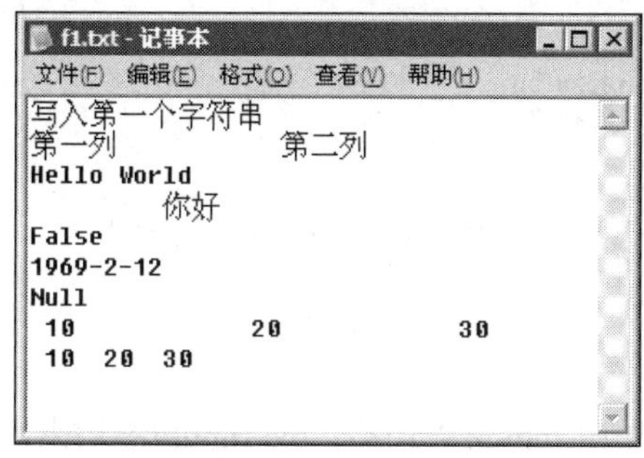

图 10.5　例 10.2 的程序运行结果

2）Write # 语句

语法：Write #文件号, [表达式列表]

功能：将数据写入顺序文件。

说明：

（1）通常用 Input # 从文件读出 Write # 写入的数据。

（2）与 Print # 语句不同，当要将数据写入文件时，数据在磁盘上以紧凑格式存放，能自动地在数据项之间插入逗号，并给字符串加上双引号。

（3）Write # 语句在将表达式列表中的最后一个字符写入文件后会插入一个新行字

符，即回车换行符，(Chr(13)+Chr(10))。

（4）用 Write#语句写入的正数的前面没有空格。

【例 10.3】 使用 Write # 语句将数据写入一个文件。

把上例中的 Print #语句换成 Write #语句，运行后单击命令按钮后，在当前目录下建立了一个文件“f2.txt”，f2 中的内容如图 10.6 所示。与图 10.5 的结果作对比，可以看出两个语句的具体区别。

```
Private Sub Command1_Click()
    '打开当前目录下的“f2.txt”文件供写操作，不存在则新建
    Open App.Path & "\f2.txt" For Output As #1
    Write #1, "写入第一个字符串"              ' 将文本数据写入文件
    Write #1, "第一列"; Tab; "第二列"         ' 数据写入两个区
    Write #1, "Hello"; " "; "World"         ' 以空格隔开两个字符串
    Write #1, Tab(10); "你好"                ' 将数据写在第十列。
    MyBool = False: MyDate = #2/12/1969#: MyNull = Null
    Write #1, MyBool          '写入逻辑值
    Write #1, MyDate          '写入日期值
    Write #1, MyNull          '写入 Null
    Write #1, 10, 20, 30      '以标准格式写入数据
    Write #1, 10; 20; 30      '以标准格式写入数据
    Close #1                  ' 关闭文件
End Sub
```

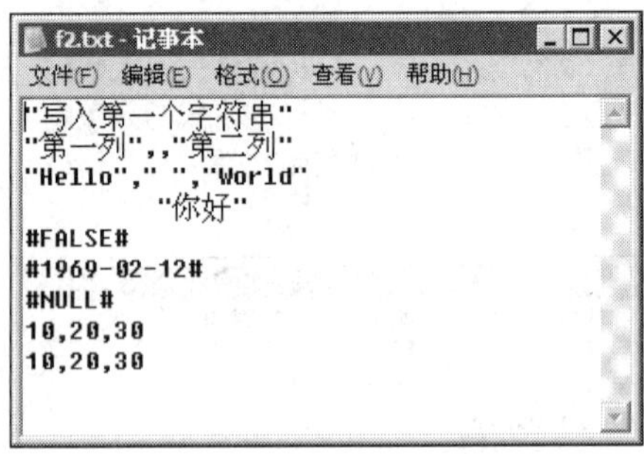

图 10.6 例 10.3 的程序运行结果

3. 顺序文件的读操作

顺序文件的读数据操作由 Input#语句和 Line Input#语句来实现。

1）Input # 语句

语法：Input #文件号, 变量列表

功能：从已打开的顺序文件中读出数据并将数据指定给变量。

说明：

（1）参数“变量列表”为用逗号分界的变量名称，将文件中读出的值分配给这些变量；这些变量不可能是一个数组或对象变量。但是，可以是数组元素或用户定义类型的元素。

（2）通常用 Write #将 Input # 语句读出的数据写入文件。使用 Write #语句可以确保将各个单独的数据域正确分隔开。

（3）该语句只能用于以 Input 或 Binary 方式打开的文件。

（4）在读出数据时不经修改就可直接将标准的字符串或数值数据指定给变量。表 10.3 说明如何处理其他输入数据。

（5）输入数据中的双引号符号（" "）将被忽略。

（6）文件中数据项目的顺序必须与 varlist 中变量的顺序相同，而且与相同数据类型的变量匹配。如果变量为数值类型，而数据不是数值类型，则指定变量的值为零。

（7）在输入数据项目时，如果已到达文件结尾，则会终止输入，并产生一个错误。

表 10.3　不同类型数据的处理

数　　据	指定给变量的值
分隔逗号或空白行	Empty
#NULL#	Null
#TRUE# or #FALSE#	True 或 False
#yyyy-mm-dd hh:mm:ss#	用表达式表示的日期与/或时间

【例 10.4】　使用 Input # 语句将数据读入变量。

在当前目录下有一个数据文件"file.txt"，其中存入了几行数据，文件内容如图 10.7 所示。打开该文件将各行数据依次读入变量，并在立即窗口显示变量的内容。运行后在立即窗口中显示的内容如图 10.8 所示。

程序代码如下：

```
Private Sub Command1_Click()
   Dim MyString, MyNumber
   Open "file.txt" For Input As #1        '打开输入文件,文件必须已经存在
   Do While Not EOF(1)                    ' 循环至文件尾
      Input #1, MyString, MyNumber        '将数据读入两个变量
      Debug.Print MyString, MyNumber      '在立即窗口中显示数据
   Loop
   Close #1   '关闭文件
End Sub
```

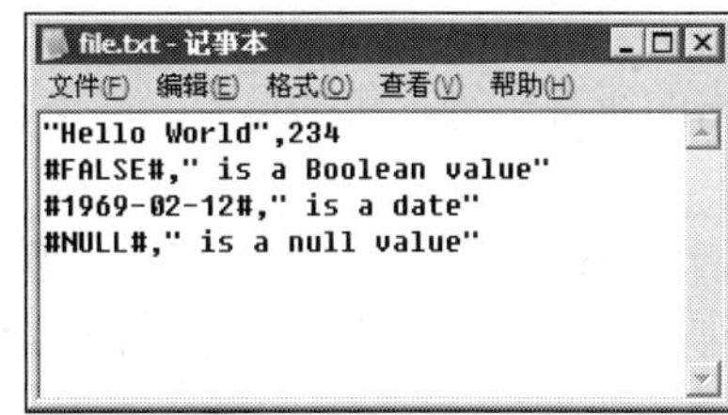

图 10.7　file.txt 文件内容

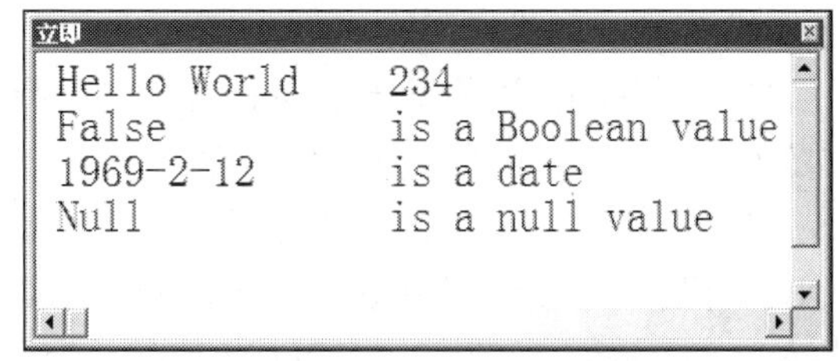

图 10.8　例 10.4 的程序运行结果

2）Line Input # 语句

语法：Line Input #文件号，字符型变量

功能：从已打开的顺序文件中读出一行并将它分配给 String变量。

说明：

（1）通常用 Print # 将 Line Input # 语句读出的数据从文件中读出来。

（2）Line Input # 语句一次只从文件中读出一个字符，直到遇到回车符(Chr(13))或回车–换行符 (Chr(13) + Chr(10))为止。回车–换行符将被跳过，而不会被附加到字符串上。

【例 10.5】 使用 Line Input # 语句从顺序文件中读入一行数据，并将该行数据赋予一个变量。

把例 10.2 使用 Print # 语句写方式建立的文件 f1.txt 复制到本例应用程序所在的目录。运行时单击命令按钮，在立即窗口中显示运行结果，如图 10.9 所示。

程序代码如下：

```
Private Sub Command1_Click()
    Dim TextLine
    Open "f1.txt" For Input As #1          '打开文件
    Do While Not EOF(1)                    '循环至文件尾
        Line Input #1, TextLine            '读入一行数据并将其赋予某变量
        Debug.Print TextLine               '在立即窗口中显示数据
    Loop
    Close #1                               '关闭文件
End Sub
```

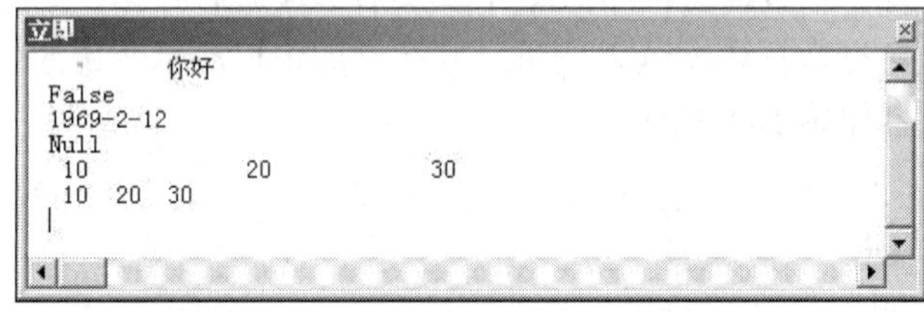

图 10.9 例 10.5 的程序运行结果

3）Input()函数

语法：Input()（读取的字符个数, [#]文件号）

功能：返回String，它包含以 Input 或 Binary 方式打开的文件中的字符。

说明：

（1）通常用 Print # 或 Put 将 Input()函数读出的数据写入文件。Input()函数只用于以 Input 或 Binary 方式打开的文件。

（2）与 Input #语句不同，Input()函数返回它所读出的所有字符，包括逗号、回车符、空白列、换行符、引号和前导空格等。

（3）对于 Binary 访问类型打开的文件，如果试图用 Input()函数读出整个文件，则会在 EOF()返回 True 时产生错误。在用 Input()读出二进制文件时，要用 LOF()和 Loc()函数代替 EOF()函数，而在使用 EOF()函数时要配合以 Get()函数。

【例 10.6】 使用 Input()函数一次从文件中读一个字符，并将它显示到立即窗口。本例仍操作 f1.txt 文件。运行结果如图 10.9 所示。

程序代码如下：

```
Private Sub Command1_Click()
    Dim MyChar
    Open "f1.txt" For Input As #1    ' 打开文件
```

```
    Do While Not EOF(1)                ' 循环至文件尾
        MyChar = Input(1, #1)          ' 读入一个字符
        Debug.Print MyChar;            ' 显示到立即窗口
    Loop
    Close #1   '关闭文件
End Sub
```

10.2.3　随机访问模式

1. 随机文件的打开操作

访问随机文件与顺序文件相同，也是打开、读写再关闭这三个步骤，但使用的命令有所不同。随机文件是由固定长度的记录组成的，每个记录含有若干个字段。记录中的各个字段可以放在一个记录类型中，记录类型用 Type…End Type 语句定义。Type…End Type 语句通常定义在标准模块中，如果放在窗体模块中，则应加上关键字 Private。

打开随机文件的 Open 语句格式如下：

Open "文件名" For Random As #文件号 ［Len=记录长度］

说明：

（1）文件以随机访问模式打开后，可以同时进行写入和读出操作。

（2）“记录长度”等于各字段长度之和，以字节为单位。要指明“记录长度”，否则记录的默认长度为 128B。

2. 随机文件的写操作

使用 Put 语句将记录变量的值写入文件。

格式：Put [#]文件号, [记录号], 变量名

功能：将一个变量的数据写入磁盘文件中。

说明：

（1）“记录号”指明在此处开始写入。如果省略，则表示在当前记录后插入一条记录。

（2）“变量名”是除对象变量和数组变量外的任何变量。

（3）文件中的第一个记录位于位置 1，第二个记录位于位置 2，以此类推。如果省略记录号，则将上一个 Get 或 Put 语句之后的（或上一个 Seek()函数指出的）下一个记录写入。所有用于分界的逗号都必须罗列出来，例如，Put #4,,FileBuffer。

（4）通常用 Get 将 Put 写入的文件数据读出来。

3. 随机文件的读操作

使用 Get 语句从随机文件中获得一条记录的值。

格式：Get [#]文件号, [记录号], 变量名

功能：将一个已打开的磁盘文件中由“记录号”指定位置上的记录的内容读入记录变量之中。

说明：

（1）通常用 Put 将 Get 读出的数据写入一个文件。

（2）若省略记录号，则会读出紧随上一个 Get 或 Put语句之后的下一个记录（或读出最后一个 Seek()函数指出的记录）。所有用于分界的逗号都必须罗列出来，例如，Get #4,,FileBuffer。

【例 10.7】 使用 Put 语句将数据写入文件中，再使用 Get 语句将数据从文件读到变量中并显示。

本例建立一个标准模块和一个窗体模块。在标准模块中定义用户自定义数据类型 Record，在窗体中添加两个命令按钮，分别命名为 cmdput（标题为"写入记录"）和 cmdget（标题为"显示一条记录"）。程序运行后单击"写入记录"按钮，向当前目录下的"rf1.dat"文件中写入 5 个 Record 类型的记录。单击"显示一条记录"按钮，就从 rf1.dat 文件中随机获得一条记录并显示记录内容。多次单击命令按钮后运行界面如图 10.10 所示。注意：不同次运行的结果可能不同。

程序代码如下：

```
'在标准模块中定义用户自定义数据类型 Record
Type Record
    ID As Integer
    Name As String * 20
End Type

'在 Form1 中的代码
Private Sub cmdput Click()   '"写入记录"
    Dim R1 As Record, RN As Integer
    '以随机访问方式打开文件
    Open App.Path & "\" & "rf1.dat" For Random As #1 Len = Len(R1)
    For RN = 1 To 5                          '循环五次
        R1.ID = RN                           '给 ID 赋值
        R1.Name = "My Name" & RN             '建立字符串
        Put #1, RN, R1                       '将记录写入文件中
    Next
    Close #1
End Sub

Private Sub cmdget_Click()   '"显示一条记录"
    Dim R1 As Record, RN As Integer
    '以随机访问方式打开文件
    Open App.Path & "\" & "rf1.dat" For Random As #1 Len = Len(R1)
    Randomize
    RN = Int(5 * Rnd + 1)      '产生 1～5 的随机整数作为记录号
    Get #1, RN, R1             '读取记录号为 RN 的记录到变量 R1
    Print R1.ID, R1.Name       '在窗体上显示记录的内容
    Close #1
End Sub
```

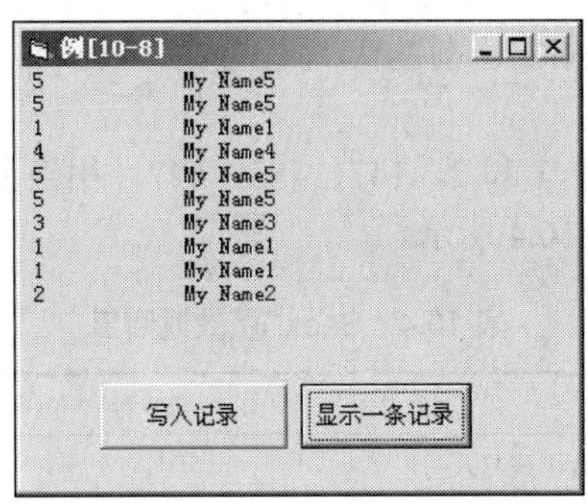

图 10.10　例 10.7 的程序运行结果

10.2.4　二进制访问模式

二进制文件与随机文件的访问模式类似。打开命令也是 Open 语句。具体的格式是：

Open 文件名 For Binary As #文件号

二进制文件若被打开，就可以同时进行读和写操作，也使用 Get 和 Put 命令，区别是二进制模式中访问单位是字节而不是记录。关闭二进制文件同样使用 Close 命令。

【例 10.8】　用二进制访问模式编写一个复制文件的程序。

在二进制访问模式中，可以把文件指针移动到文件的任何地方。文件被打开时，文件指针指向文件的第一个字节，以后随着文件处理命令的执行移动指针，二进制文件若被打开，就可以同时进行读和写操作。

应用程序所在的目录下有一个名为 t1.txt 的文件，程序运行时单击窗体，就实现了目标文件的复制生成，目标文件名为 t2.txt，也在当前目录下。

```
Private Sub Form_Click()
    Dim char As Byte
    Open App.Path & "\" & "t1.txt" For Binary As #1 '打开源文件
    Open App.Path & "\" & "t2.txt" For Binary As #2 '打开目标文件
    Do While Not EOF(1)
        Get #1, , char    '从源文件读出一个字节
        Put #2, , char    '将一个字节写入目标文件
    Loop
    Close                 '关闭所有打开的文件
End Sub
```

10.3　文件操作语句及函数

VB 6.0 提供了许多与文件操作有关的函数和语句，用户利用它们可以方便地对文件和目录进行操作。

1. Seek()函数和 Seek 语句

语法：

Seek(filenumber)
Seek [#]filenumber, position

功能：在打开的文件中指定当前的读/写位置。

说明：

（1）Seek()函数返回介于 1 和 2，147，483，647（相当于 $2^{31}-1$）之间的值。对各种文件访问方式的返回值如表 10.4 所示。

表 10.4 Seek()函数返回值

方　式	返 回 值
Random	下一个读出或写入的记录号
Binary Output Append Input	下一个操作将要发生时所在的字节位置。文件中的第一个字节位于位置 1，第二个字节位于位置 2，以此类推

（2）position：介于 1 和 2，147，483，647 之间的数字，指出下一个读写操作将要发生的位置。

（3）filenumber 为任何有效的文件号。

（4）在 Get 及 Put 语句中指定的记录号将覆盖由 Seek 语句指定的文件位置。

（5）若在文件结尾之后进行 Seek 操作，则进行文件写入的操作会把文件扩大。

（6）如果试图对一个位置为负数或零的文件进行 Seek 操作，则会导致错误发生。

2. FreeFile()函数

语法：FreeFile[（rangenumber）]

功能：返回一个Integer，代表下一个可供 Open 语句使用的文件号。

说明：

（1）可选的参数 rangenumber 是一个Variant，它指定一个范围，以便返回该范围之内的下一个可用文件号。指定 0（默认值）则返回一个介于 1～255 之间的文件号。指定 1 则返回一个介于 256～511 之间的文件号。

（2）当程序中打开的文件较多时，这个函数很有用。特别是当在通用过程中使用文件时，用这个函数可以避免使用其他 Sub 或 Function 过程中正在使用的文件号。

3. Loc()函数

语法：Loc（filenumber）

功能：返回一个 Long，在已打开的文件中指定当前读/写位置。

说明：

（1）filenumber参数是任何一个有效的Integer文件号。

（2）Loc()函数对各种文件访问方式的返回值如表 10.5 所示。

表 10.5 Loc()函数返回值

方　式	返 回 值
Random	上一次对文件进行读出或写入的记录号
Sequential	文件中当前字节位置除以 128 的值。但是，对于顺序文件而言，不会使用 Loc()的返回值，也不需要使用 Loc()的返回值
Binary	上一次读出或写入的字节位置

4. LOF()函数

语法：LOF（filenumber）

功能：返回一个Long，表示打开的文件的大小，该大小以字节为单位。

说明：

（1）必要的 filenumber参数是一个Integer，包含一个有效的文件号。

（2）对于尚未打开的文件，使用 LOF()函数将得到其长度。

（3）在 VB 中，文件的基本单位是记录，每个记录的默认长度是 128B。因此，对于由 VB 建立的数据文件，LOF()函数返回的将是 128 的倍数，不一定是实际的字节数。

5. FileLen()函数

语法：FileLen（pathname）

功能：函数返回一个Long，代表一个文件的长度，单位是字节。

说明：

（1）pathname参数是用来指定一个文件名的字符串表达式。pathname 可以包含目录或文件夹，以及驱动器。

（2）当调用 FileLen()函数时，如果所指定的文件已经打开，则返回的值是这个文件在打开前的大小。

（3）若要取得一个打开文件的长度大小，使用 LOF()函数。

6. EOF 函数

语法：EOF（filenumber）

功能：返回一个 Integer，它包含 Boolean 值 True，表明已经到达为 Random 或顺序 Input 打开的文件的结尾。

说明：

（1）filenumber参数是一个 Integer，包含任何有效的文件号。

（2）使用 EOF()函数是为了避免因试图在文件结尾处进行输入而产生的错误。

（3）直到到达文件的结尾，EOF()函数都返回 False。对于为访问 Random 或 Binary 而打开的文件，直到最后一次执行的 Get 语句无法读出完整的记录时，EOF()函数都返回 False。

（4）对于为访问 Binary 而打开的文件，在 EOF()函数返回 True 之前，试图使用 Input()函数读出整个文件的任何尝试都会导致错误发生。在用 Input()函数读出二进制文件时，要用 LOF()和 Loc()函数来替换 EOF()函数，或者将 Get()函数与 EOF()函数配合使用。对于为 Output 打开的文件，EOF()函数总是返回 True。

7. FileCopy 语句

语法：FileCopy source, destination

功能：复制一个文件。

说明：

（1）参数source 和 destination 为字符串表达式，分别用来表示要被复制的文件名和用来指定的要复制的目标文件名，文件名中可以包含目录或文件夹，以及驱动器。

（2）如果想要对一个已打开的文件使用 FileCopy 语句，则会产生错误。

（3）复制文件不能含有通配符（*或?）。

8. Kill 语句

语法：Kill pathname

功能：从磁盘中删除文件。

说明：

（1）pathname参数是用来指定一个文件名的字符串表达式。pathname 可以包含目录或文件夹，以及驱动器。

（2）在 Microsoft Windows 中，Kill 支持多字符（*）和单字符（?）的通配符来指定多重文件。

（3）Kill 语句具有一定的"危险性"，因为在执行该语句时没有任何提示信息。为了安全起见，当在应用程序中使用该语句时，一定要在删除文件前给出适当的提示信息。

9. Name 语句

语法：Name oldpathname As newpathname

功能：重新命名一个文件、目录或文件夹。

说明：

（1）参数 oldpathname 和 newpathname 为字符串表达式，分别为指定的已存在的文件名和位置及新的文件名和位置，可以包含目录或文件夹，以及驱动器。

（2）Name 语句重新命名文件并将其移动到一个不同的目录或文件夹中。如有必要，Name 可跨驱动器移动文件。但当 newpathname 和 oldpathname 都在相同的驱动器中时，只能重新命名已经存在的目录或文件夹。Name 不能创建新文件、目录或文件夹。

（3）在一个已打开的文件上使用 Name，将会产生错误。必须在改变名称之前，先关闭打开的文件。

（4）Name参数不能包括多字符（*）和单字符（?）的通配符。

10. MkDir 语句

语法：MkDir path

功能：创建一个新的目录或文件夹。

说明：path参数是用来指定所要创建的目录或文件夹的字符串表达式。path 可以包含驱动器。如果没有指定驱动器，则 MkDir 会在当前驱动器上创建新的目录或文件夹。

11. ChDir 语句

语法：ChDir path

功能：改变当前的目录或文件夹。

说明：

（1）path 参数指明哪个目录或文件夹将成为新的默认目录或文件夹。path 可能会包含驱动器。如果没有指定驱动器，则 ChDir 在当前的驱动器上改变默认目录或文件夹。

（2）ChDir 语句改变默认目录位置，但不会改变默认驱动器位置。例如，如果默认的驱动器是 C，则下面的语句将会改变驱动器 D 上的默认目录，但是 C 仍然是默认的驱动器：ChDir "D:\TMP" 。

12. ChDrive 语句

语法：ChDrive drive

功能：改变当前的驱动器。

说明：drive 参数是一个字符串表达式，它指定一个存在的驱动器。如果使用零长度的字符串("")，则当前的驱动器将不会改变。如果 drive 参数中有多个字符，则 ChDrive 只会使用首字母。

13. RmDir 语句

语法：RmDir path

功能：删除一个存在的目录或文件夹。

说明：

（1）path 用来指定要删除的目录或文件夹。path 可以包含驱动器。如果没有指定驱动器，则 RmDir 会在当前驱动器上删除目录或文件夹。

（2）如果想要使用 RmDir 来删除一个含有文件的目录或文件夹，则会发生错误。在试图删除目录或文件夹之前，先使用 Kill 语句来删除所有文件。

14. CurDir()函数

语法：CurDir[(drive)]

功能：返回一个 String，用来代表当前的路径。

说明：drive参数是一个字符串表达式，它指定一个存在的驱动器。如果没有指定驱动器，或 drive 是零长度字符串("")，则 CurDir()会返回当前驱动器的路径。

本 章 小 结

本章主要介绍了文件的概念、文件的结构与分类、文件系统控件与文件基本操作。通过本章的学习，应正确理解文件的概念和文件的三种访问方式，要求掌握文件操作的函数和语句，并掌握驱动器列表框、目录列表框、文件列表框的关联使用。

第 11 章　数据库应用程序设计

本章要点

- 数据库概述。
- SQL 语言。
- 可视化数据管理器。
- ADO 数据库访问技术。
- 报表。

在各类应用软件中，数据库应用软件所占的比例是最大的。众所周知，一个好的开发工具应具备完善的数据管理功能。VB 提供了多种访问数据库的方法，同时 VB 是开发数据库前端应用程序的开发工具，使用 VB 开发的数据库应用程序具有良好的用户界面和额外的数据处理能力。VB 将 Windows 的各种先进特性与其强大的数据管理功能有机地结合在一起，为用户提供了方便实用的数据库开发能力。

11.1　数据库概述

在日常的生产生活中，人们接触过许多信息管理系统。例如，医院门诊信息系统、医院住院信息系统、员工信息管理系统、公交 IC 卡管理系统等。这些系统通常需要保存并处理大量数据，而这些数据以数据库的形式存放在计算机中。

11.1.1　相关术语

1. 数据和信息

数据是指描述客观世界事物的符号，其表现形式多种多样。例如，文字、图形、图像、声音、视频、动画等。数据的表现形式虽然多种多样，但它们都可以经过专门处理以后存入计算机。信息是指经过加工处理的数据，是数据的具体含义。数据是信息的载体，信息是数据的内涵。数据一般来说比较具体，而信息很多时候是抽象的。

2. 数据库

数据库是指有组织的数据的集合，可以长期存储在计算机内，可以共享，通常以文件形式存在于计算机中。

根据数据库中数据存放的数据逻辑模型，数据库可分为层次模型、网状模型和关系模型数据库。由于关系模型数据库的理论完善、实现相对简单及适合表达大部分实际应用领域的问题，所以大多数应用采用关系（模型）数据库。

3. 数据库管理系统

数据库管理系统是一个数据管理的软件。通常包括数据定义、数据操纵、数据库建立、运行和维护几个方面的功能。

4. 数据库系统定义

数据库系统通常是由数据库、数据库管理系统及其开发工具、应用系统、数据库管理员（DataBase Administrator，DBA）和用户组成。

11.1.2　关系数据库

关系数据库，是建立在关系数据库模型基础上的数据库，借助于集合代数等概念和方法来处理数据库中的数据。目前主流的关系数据库可根据数据库中数据存放的数据逻辑模型分为层次模型、网状模型和关系模型数据库。由于关系模型数据库的理论完善、实现相对简单及适合表达大部分实际应用领域的问题，所以大多数应用采用关系（模型）数据库。常见的关系数据库有 FoxPro、Access、SQL Server、Oracle 等。

从代数角度，将笛卡儿积的有限子集称为关系，关系在其本质上是一个或多个二维表。

任何数据都可以看成是二维表格中的元素，而这个由行和列组成的二维表格就是数据库中的表（Table），一个数据库中可能有一个或多个表。比如销售系统的数据库中包含客户表、供应商表、产品表和订单表等。例如，表 11.1 是一个关系表。

表 11.1　教工表（部分）

教工号	姓名	性别	年龄	专业	职称
00012601	刘坤	男	36	药学	副教授
00012602	王力	男	28	计算机	助教
00012603	司雨	女	34	检验	讲师
…	…	…	…	…	…

下面以表 11.1 为例，介绍关系数据库的一些相关术语。

（1）记录：表中的每一行称为行、元组或记录（Record），一行中的所有数据元素描述的是同一个实体的不同方面的特征。一个表中的所有记录是各不相同的，一般不允许重复。表 11.1 中除了第一行，其他各行均为一条记录。

（2）字段：表中的每一列是一个属性值集，称为属性或字段（Field）。比如教工表有教工号、姓名、年龄和性别等字段。各列表头为属性名。

（3）属性（字段）类型：表中每列属性有多个属性值，但属性值的数据类型一样，见表 11.1 中年龄属性的数据类型为数值型；性别属性的类型为字符型，长度为 1。

（4）关键字：一个属性或几个属性的组合。用关键字属性值可唯一地确定记录。表 11.1 中，每个记录为一个教工，不可能有两个教工的教工号相同，故教工号属性是关键字。姓名不是关键字的原因是可能有同姓名的学生。关键字可代替记录号来唯一标识表中的记录。

（5）候选关键字（候选字）：一个表中的关键字。一个表可能有多个候选关键字。

（6）主关键字（主键）：表中选定的一个候选关键字。用来代替记录号来标称表中的记录。在关系数据库中实体表一定要设置一个主关键字。

（7）关联：一般说来每个表都独立地描述某类事物，但事物之间是有关系的，所以数据库应该能够在表之间建立这种关联。例如，工资表可能有教工号、姓名、工资等字段，那么可以通过教工号字段与教工表建立关联。

11.1.3 SQL 语言概述

SQL 是 Structured Query Language 的缩写，意思为“结构化查询语言”，它是关系数据库的标准语言，现在所有的关系数据库管理系统都支持 SQL。在 Visual Basic 的查询语句中经常要用到 SQL 语句。

SQL 具有如下特点。

1）语言简洁、规范

SQL 是一种专门为检索和操作数据而设计的数据库语言，由数据定义语言（DDL）、数据操作语言（DML）、数据查询语言（DQL）以及数据控制语言（DCL）组成。

2）非过程化

SQL 不同于许多流行的编程语言（如 C++、Java 和 VB 等），它被设计成非过程化的，意味着在任何其他编程语言中可用的功能，例如，控制流语句（If…Then）、循环结构（While）等这些结构都不能在 SQL 中使用。一个 SQL 程序只是一条语句，无论它有多长，它可以作为一个整体被执行，或者完全不被执行。

3）高度灵活化

SQL 是一种用法高度灵活化的语言，既能以人机交互方式来使用，也可以嵌入到程序开发语言中使用，如 Visual Basic、Visual FoxPro、Access 都可灵活使用。

4）平台无关性

SQL 程序可以作为一个简单的 ASCII 文件存储，可以在 UNIX、Windows、MacOS 等系统间进行复制，而无需作任何改变。可以在任何拥有某些标准编辑工具的操作系统中被打开、修改和保存，而不需要考虑任何与平台有关的特征。

11.1.4 SQL 语句的简单介绍

下面以表 11.2 和表 11.3 为例，说明 SQL 的使用方法。

表 11.2 选课表的数据

学 号	姓 名	课 程 号
10010101	周玉	001
10010102	邹云	002
10010103	丁雨	001
10010104	杨洁	002

续表

学　号	姓　名	课　程　号
10010105	张伟	001
10010106	黄畅	003

表 11.3　课程表的数据

课　程　号	课　程　名	学　分
001	高等数学	6
002	计算机	4
003	大学英语	6

1. 数据查询

1）简单查询

对一个表的查询操作。

（1）显示所有课程的信息。

```
select  *  from  课程表
```

说明：星号（*）是选取所有列的快捷方式。

（2）显示 “高等数学”的课程信息。

```
select  *  from  课程表  where 课程名='高等数学'
```

（3）显示课程“高等数学”的课程号和学分。

```
select  课程号, 学分  from  课程表  where  课程名='高等数学'
```

（4）查询选修了课程号为“001”的学生的学号和姓名。

```
select  学号, 姓名  from  选课表 where 课程号='001'
```

2）联合查询

对多个表的查询操作。

（1）查询已选课学生的学号、姓名、课程号、课程名称和学分。

```
select  选课表.学号,姓名,选课表.课程号, 课程名,学分
from  选课表,课程表 where  选课表.课程号= 课程表.课程号
```

（2）查询学生“黄颖”所选课程的课程名称和学分。

```
select  课程名,学分 from  选课表,课程表
where  选课表.课程号= 课程表.课程号 and 姓名='张伟'
```

3）统计查询

使用 SQL 的统计函数进行的查询操作。

count(*)：求记录的数目。

sum(e)：对字段 e 求和。

avg(e)：对字段 e 的所有值求算术平均值。

max(e)：对字段 e 的所有值求其最大值。

min(e)：对字段 e 的所有值求其最小值。

（1）查询选课的总人数。

```
select count(*) from 选课表
```

（2）查询最高学分。

```
select max(学分) from 课程表
```

2. 数据修改

将“高等数学”的学分修改为 5。

```
update 课程表 set 学分=5 where 课程名='高等数学'
```

3. 数据删除

删除“周玉”的选课记录。

```
delete from 选课表 where 姓名='周玉'
```

11.2 可视化数据管理器

为了便于开发数据库应用程序，在 VB 集成开发环境中，提供了专门的数据库应用程序开发环境。该环境由可视化数据管理器、数据库应用程序、数据源控件和对象、数据库接口驱动程序等组成，如图 11.1 所示。

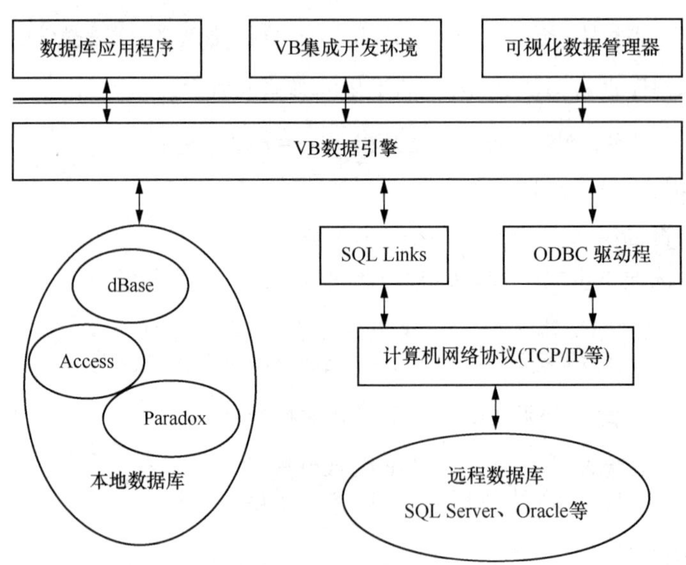

图 11.1 VB 集成开发环境

可视化数据管理器可用于建立 Access、Paradox、FoxPro 等类型的数据库，并在数据库中建立数据表的结构，还可以对数据表中的数据进行添加、查询、更新、删除等操作。

下面利用 VB 提供的“可视化数据管理器”构造 Access 数据库。

（1）在 VB 集成开发环境，执行“外接程序”→“可视化数据管理器”命令，进入如图 11.2 所示的可视化数据管理器界面。

（2）在可视化数据管理器中，执行“文件”→“新建”→Microsoft Access(M)→Version 7.0 MDB（7）命令，出现如图 11.3 所示的 Access 数据库命名对话框。

图 11.2　可视化数据管理器

图 11.3　新建 Access 数据库命名

选择保存数据库的目录，在文件名后面输入“选课”（即 Access 数据库的名称），单击“保存”按钮后，展开数据库窗口的 Properties 属性，可发现已建好的 Access 数据库信息，其文件扩展名是.mdb，如图 11.4 所示。

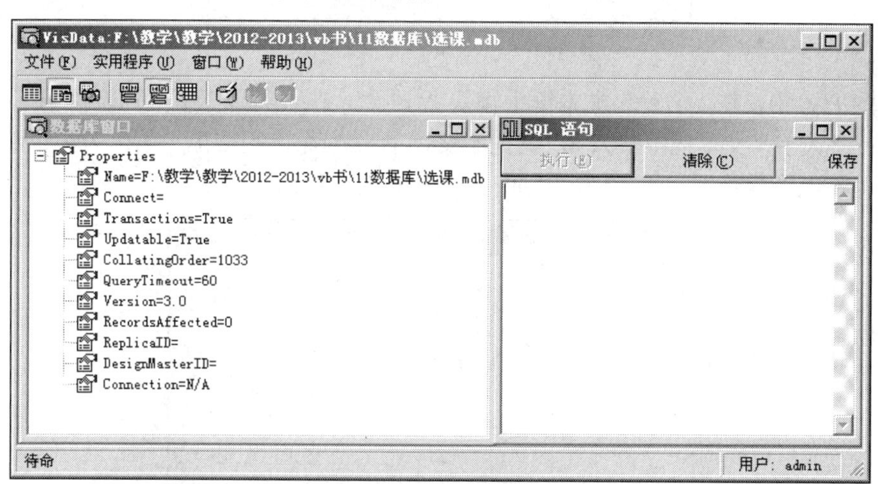

图 11.4　新建 Access 数据库选课信息

（3）在如图 11.4 所示的数据库窗口空白处右击，在弹出的快捷菜单中执行“新建表”命令，打开如图 11.5 所示的“表结构”对话框。

（4）在如图 11.5 所示的“表结构”对话框中，在“表名称”文本框里输入“选课表”，单击“添加字段”按钮，出现如图 11.6 所示的“添加字段”对话框。

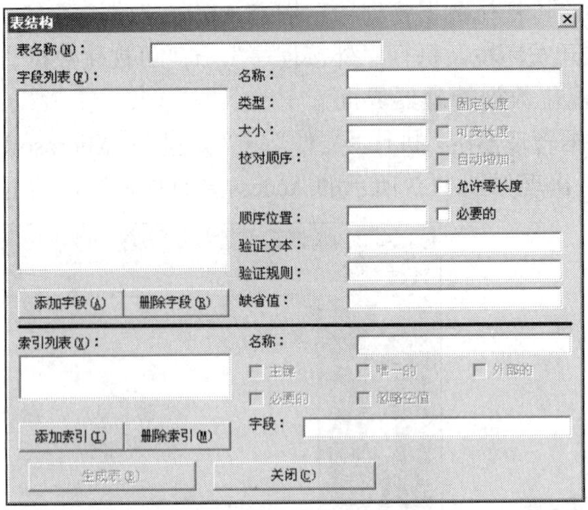

图 11.5 “表结构”对话框

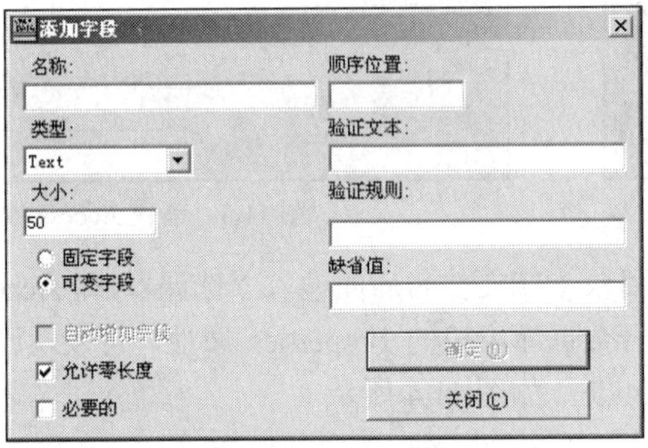

图 11.6 “添加字段”对话框

在图 11.6 中，在“名称”文本框中输入“学号”，在“类型”下拉列表框中选择 Text 选项，在“大小”文本框中输入 8，其他不变，单击“确定”按钮，关闭“添加字段”对话框，可发现“学号”字段已经创建成功，如图 11.7 所示。

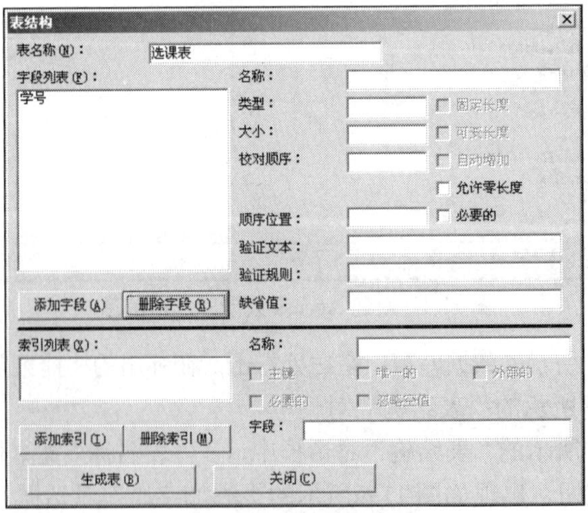

图 11.7 字段的创建

单击“添加字段”按钮，继续添加以下字段：姓名、课程号。其字段类型及大小与“学号”字段相同。结果如图 11.8 所示。

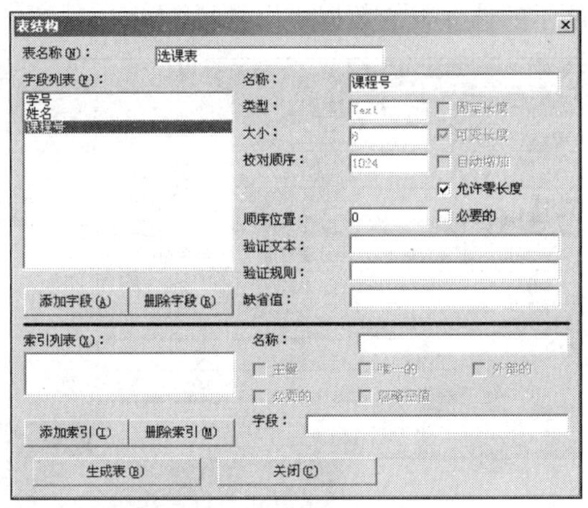

图 11.8　选课表所有字段的创建

（5）关闭“添加字段”对话框，返回“表结构”对话框，单击“生成表”按钮，返回数据库窗口，发现选课表已经生成，如图 11.9 所示。

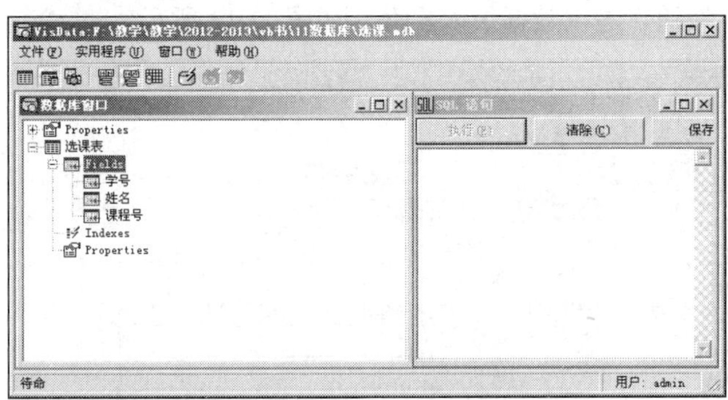

图 11.9　选课表的数据窗口

（6）重复步骤（3）、（4）、（5），建立另一个表课程表的结构（包括三个字段：课程号、课程名和学分。其中课程号类型为 Text，大小为 8；课程名类型为 Text，大小为 20；学分类型为 Integer），结果如图 11.10 所示。

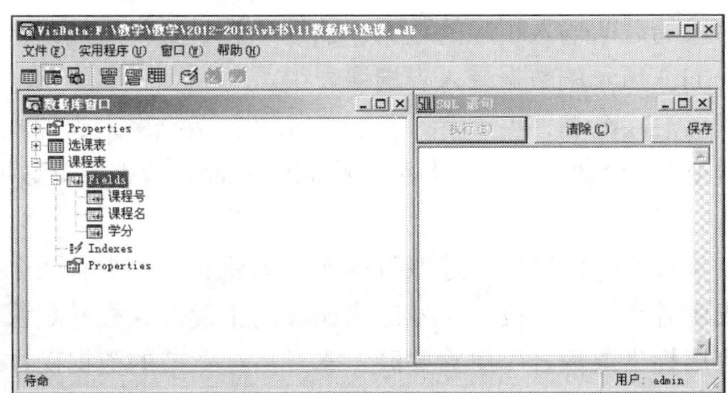

图 11.10　课程表的数据窗口

注意选课表和课程表通过各自的字段“课程号”建立联系。

（7）输入数据：在数据库窗口的选课表表名上右击，在弹出的菜单中选择“打开”命令，进入如图 11.11 所示的选课表的数据操作界面。

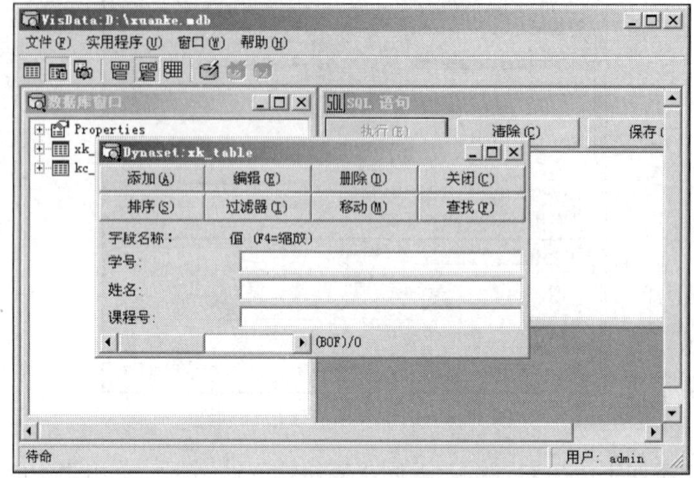

图 11.11　表选课表的数据操作窗口

单击“添加”按钮，进入数据录入界面，如图 11.12 所示。

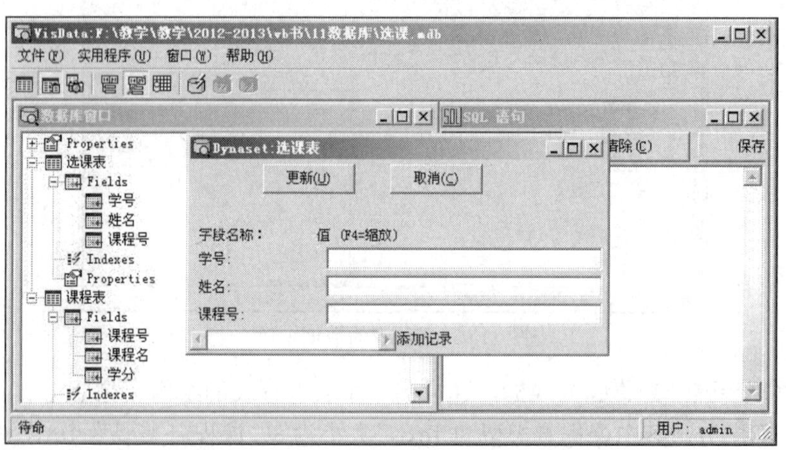

图 11.12　数据录入界面

依次在每个字段的后面输入相应的数据，然后单击“更新”按钮，重复步骤（7），将 11.1.4 节中的表 11.3 所示的数据录入表选课表中。

（8）仿照步骤（7），将 11.1.4 节中的表 11.3 所示的数据录入表课程表中。最后关闭可视化数据管理器窗口。至此，本章后续各节所需的 Access 数据库及数据记录输入完毕，要保存好备用。

完成上述八个步骤的操作以后，选课数据库“选课.mdb”中有两个基本表：选课表和课程表。每个表中各有三个字段，学号是选课表的主键，课程号是课程表的主键。两个表之间通过共有属性“课程号”建立关联。本章后续章节的数据操作都是基于这两个表进行的。

11.3　ADO 数据库访问技术

11.3.1　ADO 对象

ADO 是一种用于开发访问 OLE DB 数据源应用程序的 API，是 VB 中新的数据访问标准。ADO 提供了更为高级的易于理解的访问机制，具有更加简单、更加灵活的操作性能。ADO 访问数据是通过 OLE DB 来实现的，OLE DB 不仅能够以 SQL Server、Oracle、Access 等数据库文件为访问对象，还可对 Excel 表格、文本文件、图形文件、电子邮件等各种各样的数据通过统一的接口进行存取。

1. ADO 对象模型

ADO 对象模型定义了一个可编程的分层对象集合，主要由三个对象成员 Connection、Command 和 Recordset 对象，以及几个集合对象 Errors、Parameters 和 Fields 等所组成。ADO 对象模型的每一个成员负责不同的任务，成员之间既相互独立又具有直接或间接的联系，如图 11.13 所示。ADO 对象模型成员的描述如表 11.4 所示。

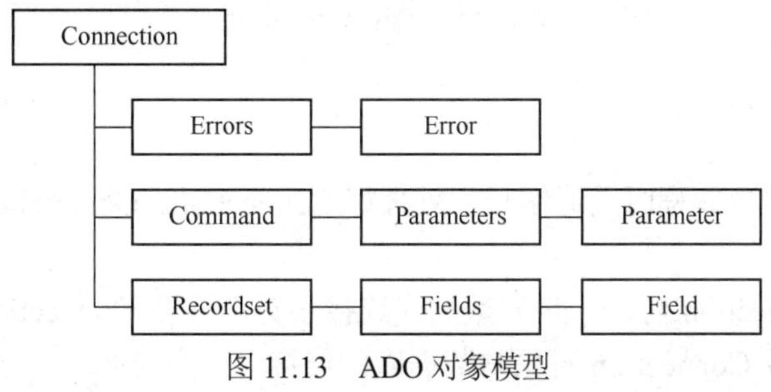

图 11.13　ADO 对象模型

表 11.4　ADO 对象描述

对　象　名	描　　述
Connection	指定连接数据来源
Command	发出命令信息从数据源获取所需数据
Recordset	由一组记录组成的记录集
Error	访问数据源时所返回的错误信息
Parameter	与命令对象有关的参数
Field	记录集中某个字段的信息

2. ADO 对象模型访问数据库

ADO 是一项新的数据库的存取技术，可以访问任何种类数据源的数据访问接口。通过 ADO 可引用包括 SQL Server、Oracle、Access 等数据库，甚至 Excel 表格、文本文件、图形文件和无格式的数据文件在内的任何一种 OLE DB 数据源。ADO 对象模型屏蔽了对数据库访问的底层细节，使用户对数据库的存取更加容易。同时，ADO 对象模型还为数据的外在表现（主要是通过数据识别控件）提供了方便快捷的接口。

3. 加载 ADO 对象模型

在程序中使用 ADO 对象，必须先为工程引用 ADO 对象库。引用方式是执行“工程”菜单中的“引用”命令，启动引用对话框，在清单中选取 Microsoft ActiveX Data Objects 2.0 Library 选项，如图 11.14 所示。这种加载方式包含了主要的 ADO 对象，支持更多的功能。

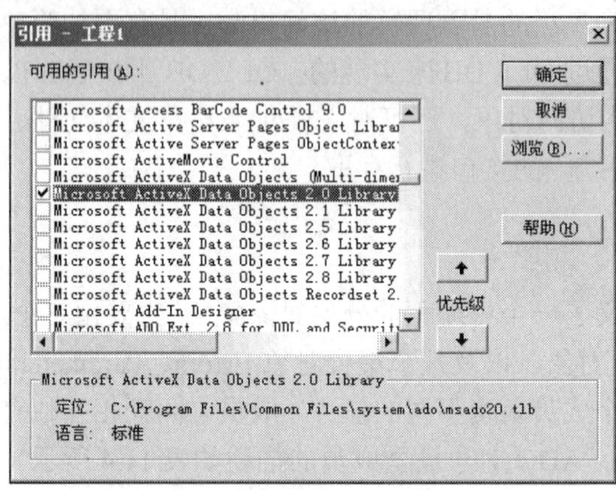

图 11.14 加载 ADO 对象

4. ADO 对象编程

在使用 ADO 对象编程时，通常只需处理好 Connection、Command 和 Recordset 三个对象，基本过程如下。

（1）创建 Connection 对象，设置数据库连接字符串（即 ConnectionString 属性），并采用 Open 方法实现 Connection 对象与数据库的连接。

（2）创建 Command 对象，设置该对象的活动连接（即 ActiveConnection 属性）为第（1）步的 Connection 对象，使 Command 对象与数据库建立联系。指定 Command 对象的命令类型（即 CommandType，其值通常为 adCmdTable、adCmdText、adCmdStoreProc 之一）。设置表或存储过程的名称（即属性 CommandText。当 CommandType 取值为 adCmdTable 或 adCmdStoreProc 时，CommandText 取值为数据库的某个表名或某个存储过程名），也可以设置 SQL 语言命令（即属性 Source，当 CommandType 取值为 adCmdText 时，Source 取值为 SQL 命令）。

（3）使用 Command 对象的 Execute 方法执行数据的处理，并将其执行结果保存在 Recordset 对象中。此时，Recordset 对象表示待处理的或已查询到的数据记录的集合。

（4）使用 Recordset 对象处理数据记录。

（5）数据处理完毕后，释放 Connection、Command 和 Recordset 三个对象。

11.3.2 ADO 数据控件和数据绑定控件

通常情况下，ADO 数据控件与数据绑定控件一起使用，以实现对数据的添加、查询、修改和删除等操作。数据绑定控件是数据识别控件，在数据库应用程序中可以通过它来显示数据库数据。一旦与数据控件实现了绑定，可以自动显示记录值，编辑修改记录值，可以自动将记录值写入数据库。

数据绑定控件的类别可分为以下三类。

（1）标准绑定控件：如 CheckBox、ListBox、TextBox、Label、PictureBox、Image 和 ComboBox 等，将它们的 DataSource 和 DataField 属性绑定到数据库和字段上。

（2）外部绑定控件：需要加载，如 DBCombo、DBGrid、DBList、RichText 和 FlexGrid 等。

（3）适用于 OLE DB 的外部绑定控件：与 ADO 控件结合，如 DataCombo、DataList 和 DataGrid 等。

在使用 ADO 数据控件前，必须先执行“工程”→“部件”菜单命令，打开“部件”对话框，如图 11.15 所示。选择 Microsoft ADO Data Control 6.0(SP6)(OLE DB)选项，使工程可引用 ADO 数据控件库。可以使用 ADO 数据控件的基本属性快速地创建与数据库的连接。

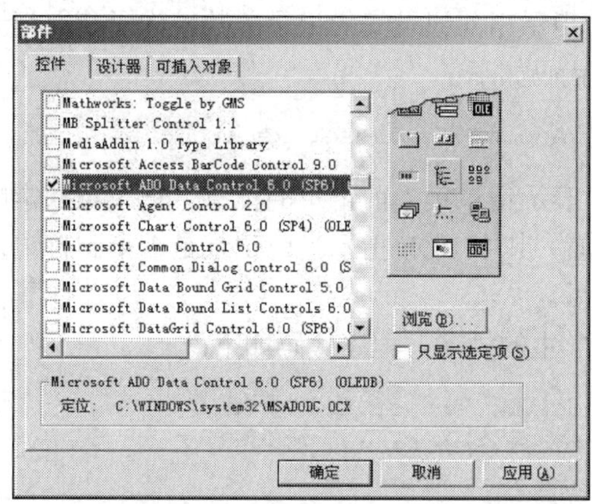

图 11.15　“部件”对话框

数据绑定控件的一般用法。

（1）DataSource 属性，指定该控件要绑定的数据源，即 Data 控件的名称。可直接在“属性”窗口中设置或用代码赋值。如果一个窗体中有多个数据控件，只能绑定到其中之一。

（2）DataField 属性，指定该控件要绑定的字段。可以直接在“属性”窗口中设置或用代码赋值。

利用 ADO 数据控件（Adodc）和绑定控件存取数据库的基本步骤如下。

（1）在窗体上添加 ADO 数据控件，控件默认名为 Adodc1。

（2）设置数据控件的属性，建立到数据库的连接。

（3）添加其他控件，并与数据绑定控件进行绑定，指定要显示的字段。

（4）运行程序，即可以查看数据库记录了。

ADO 数据控件的主要属性如下。

（1）ConnectionString：负责数据库连接，可通过对话框设置生成。

（2）Recordset：Recordset 是 Adodc 控件的一个属性，同时本身就是一个功能强大的对象——记录集对象。窗口加载时，如果控件的各属性都设置正确，将自动创建基于这些属性的记录集对象，即 Adodc1.RecordSet。

记录集对象具有丰富的属性和方法，利用它们可以增强数据控件的功能：提供数据库记录，支持反复筛选查询，数据库记录的增删改，可以将记录集传递给其他过程或模块（类似一个公用变量），移动记录。

移动记录主要有以下方式。

① MoveFirst：指向记录集中首记录。

② MoveLast：指向记录集中尾记录。

③ MoveNext：指向记录集当前记录的下一记录。

④ MovePrevious：指向记录集当前记录的上一记录。

⑤ MoveNumRecords, Start：指向记录集任何位置。

MoveNext 和 MovePrevious 方法不能自动检查是否到了记录集的上下界（BOF、EOF），如果程序员不加控制，继续移动则会导致越界错误。

（3）RecordCount：指示当前记录集的记录总数。为了获取记录集中的记录总数，并显示在一个文本框中，代码如下：

```
Text1.Text = Adodc1.Recordset.RecordCount
```

（4）BOF 和 EOF：表示记录集当前记录的位置。记录集通常顺序读取，有一个记录指针指示当前记录的位置，其中 BOF 指示当前记录是否指到首记录之前，EOF 指示当前记录是否指到尾记录之后。

如果输出所有选课学生的姓名，程序代码如下：

```
Do While Adodc1.Recordset.EOF = False
   Print  Adodc1.Recordset("姓名")
   Adodc1.Recordset.MoveNext
Loop
```

（5）Fields：表示记录集的字段信息，常用以下两个属性。

① Name 属性：可返回字段名。

② Value 属性：可查看或更改数据库字段值，该属性是 Field 对象的默认属性。

访问某个记录的字段信息，有两种方法：可以利用字段在集合中的索引位置（编号从 0 开始），如 Fields(1)、Fields(2)，或者直接使用字段名，如 Fields（"Address"）、Fields（"姓名"）等。

例如，取出当前记录所有字段的值，可以使用下面的循环：

```
For i=0 To Adodc1.Recordset.Fields.Count - 1
   Print Adodc1.Recordset.Fields(i).Name & "=" _
   Adodc1.Recordset.Fields(i).Value
Next
```

【例 11.1】 利用 ADO 数据控件和 TextBox 数据绑定控件对 11.2 节“选课.mdb”数据库的课程表的数据记录实现浏览、添加、修改及删除操作。

步骤：

（1）在 VB 开发环境下，执行“文件”→“新建工程”命令，在“新建工程”对话框，选择“数据工程”选项，单击“确定”按钮，可建立一个 VB 工程，如图 11.16 所示。

（2）在工程窗口，展开“窗体”前面的“+”号，双击 frmDataEnv 图标或单击 frmDataEnv 后，再单击“查看对象”按钮，将出现工程窗体，如图 11.17 所示。

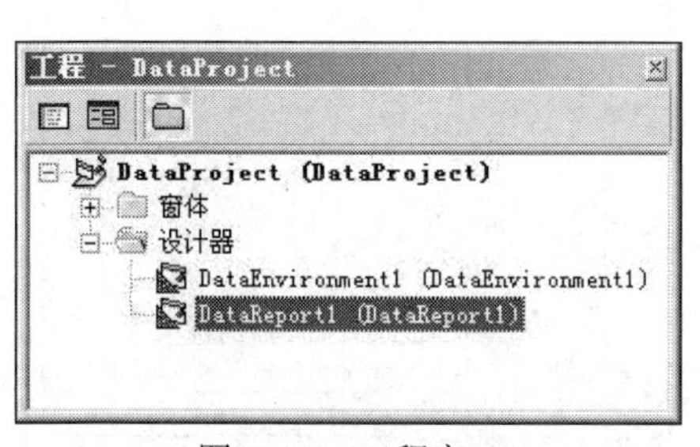

图 11.16　工程窗口

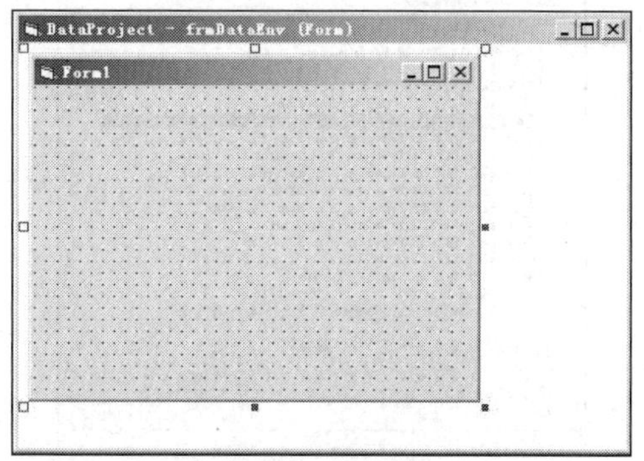

图 11.17　工程窗体

（3）从 VB 工具箱选择 Adodc 控件放到工程窗体上，拖动该控件到适当长度，然后放置三个标签控件 Label 和三个文本控件 TextBox。

设置标签 Label1.Caption="课程号"，Label2.Caption="课程名"，Label3.Caption="学分"。

设置按钮 Command1.Caption="第一条记录"，Command2.Caption="首记录"，Command2.Caption="上一记录"，Command3.Caption="下一记录"，Command4.Caption="尾记录"。界面设计结果如图 11.18。

（4）保存当前工程文件，并将数据库文件“选课.mdb”与工程文件放在同一文件夹中。设置 Adodc 控件。选中 Adodc 控件，右击，在弹出的快捷菜单中，选择“ADODC 属性”命令，出现“属性页”对话框，如图 11.19 所示。

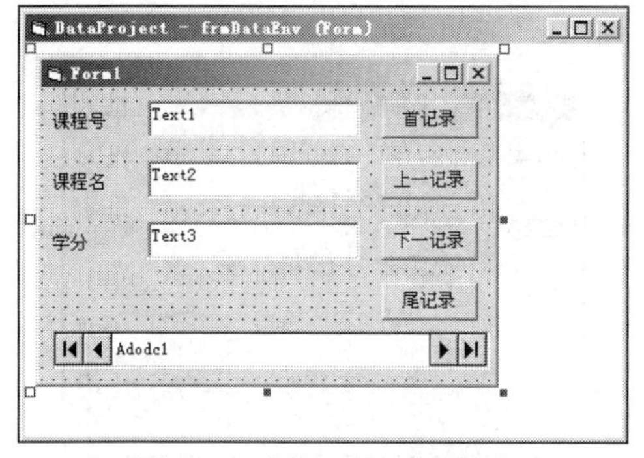

图 11.18　例 11.1 的界面设计

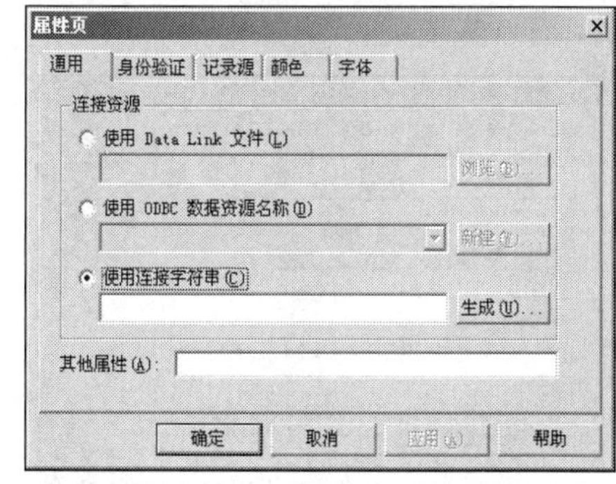

图 11.19　“属性页”对话框

选择“通用”选项卡，选中“使用连接字符串”单选按钮，然后单击“生成”按钮，进入“数据链接属性”对话框，将默认显示第一个选项卡“提供程序”。这个页面主要为即将链接的数据库提供对应的驱动程序。由于连接的是 Access 数据库，所以选择 Microsoft Jet 4.0 OLE DB Provider 选项，如图 11.20 所示。

单击“下一步”按钮，选择“连接”选项卡，单击“选择或输入数据库名称”后面的浏览按钮可确定数据库的路径，如图 11.21 所示。

单击“测试连接”按钮，如果出现“测试连接成功”的提示，表明数据库连接成功。

单击“确定”按钮完成数据库连接，返回到“属性页”对话框。

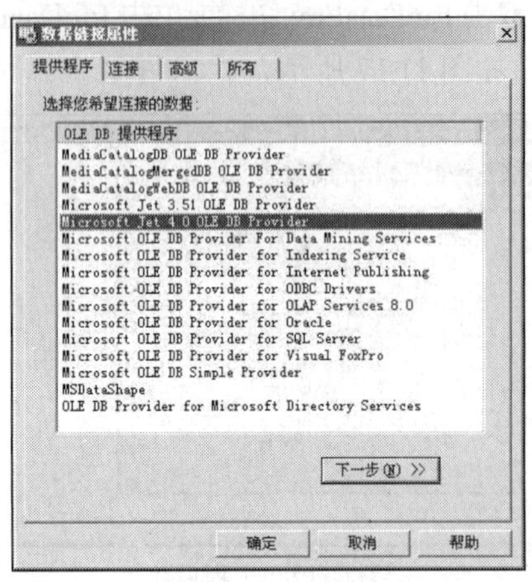

图 11.20 “数据库链接属性”对话框中的“提供程序”选项卡

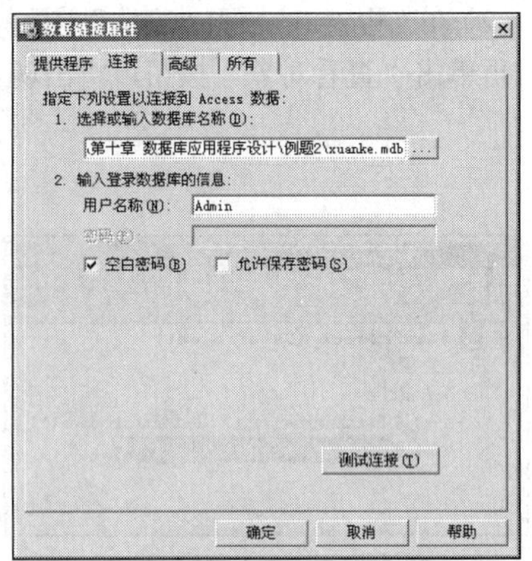

图 11.21 “数据库链接属性”对话框中的“连接”选项卡

（5）如图 11.22 所示，在“属性”对话框中，选择“记录源”选项卡，将“命令类型”设置为“2-AdCmdTable”，同时把“表或存储过程名称”设置为课程表。

（6）数据绑定控件设置。返回设计界面，选择第一个文本控件 Text1，将其属性 DataSource 设置为 Adodc1，DataField 属性设置为“课程号”。与此类似，将 Text2 和 Text3 两个文本控件分别与 kc_table 表的另两个属性“课程名”和“学分”绑定。由于 ADO 数据控件的外观没有文字提示，使用箭头方式控制记录移动对缺乏计算机基础知识的用户来说不够直观，因此可以替换为四个按钮控件。将 Adodc1 的 Visible 属性设置为 False，保存程序，然后运行程序，发现三个文本绑定控件显示数据表中的第 1 个记录，如图 11.23 所示。

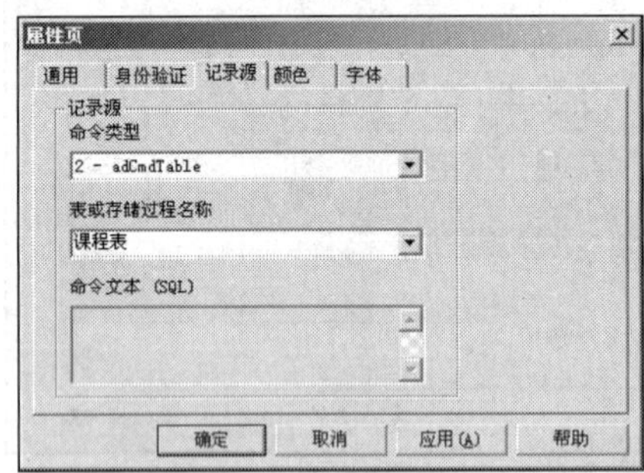

图 11.22 记录源设置

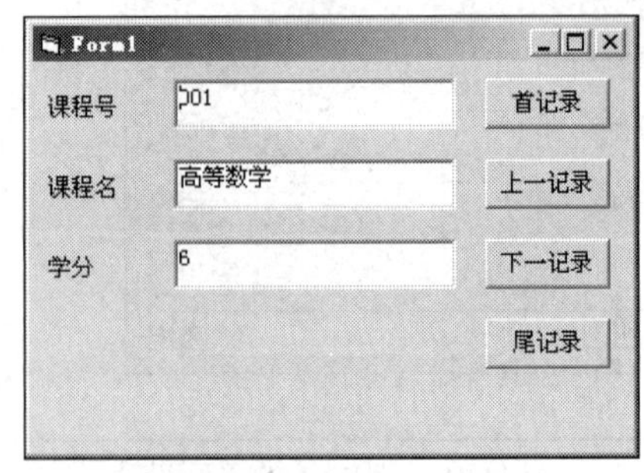

图 11.23 程序运行

（7）结束程序运行，返回 VB 应用程序开发环境，进行数据记录移动功能的实现：在“首记录”按钮的单击事件中，输入代码 Adodc1.Recordset.MoveFirst 即可；在“尾记录”按钮的单击事件中，输入代码 Adodc1.Recordset.MoveLast 即可。

在“上一记录”按钮的单击事件中，输入以下代码：

```
Adodc1.Recordset.MovePrevious
If Adodc1.Recordset.BOF = True Then
    Adodc1.Recordset.MoveFirst
```

```
End If
```

在“下一记录”按钮的单击事件中，输入以下代码：

```
Adodc1.Recordset.MoveNext
If Adodc1.Recordset.EOF = True Then
    Adodc1.Recordset.MoveLast
End If
```

（8）保存程序，然后运行程序，单击相应的按钮，注意体会记录指针的移动情况。

（9）添加新记录。结束程序运行，返回 VB 应用程序开发环境，在窗体上增加“添加”、“确定”按钮。在“添加”按钮的单击事件中输入代码 Adodc1.Recordset.AddNew 即可。这行代码的作用是添加一条空记录，具体表现是将当前数据绑定控件清空，等待用户输入新数据。当用户在数据绑定控件（这里指三个文本控件）输入数据以后，数据并未真正提交到数据库中，所以在“确定”按钮的单击事件中输入以下代码：

```
Adodc1.Recordset.Update
MsgBox "数据添加成功!"
```

Update 方法的作用是将数据记录真正添加到数据库中。最后用 MsgBox 方法提示数据添加成功。运行程序，先单击“添加”按钮，输入课程号为 004，课程名称为 C 语言，学分为 3，再单击“确定”按钮，通过窗体上的“尾记录”按钮可观察到新添加的数据记录。

（10）删除数据记录。结束程序运行，保存当前程序。在窗体上增加“删除”按钮。在“删除”按钮的单击事件中输入以下代码：

```
If MsgBox("确实要删除么？", vbYesNo) = vbYes Then
    Adodc1.Recordset.Delete
    Adodc1.Recordset.MoveNext
    If Adodc1.Recordset.EOF = True Then
       Adodc1.Recordset.MoveLast
    End If
End If
```

在上述代码中，MsgBox 的作用是让用户确认删除操作是否进行，避免误删除。数据记录删除操作属于破坏性动作，数据一旦被删除，将无法恢复。数据集对象 Recordset 的 Delete 作用是删除当前记录。当前记录从数据库中被删除以后，数据绑定控件（这是是指三个文本控件）仍显示被删除的记录信息。为了让用户感觉到记录确实被删除了，采用 MoveNext 方法让数据绑定控件显示已删除记录的下一条记录，同时要对数据库的记录指针越界与否进行处理。

（11）修改数据记录。在原工程窗体添加一个“修改”按钮，工程窗体布局如图 11.24 所示。

修改数据记录的操作可直接在允许编辑的数据绑定控件上进行，然后调用 Update 方法就可以将修改过的数据记录提交到数据库中。但是，修改数据也可以通过独立的修改记录窗口完成，具体过程是：在工程窗口添加一个新窗体作为数据修改窗口，然后在窗体上添加三个 Label 控件、三个 TextBox 控件和两个按钮控件，并将该窗体名改为

UpdateForm，保存 UpdateForm 文件与原工程在同一目录下。设置 Label 控件和按钮控件的 Caption 属性值，如图 11.25 所示。

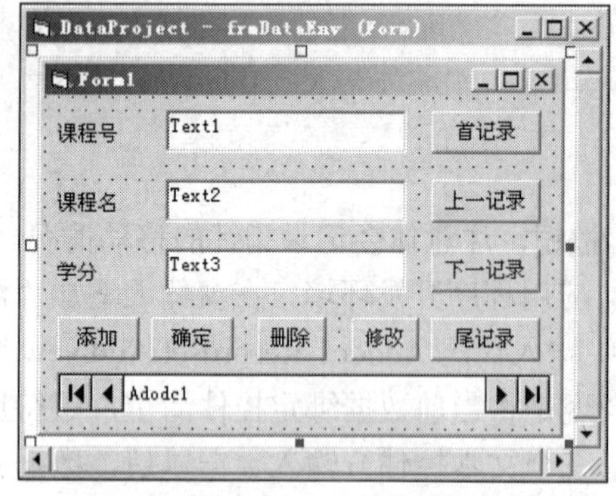

图 11.24　工程窗体

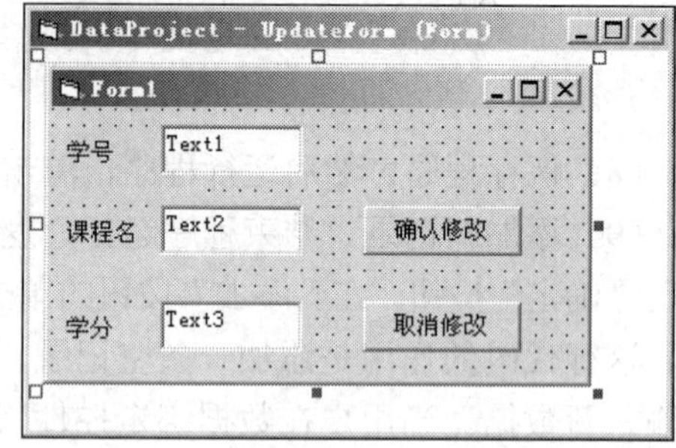

图 11.25　修改窗体

在工程窗体“修改”按钮的单击事件中，输入 UpdateForm.Show 1 可调用并显示修改窗体。在修改窗体的加载事件中，将文本控件的显示内容设置为工程窗体（其名为 frmDataEnv）的当前记录的字段值，代码如下：

```
Text1.Text = frmDataEnv.Adodc1.Recordset.Fields(0)
Text2.Text = frmDataEnv.Adodc1.Recordset.Fields(1)
Text3.Text = frmDataEnv.Adodc1.Recordset.Fields(2)
```

“确认修改”按钮的作用是将修改窗体的各文本框的内容赋给 Recordset 对象当前记录对应的字段值，然后调用 Update 方法使数据修改生效，并关闭修改数据窗口。代码如下：

```
frmDataEnv.Adodc1.Recordset.Fields(0) = Text1.Text
frmDataEnv.Adodc1.Recordset.Fields(1) = Text2.Text
frmDataEnv.Adodc1.Recordset.Fields(2) = Text3.Text
frmDataEnv.Adodc1.Recordset.Update
Unload Me
```

“取消修改”按钮不进行数据修改操作，直接利用 Unload Me 关闭数据修改窗体。

11.3.3 表格控件 DataGrid 和 MSHFlexGrid

在 VB 开发环境中，表格控件在界面开发元素中占有重要的地位。它不仅有外观整洁、表达形式规范的优点，而且更重要的是它较高的信息表现率（即相对于其他控件来说能够表达更多的信息）。VB 平台提供了四种类型的表格控件：Microsoft Data Bound Grid Control、Microsoft DataGrid Control、Microsoft FlexGrid Control 和 Microsoft Hierarchial FlexGrid Control。

1. Microsoft Data Bound grid Control

Microsoft Data Bound grid Control 控件主要用于数据绑定，即在数据源比较固定的情况下可以使用这种控件。设定控件的 DataSource 属性以后，不用编写任何代码就可以显示该数据源所指向的记录数据。

2. Microsoft DataGrid Control

Microsoft DataGrid Control 控件跟前面介绍的 Data BoundGrid Control 控件很相似，也主要是进行绑定操作。

3. Microsoft FlexGrid Control 与 Microsoft Hierarchcal FlexGrid Control

Microsoft FlexGrid Control 与 Microsoft Hierarchcal FlexGrid Control 两种控件不仅能够反映数据，而且也能把数据的修改信息反映到数据库中去，所以弥补了上述两种控件的不足。如果数据不需要修改，那么可以进行绑定操作，其方法跟前面介绍的完全一样，就是通过设置 DataSource 属性来完成数据的显示工作。但是实际开发中，需要对整个表格控件更为灵活地显示控制。

数据表格控件在实际运用中还有很多技巧，只有不断地在实际编程中积累经验才能达到灵活运用的功效。

【例 11.2】 利用 ADO 数据控件和 DataGrid 数据绑定控件对 11.2 节“选课.mdb”数据库的课程表的数据记录实现浏览、添加、修改及删除操作。

（1）新建一个数据工程，添加 Adodc 对象到窗体上，具体操作参考例 11.1。

（2）单击 DataGrid 控件后，在工程窗体上添加 DataGrid 对象，如图 11.26 所示。

（3）保存当前工程文件，并将数据库文件“选课.mdb”与工程文件放在同一文件夹中。设置 Adodc 控件，参考例 11.1 中的步骤（4）、（5）。

（4）数据绑定控件设置。返回设计界面，单击 DataGrid 对象 DataGrid1，将其 DataSource 属性设为 Adodc1，运行程序，结果如图 11.27 所示。

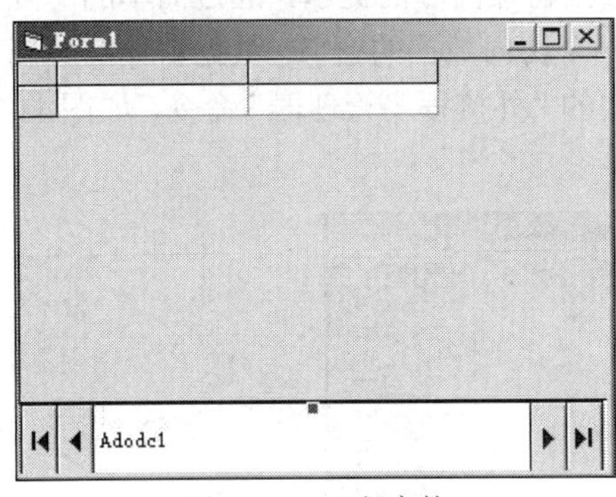

图 11.26　工程窗体

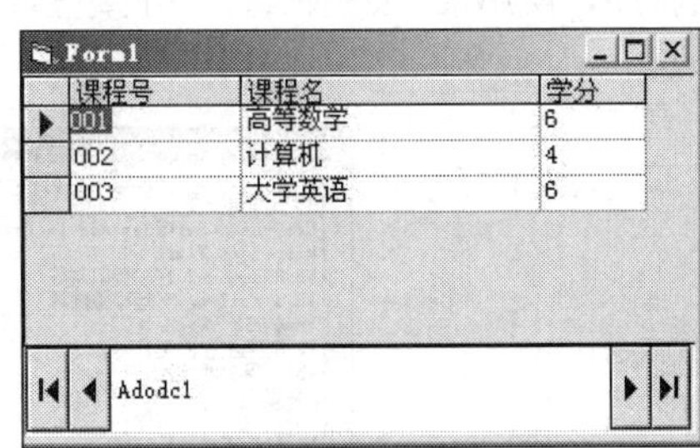

图 11.27　例 11.2 的程序运行结果

（5）保存程序，然后运行程序，单击相应的按钮，注意体会记录指针的移动情况。

（6）添加新记录。结束程序运行，返回 VB 应用程序开发环境，在窗体上增加“添加”、“确定”按钮。在“添加”按钮的单击事件中输入代码 Adodc1.Recordset.AddNew 即可。这行代码的作用是添加一条空记录，如图 11.28 所示。注意 DataGrid 控件无法插入空行，新插入记录至少要有一个字段有具体的值如图 11.29 所示。

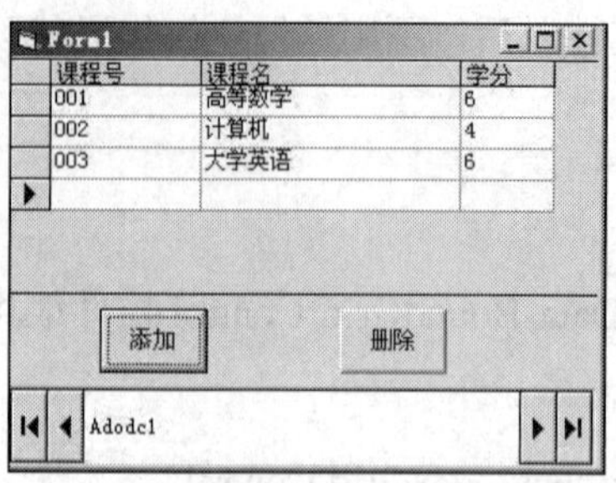

图 11.28 添加记录

图 11.29 不能插入空行

（7）删除数据记录。结束程序运行，保存当前程序。在窗体上增加“删除”按钮。在“删除”按钮的单击事件中输入以下代码：

```
    If MsgBox("确实要删除么？", vbYesNo) = vbYes Then
       Adodc1.Recordset.Delete
       Adodc1.Recordset.MoveNext
       If Adodc1.Recordset.EOF = True Then
          Adodc1.Recordset.MoveLast
       End If
    End If
```

运行程序，选择要删除的记录，然后单击“删除”按钮，删除记录。在上述代码中，MsgBox 的作用是让用户确认删除操作是否进行，避免误删除。数据记录删除操作属于破坏性动作，数据一旦被删除，将无法恢复。数据集对象 Recordset 的 Delete 作用是删除当前记录。

11.3.4 使用数据窗体向导

VB 6.0 提供了功能强大的数据窗体向导，根据窗体向导的提示，通过简单的交互过程便可以创建 ADO 数据控件和绑定控件，构成一个访问数据的窗口。数据窗体向导属于外接程序，使用前，必须执行“外接程序”菜单中的“外接程序管理器”命令，如图 11.30 所示。

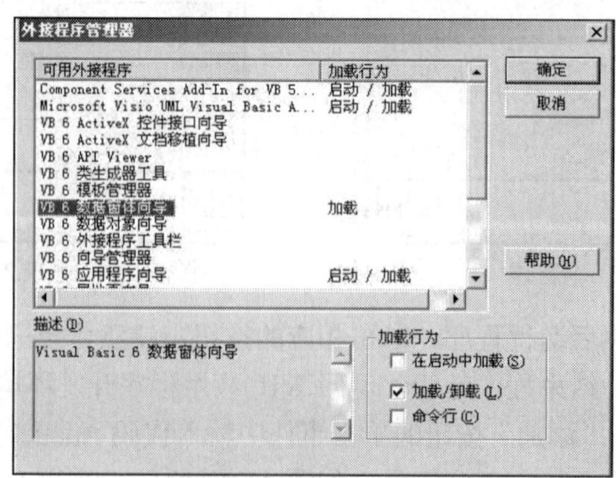

图 11.30 加载“数据窗体向导”

11.4 报 表 制 作

数据报表（DataReport）是一个强有力的工具，通过拖放数据环境（DataEnvironment）窗体外的字段可以很容易地生成一个复杂的报表。

下面介绍 DataReport 对象的几个常用属性。

（1）DataSource 属性：用于设置一个数据源，通过该数据源，数据使用者被绑定到一个数据库。DataSource 属性一般是一个数据环境或是 ADODB.Connection 类型的变量。

（2）DataMember 属性：从 DataSource 属性提供的几个数据成员中设置一个特定的数据成员。DataMember 属性对应数据环境中的 Command 或是 ADODB.RecordSet 类型的变量，推荐使用数据环境及 Command。

（3）LeftMargin、RightMargin、TopMargin、BottomMargin 属性：用于指定报表的左右上下的页边距。

（4）Sections 属性：即 DataReport 的报表标头、页标头、细节、页脚注、报表脚注五个区域，如果加上分组（可以有多层分组），则增加一对区域，即分组标头、分组脚注。Sections 属性是 DataReport 的精髓所在。

Sections 是一个集合，可以为每一个 Section 指定名称，也可以用其默认的索引，从上到下依次为 1，2，…。每个 Section 均有 Height 和 Visible 属性。在 Section 中可以放置各种报表控件，其中 RptLabel、RptImage、RptShape 和 RptLine 可以放在任意的 Section 中，用于输出各种文字、图形及表格线。RptTextBox 只能放在细节中，一般用于绑定输出 DataMemeber 提供的数据字段。RptFunction 只能被放置在分组注脚中，用于输出使用各种内置函数计算出的合计、最大值、最小值、平均值、记数等。

利用数据报表设计器（Data Report Designer）使用数据库中的记录生成报表，通常遵循以下步骤。

（1）配置一个数据源，例如 Microsoft 数据环境，以访问数据库。

（2）设定 DataReport 对象的 DataSource 属性为数据源。

（3）设定 DataReport 对象的 DataMember 属性为数据成员。

（4）右击设计器，在弹出的快捷菜单中，选择并单击“检索结构”选项。

（5）向相应的节添加相应的控件。

（6）为每一个控件设定 DataMember 和 DataField 属性。

（7）运行时，使用 Show 方法显示数据报表。

【例 11.3】 用 DataReport 做一个固定格式的数据报表，显示选课表表中的数据记录。

实现过程：

（1）在 VB 平台下新建一个数据工程，在工程窗口双击数据环境设计器 DataEnvironment1 进入数据环境设计器窗口。

（2）选择 Connection1，右击“属性”选项，进行数据库“选课.mdb”连接设置，在提供的程序中选择 Microsoft Jet 4.0 OLE DB Provider 选项，如图 11.31 所示。然后单击“下一步”按钮，选择连接的数据源，如图 11.32 所示。

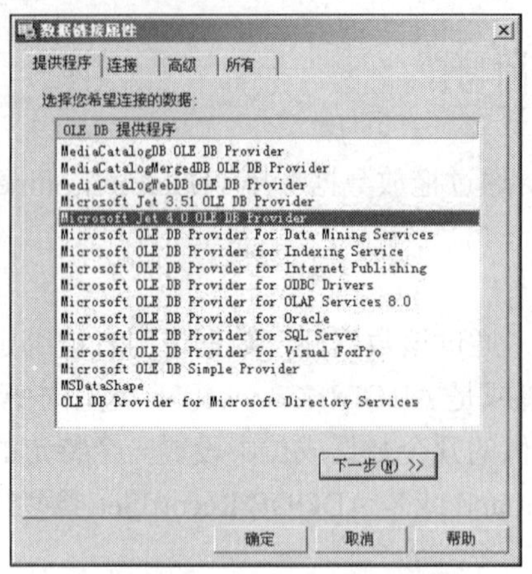

图 11.31 提供程序

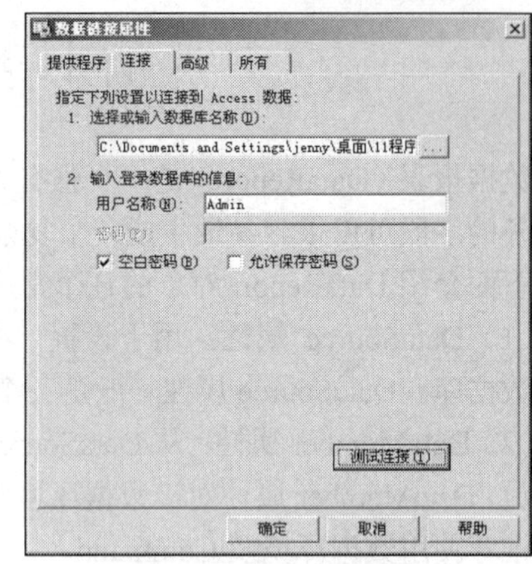

图 11.32 选择数据源

（3）再右击 Connection1，选择“添加命令”，将在 Connection1 下面添加一个 Command1 对象。右击 Command1 对象，选择“属性”命令，在数据源设置中，对数据源进行选择。数据库对象：表，对象名称：选课表，如图 11.33 所示。然后单击“确定”按钮，回到数据环境设计器 DataEnvironment 窗口，如图 11.34 所示。

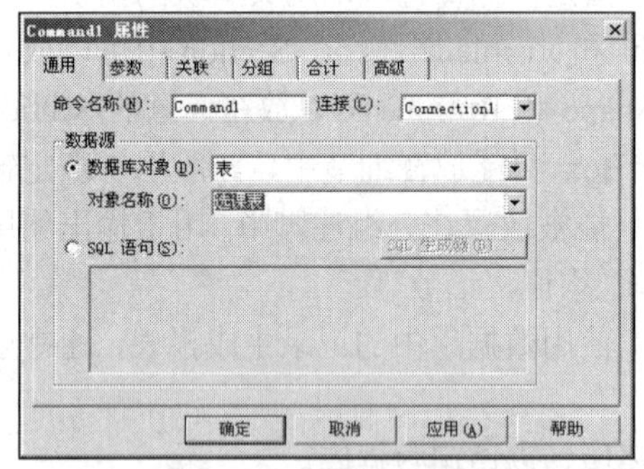

图 11.33 Command1 数据源设置

图 11.34 数据环境设计器窗口

如果仅想显示某些记录或某些项，可以在数据源的设置中将数据源选择为：SQL 语句。例如，仅显示课程号为 002 的数据信息，SQL 语句可以设为：

```
select * from 选课表 where 课程号='002'
```

（4）在工程窗口双击数据报表设计器 DataReport1 进入数据报表设计器窗口。在属性工具箱设置 DataReport1 的 DataSource 为 DataEnvironment1 及 DataMember 值为 Command1。单击 VB 平台窗口左下角的“数据报表”工具箱，发现有 RptLabel、RptTextBox、RptImage、RptLine、RptShape 和 RptFunction 控件，用于显示数据、图像，线条、图形及函数计算。

（5）在页标头下面空白处右击，在弹出的快捷菜单中，选择“显示报表标头/注脚”命令，使报表标头显示在页标头上方。在报表标头下面的空白处添加 RptLabel 标签，设置其 Caption 属性为“学生选课信息”，利用 Font 属性调整字体大小。

（6）将数据环境设计器中的 Command1 对象内的字段拖动到数据报表设计区的细节

区。产生三个标签控件和三个文本框控件，调整其位置，将三个标签控件放入页标头。最后在报表注脚区加上“制表人：VB”，如图 11.35 所示。

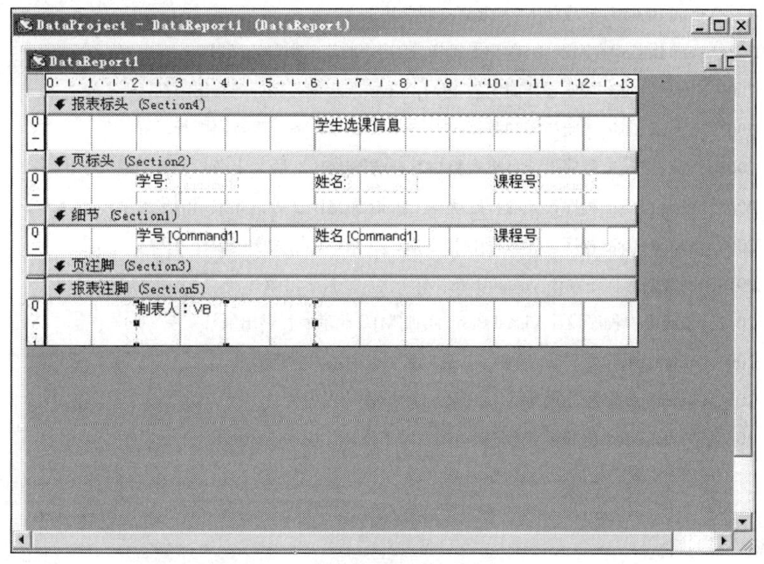

图 11.35　数据报表设计界面

（7）在 VB 平台上选择“工程”→“DataProject 属性”选项，打开“工程属性”对话框，在“通用”选项卡的启动对象中选择“DataReport1”选项，单击“确定”按钮返回程序设计界面，保存程序，然后运行程序，观察结果。

本章小结

本章主要介绍了基于 VB 6.0 的数据库应用程序开发技术。介绍了数据库的基本概念及相关术语、SQL 语言基础。运用 VB 6.0 的可视化数据管理器创建数据库，基于 ADO 对象模型可直接操作数据库，另外一种比较简单的访问数据库的方法是利用 ADO 数据控件。通过数据报表设计器 DataReport 很容易制作数据报表。

参考文献

高巍．2012．Visual Basic 程序设计[M]．北京：科学出版社．

高巍．2012．Visual Basic 程序设计习题与上机指导[M]．北京：科学出版社．

龚沛曾．2007．Visual Basic 程序设计简明教程[M]．3 版．北京：高等教育出版社．

龚沛曾．2007．Visual Basic 实验指导与测试[M]．3 版．北京：高等教育出版社．

冷金麟．2008．Visual Basic 程序设计上机实验与习题解答[M]．2 版．上海：上海交通大学出版社．

刘炳文．2003．Visual Basic 程序设计教程题解与上机指导[M]．2 版．北京：清华大学出版社．

刘炳文．2006．Visual Basic 程序设计教程[M]．3 版．北京：清华大学出版社．

刘立群．2012．高级语言程序设计 Visual Basic[M]．北京：科学出版社．

刘立群．2012．高级语言程序设计 Visual Basic 实训[M]．北京：科学出版社．

谭浩强．2004．Visual Basic 程序设计[M]．2 版．北京：清华大学出版社．

杨长兴．2011．Visual Basic 程序设计[M]．北京：中国铁道出版社．

于红光．2006．Visual Basic 程序设计教程[M]．上海：上海交通大学出版社．